普通高等教育“十一五”国家级规划教材
高职高专机械设计制造类专业“十三五”规划教材

液压气动技术

（第2版）

YEYA QIDONG JISHU

主　编 ◎ 陆全龙
副主编 ◎ 周兰美　李秋芳　刘胜祥

華中科技大學出版社
http://www.hustp.com
中国 · 武汉

内 容 简 介

本书共分10个项目和附录，其主要内容包括了解液压技术、流体力学基础、液压泵、液压缸、液压阀、液压辅件、液压基本回路、液压系统实例分析、液压系统创新设计、气压传动技术等。每个项目都有项目学习重点与要求，并附有习题。

本书注重实际，设置学习项目与学习任务，同时保留了传统的液压气动技术课程体系，增加了现场急需的液压设备管理和安装调试与维护。全书内容通俗易懂，便于广大读者快速掌握液压气动技术。

本书可作为高等院校机械制造与自动化、机电一体化、汽车检测与维修、工程机械、模具、数控等机电类专业学生的教材，也可供从事流体传动及控制技术或机电技术的工程技术人员参考。

图书在版编目(CIP)数据

液压气动技术/陆全龙主编. —2版—武汉：华中科技大学出版社，2019.1(2022.6重印)
ISBN 978-7-5680-4315-1

Ⅰ.液… Ⅱ.①陆… Ⅲ.①液压传动-高等学校-教材 ②气压传动-高等学校-教材
Ⅳ.①TH137 ②TH138

中国版本图书馆CIP数据核字(2018)第257394号

液压气动技术(第2版)
Yeya Qidong Jishu

陆全龙 主编

策划编辑：张 毅
责任编辑：张 毅
封面设计：孢 子
责任监印：朱 玢
出版发行：华中科技大学出版社(中国·武汉) 电话：(027)81321913
武汉市东湖新技术开发区华工科技园 邮编：430223
录 排：武汉楚海文化传播有限公司
印 刷：武汉市籍缘印刷厂
开 本：787mm×1092mm 1/16
印 张：13.5
字 数：355千字
版 次：2022年6月第2版第4次印刷
定 价：39.80元

前言 QIANYAN

液压技术自 20 世纪 60 年代以来不断发展，是一门高新专业技术，也是机械制造与自动化、机电一体化、汽车检测与维修、工程机械、模具、数控等专业的一门必修的专业基础课。其课程标准是基于岗位需求，努力与行业专家参与共同制定的，充分体现工学结合。

本课程的认知目标包括：①掌握各液气压元件的功用、工作原理；②掌握典型回路的组成、工作原理；③熟悉液压传动系统的设计方法；④具有初步的故障诊断和排除能力。

本课程的能力目标包括：①能辨识液压系统各零部件的名称及功用；②能阅读分析整个液压系统的工作过程和工作原理；③能正确拆装液压系统的各个组件，能对各部件的进行检测，并有初步维修排除故障的能力；④能够自行设计简单液压系统。

本书曾被评为普通高等教育"十一五"国家级规划教材，根据编者多年来在液压气动技术教学、教材编写及项目开发等方面的实践经验，根据高等职业教育人才培养的目标，以"必需，够用"为度，遵循课程内容的内在联系和对事物的认识规律等编写而成。

本书由武汉工程职业技术学院陆全龙担任主编，常州工业职业技术学院周兰美、北京经济管理职业学院李秋芳、武汉工程职业技术学院刘胜祥担任副主编。其中，李秋芳和刘胜祥编写项目 1～项目 2，周兰美编写项目 3～项目 5 及附录 A，陆全龙编写项目 6～项目 10 及附录 B。

在本书的编写过程中，得到中国机械工程学会、意大利 ATOS 公司、德国 BOSCH REXROTH 公司、上海敏泰液压股份有限公司、榆次液压集团有限公司、北京华德液压工业集团有限责任公司等单位的大力帮助，以及相关人员的大力支持，在此深表谢意。

本次修订再版融入了"互联网＋"思维，读者扫码注册后即可观看相关知识点视频。本书习题入选 1＋X 冶金机电设备点检职业技能等级证书的理论考试题库，由本书主编总负责。

由于时间有限，书中难免存在不足，敬请读者进一步指正。

编　者

目录 MULU

项目 1
了解液压技术

学习重点和要求

(1)了解液压技术的应用及发展动向；

(2)熟悉液压传动的工作原理、组成；

(3)熟悉液压技术的特点。

本项目作为入门的学习，通过介绍液压技术应用及发展方向、液压传动的原理及组成、液压技术的特点等，学生可对液压技术有初步的了解并对其产生浓厚的兴趣。

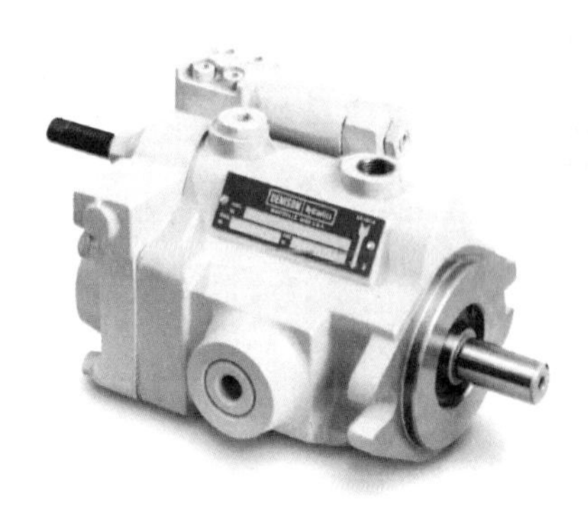

1.1 液压技术的应用

液压传动是以液体为工作介质，利用液体的压力能来转换、传递和控制运动以及动力的一种传动方式。

液压技术可分为液压传动技术和液压控制技术两个方面。

一、液压技术的应用

液压技术从发现到认识、到研究、到实际应用、到深入发展和广泛普及、到当今在各个高新技术领域中展现身手，经历了一个漫长的时期。

液压千斤顶工作原理

液压技术是一项衡量一个国家自动化水平高低的技术，如发达国家生产的95%的工程机械、90%的数控加工中心、95%以上的自动线都采用了液压传动技术。

目前，液压技术已经渗透到很多领域，在冶金设备、工程机械、军工机械、智能机械、农业机械、汽车装备、船舶机械等行业得到广泛的应用和发展，成为包括传动、控制和检测在内的一门完整的自动化技术。特别是在工程机械、冶金设备等领域，液压技术应用占到90%以上，实现了全液压驱动。液压技术的应用如表1-1所示。

表1-1 液压技术的应用

领　域	应用实例
智能机械	注塑机、机器人、机械手、各种大型游戏机
工程机械	起重机、液压挖掘机、推土机、装载机、筑路机、压路机、打桩机、混凝土泵车及叉车、消防车、撒盐车、盾构机
军工机械	坦克火炮稳定、高炮定位瞄准液压系统、各类试验台
航空机械	飞机起落架、地面试验设备、燃油供油量液压控制
汽车装备	汽车助力转向、液压ABS、悬挂装置、液力自动变速
数控机床	卡盘松紧、刀架回转、尾架套筒伸缩、主轴变速、机械手液压系统
船舶机械	舵机、消摆装置、海船主甲板舱口盖传动系统
普通机床	磨床、组合机床、车床、铣床、加工中心
冶金设备	高炉炉顶、步进式加热炉、轧机厚度控制、带钢恒张力控制系统
建筑电力	影院乐池升降、立体停车场、汽轮发电机调速控制
农业机械	拖拉机农具悬挂、联合收割机机身驱动、烟草预压机
石油机械	控制柜、自升式海洋石油钻井平台、顶部驱动钻井液压系统
轻纺造纸	纺织整经机、浆纱机、卷纸张力控制、造纸机升降液压系统

二、液压技术主要的发展方向

目前，液压技术总体发展正向着小型化、超高压、高速、大功率、高效率、低噪声、经久耐用、高可靠性、高集成化（如汽车管路集成阀体的印刷电路化）、光机电液气计（计算机）一体化的方向发展。

最近几年，液压技术在与计算机科学相结合方面也得到了发展，新型液压元件及液压系统的计算机辅助设计（CAD）、计算机辅助制造（CAM）、计算机辅助测试（CAT）、计算机直接控制（CDC）、计算机实时控制技术、机电一体化技术、计算机辅助工艺、计算机仿真技术和优化技术等得到了发展和应用。

液压技术与其他相关科学结合紧密，如数控柔性制造技术FMS、低污染控制技术、高可靠性技术等方面。

1.2　液压传动的工作原理与组成

一、液压传动的工作原理

图1-1所示为一台简化了的磨床工作台液压传动系统图。

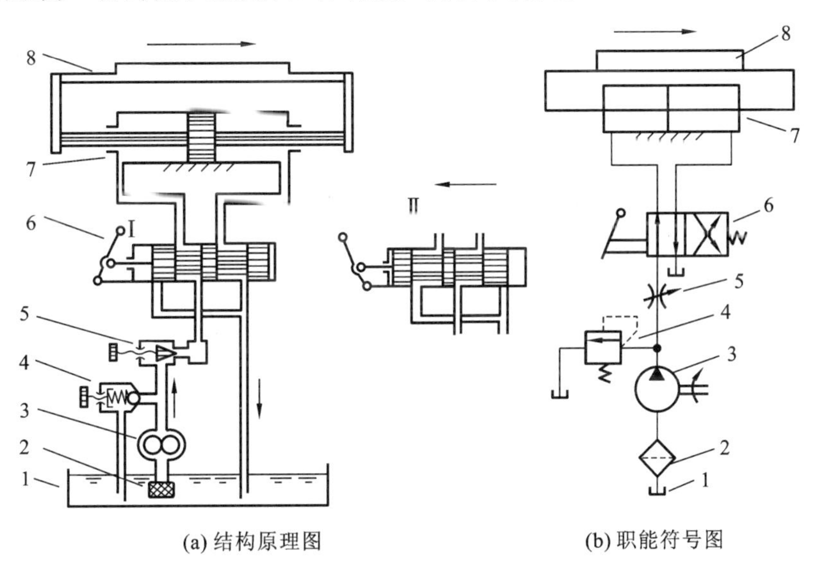

(a) 结构原理图　　(b) 职能符号图

图1-1　磨床工作台液压传动系统简化图

1—油箱；2—过滤器；3—液压泵；4—溢流阀；5—节流阀；6—换向阀；7—液压缸；8—工作台

液压泵3由电动机带动旋转，从油箱1中吸油，油液经过滤器2后流向液压泵3，再向系统输送，然后经节流阀5和换向阀6（手柄位置位于Ⅰ）进入液压缸7的左腔，推动活塞连同工作台8向右移动。同时，液压缸右腔的油液通过换向阀经回油管排回油箱。

磨床液压系统

如果用换向阀6的手柄换向成图Ⅱ的位置，则油液经节流阀5和换向阀6进入液压缸7的右腔,推动活塞连同工作台向左移动。液压缸左腔的油液经换向阀、回油管排回油箱。

调节溢流阀4(调压阀)的调定压力,就可以调节活塞及工作台的输出动力的大小,调节节流阀5的大小,就可以调节工作台的移动速度。这样,就满足了工作机对方向、速度、动力等方面的要求。

二、液压传动的特性

液压传动的特性有如下三点:

(1)在液压传动中,工作压力 p 取决于负载 F 的大小,而与流入的液体体积 V 的多少无关;

(2)活塞移动速度 v 正比于流入液压缸中油液流量 q,与负载 F 无关,液压传动可以实现无级调速;

(3)液压系统的能量发生两次转化传递,即从机械能转化为液体压力能,再由液体压力能转化为机械能。

三、液压传动的组成

液压系统不论简单或复杂,都可分为工作介质、动力部分、执行部分、控制部分和辅助部分五部分。液压传动系统的组成如表1-2所示。

表1-2　液压传动系统的组成

序号	组成	元　件	作　用
1	工作介质	液体	传递运动和动力
2	动力部分	液压泵	将机械能转化为液体压力能
3	执行部分	油缸、油马达	将液体压力能转化为机械能
4	控制部分	各类控制阀	控制液压系统的方向、压力、流量和性能,完成不同功能
5	辅助部分	油管、油箱、过滤器等	起连接、输油、储油、过滤、储存压力能和测量等各种辅助作用

图1-1(a)所示为结构原理图。该图直观性好,容易理解,但绘制麻烦。

图1-1(b)所示为职能符号图,即用来表示元件的功能、连接关系及原始位置的图形符号,工程上一般都采用国标GB/T 786.1—2009(详见附录A)表示。职能符号图阅读方便,简单明了,但初学者不易理解。职能符号图不反映元件具体结构、参数、空间安装位置。

1.3　液压技术的特点

一、液压传动的主要优点

液压传动的主要优点分为以下几点。

(1)输出功率大。单位输出功率质量轻、体积小、运动惯性小。例如:直径10 cm的液压缸,当压力为30 MPa时,输出力高达23.5 t;飞机上的液压泵,输出1 kW功率的质量是0.2 kg,而用电动机,输出1 kW功率的质量是2 kg。

(2)易实现大范围的无级调速。节流阀调节流量可从 0.02 L/min 到 100 L/min,调速比达 5000∶1;液压马达最低稳定转速可达 8 r/min。

(3)工作平稳,反应速度快。液压元件布置方便、灵活,变速变向操纵控制方便,易实现直线往复运动。液压缸可实现 1 mm/min 的稳定的无爬行工作进给,执行机械响应时间可达 0.1 s 以下。

(4)使用寿命长。一般采用矿物油作为工作介质,液压元件可自行润滑。

(5)容易实现自动化。采用电、液联合控制,可实现高度的自动控制,而且可以实现远程遥控,可自动实现过载保护功能。

(6)计算机控制液压系统方便。比例、伺服、数字液压控制技术与计算机科学、微电子等新技术相结合,实现办公室远程数字化控制,应用越来越广。

(7)液压元件已标准化、系列化、通用化。

二、液压传动的主要缺点

液压传动的主要缺点如下:

(1)工作性能易受温度变化的限制;

(2)效率较低,可能产生泄漏,污染现场;

(3)造价较高,因液压元件的压力和制造精度较高;

(4)液压故障诊断技术要求高,液体介质污染控制较复杂;

(5)不能得到严格的传动比,这是由液体介质的可压缩性及泄漏所造成的。

1.4 液压设备的管理与维护

一、安全生产责任制

安全生产责任制主要指企业的各级领导、职能部门和在一定岗位上的劳动者个人对安全生产工作应负责任的一种制度,也是企业的一项基本管理制度。

安全生产责任制是根据我国的安全生产方针“安全第一、预防为主、综合治理”和安全生产法规建立的各级领导、职能部门、工程技术人员、岗位操作人员在劳动生产过程中对安全生产层层负责的制度,是企业岗位责任制的一个组成部分,是企业中最基本的一项安全制度,也是企业安全生产、劳动保护管理制度的核心。

实践证明,凡是建立了健全的安全生产责任制的企业,各级领导重视安全生产、劳动保护工作,切实贯彻执行党的安全生产方针、政策和国家的安全生产、劳动保护法规,在认真负责组织生产的同时,积极采取措施,改善劳动条件,工伤事故和职业性疾病就会减少。反之,就会职责不清,相互推诿,使安全生产、劳动保护工作无法进行。

现场人员安全生产责任制如下。

(1)认真学习,严格执行安全技术操作规程,模范遵守安全生产规章制度。

(2)积极参加安全活动,认真执行安全交底,不违章作业,服从安全人员的指导。

(3)发扬团结友爱精神,在安全生产方面做到互相帮助、互相监督,对新工人要积极传授安全生产知识,维护一切安全设施和防护用具,做到正确使用,不拆改。

(4)对不安全作业要积极提出意见,并有权拒绝违章指令。

(5)进入施工现场要戴好安全帽,高空作业系好安全带。

(6)如发生伤亡和未遂事故,保护现场并立即上报。

(7)有权拒绝违章指挥或检查。

二、液压设备的管理

某厂设备部"机械专检员"岗位的描述如下。

1. 岗位设置目的

为保证炼机械设备的安全稳定运行,提供设备点检、维护、检修的管理及技术支持;为确保设备稳定生产而设置本岗位。

2. 适用范围

本岗位标准适用于炼铁总厂设备部机械设备专检岗位。

3. 岗位在组织结构中的位置

岗位在组织机构中的位置如图1-2所示。

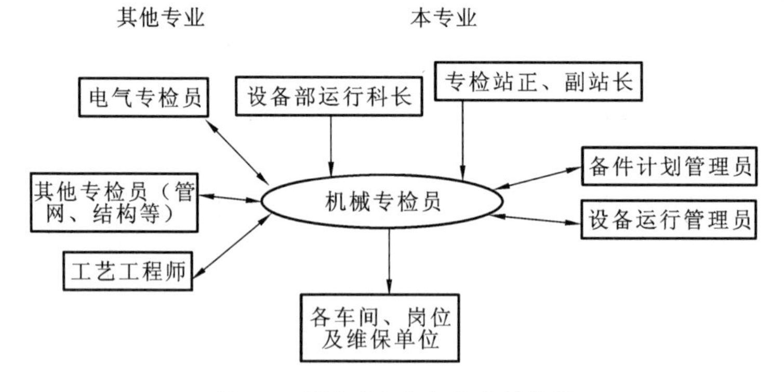

图1-2 岗位在组织机构中的位置

4. 岗位的主要职责和负责负责程度

岗位的主要职责和负责程度如表1-3所示。

表1-3 岗位的主要职责和负责程度

序号	主要工作职责	负责程度
1	按路线、周期,负责对责任区域设备进行专业点检作业,并检查指导岗位操作点检及维护点检,完成上级安排的其他工作	全责
2	负责修订设备使用规程、设备维护规程、设备检修规程	50%责任
3	凡检查出来的设备问题或了解到设备异常情况,应在查明原因的基础上通知维护车间立即处理,不需立即处理的,编入下月检修计划或定修计划,月检修计划每月25日前报站长审定,定修计划必须在定修前二周提出,没能查明原因的设备缺陷立即向站长汇报,协助站长专业进行精密点检确认处理	70%责任

续表

序号	主要工作职责	负责程度
4	负责日常维护及定修计划中外委项目的确认上报工作，参与项目的备件确认、施工方案交底、安全交底和施工配合以及交工验收单、施工预算审查及检修原始记录的审查工作	全责
5	收集和掌握设备运行状态，开展设备故障诊断和状态监测，对重点关键设备进行劣化倾向管理，提出区域关键设备检修，更换周期⇙	全责
6	编制定修计划，做好定修施工组织管理工作，包括：备品材料的准备及确认、施工方案的落实、安全措施的制定、定修情况的小结等工作	全责
7	负责在所管区域严格执行各项安全、消防、厂容管理规定，保证相关设备的安全、消防设施完好	30%责任
8	负责编制所管辖区域单机设备大修计划(含备件、材料清单)	70%责任
9	按事故管理条例，参与故障分析、处理，提出修复和预防措施并按月整理所辖区域设备故障、分析、汇总上报	全责
10	负责设备运行参数的确定，参与工程试车验收与投产组织工作	50%责任
11	建立区域设备综合运行档案，详细记录设备动态信息，并做好各类点检记录	全责
12	负责对重复发生的设备隐患组织攻关，提出整改方案，对各车间提出的技改项目审查汇总上报	全责
13	参加设备季度大检查和有关设备专业管理的检查评比工作	50%责任
14	负责按时完成星级设备管理条款要求和点检信息准确录入	全责

从以上主要工作职责我们可以看到：

(1)按路线、周期，负责对责任区域设备进行专业点检作业，并检查指导岗位操作点检及维护点检，完成上级安排的其他工作，“机械专检员”是负全责；

(2)负责修订设备使用规程、设备维护规程、设备检修规程，“机械专检员”是50%责任，故我们应该把点检维护作为重点。

三、液压设备的维护

1. 点检

国外先进的设备维修管理制度可分为：①苏联的计划预修制；②日本的全员参加的生产维修制；③英国的设备综合工程学；④美国的后勤学。

对一些关键、重要设备，按规定的周期和方法进行预防性检查确定后续零件更换的时间，在故障发生前，有计划地安排设备停机予以更换修理，使生产停机最少，损失也最少。

(1)定点。科学地分析，找准设备容易发生故障和劣化的部位，确定设备的维护点以及该点的点检项目和内容。

(2)定标准。按照检修技术标准的要求，确定每一个维护检查点参数(如间隙、温度、压力、振动、流量、绝缘等)的正常工作范围。

(3)定人。按区域、按设备、按人员素质要求,明确专业点检员。

(4)定周期。制定设备的点检周期,按分工进行日常巡检、专业点检和精密点检。

(5)定方法。根据不同设备和不同的点检要求,明确点检的具体方法,如用“五感”(视、听、触、味、嗅)或用仪器、工具进行。

(6)定量。采用技术诊断和劣化管理方法,进行设备劣化的量化管理。

(7)定作业流程。明确点检作业的流程,包括点检结果的处理程序。

(8)定点检要求。做到定点记录、定标处理、定期分析、定项设计、定人改进、系统总结。

2. 液压系统的维护与检查

液压系统的维护与检查一般分为三个不同阶段进行,即日常检查、定期检查和综合检查。

(1)定期紧固。

(2)定期更换密封件。

(3)定期清洗或更换液压元件。

(4)定期清洗或更换滤芯、空气滤清器。

(5)定期清洗油箱。

(6)定期清洗管道。

(7)定期更换油液和高压软管。

3. 每年的维护检查

拆修油泵,更换油泵磨损零件或换新泵;拆修油缸,更换油缸密封和破损零件;油箱清洗换油;管接头密封可靠性检查和紧固;解体检查溢流阀,根据情况进行处理;空气滤清器的清洗或更换。

4. 液压系统的合理使用

液压系统必须按操作规程正确使用,还须做好以下几点。

1)严格控制液压油的污染

保持油液清洁是确保液压系统正常工作的重要措施。据统计,液压系统的故障有80%是由于油液污染引发的,油液污染还加速液压元件的磨损。

2)严格控制液压油的温升

液压油的油温一般为30~60 ℃,否则要加热或冷却,以免产生危害。

3)减少液压系统的泄漏

首先是提高液压元件零部件的加工精度和元件的装配质量以及管道系统的安装质量,其次是提高密封件的质量,注意密封件的安装使用与定期更换,最后是加强日常维护,并合理选择液压油。

4)防止和减少液压系统的振动和噪声

振动和噪声影响液压元件的性能,它会使螺钉松动、管接头松脱,引起漏油,甚至会使油管破裂。

5)严格执行定期紧固

定期清洗、定期过滤和定期更换制度。在工作过程中,液压设备由于冲击振动、磨损、污染等因素，使管件松动，金属件和密封件磨损，因此，必须对液压件及油箱等实行定期清洗和维修，对油液、密封件执行定期更换制度。

6)防止空气进入液压系统

空气大量进入液压系统，压缩性增大，会产生气泡、空穴现象，从而产生振动、噪声发热、爬行、加速油液变质的危害。

5. 维修方式

1)事后维修

事后维修适用于一般设备，即对一些生产效率不高，或对生产并不直接影响，或易于维修的一般设备，考虑到经济性，安排为发生故障后再进行修理。

2)预防维修

预防维修适用于关键、重要设备，即对一些关键、重要设备，按规定的周期和方法进行预防性检查，确定后续零件更换的时间，在故障发生前，有计划地安排设备停机予以更换修理，使生产停机最少，损失也最少。

3)改善维修

改善维修适用于费用高、故障多、维修难的设备，即为防止设备劣化，使其迟缓损坏，或为使日常维护、点检、修理更容易，而对设备的一些结构进行改造或改进，以提高设备效率、减少重复故障、延长机件使用寿命、降低费用。

4)维修预防

维修预防适用于有可能、有必要实行无维修设计的设备。由于从一种维修模式过渡到另一种维修模式，需要一个渐进的过程，故生产企业优先过渡到预防维修制(只有两种手段:预防维修、事后维修)，因为预防维修是生产维修制的核心，其宗旨是有计划地把可能出现的故障和性能低下消灭在萌芽状态。

6. 液压系统的维修步骤

(1)学习液压设备图纸资料、了解设备的使用情况。

(2)熟悉液压设备的组成、原理和特点。

(3)检修前，一般要停电泄压，确保安全。

(4)使用有关工具仪器，用相应的故障诊断技术诊断出故障部位，再分析故障产生的原因。

(5)用有关修复技术进行修理，恢复液压设备性能，或者更换有关零件。

(6)一定要做好各项记录。

(7)进行空载加载调试。

(8)加载检验、验收合格，最好交付使用。

四、液压设备的清洗

有些大型厂不重视清洁维护，造成很大的修复工作和生产停止。颗粒状杂质浸入系统后会引起液压元件磨损、动作不灵活或卡死等现象，严重时，还会造成系统瘫痪。

液压系统在制造、试验、使用过程和储存时都会受到污染，清洗是消除污染及使液压油、液压元件和管道系统等保持清洁的重要手段。

不仅可以采用各种专用洗净剂来代替柴油和汽油清洗零件，而且可以采用清洗机，实现清洗工序的机械化和自动化。

清洗分一次清洗和二次清洗:一次清洗是指试装后,将管道及元件全部拆下来解件的第一次清洗;二次清洗是指将液压系统二次安装后进行的第二次清洗。

二次清洗包括主回路清洗和全系统清洗。

清洗前的准备工作如下:

(1)将环境和场地整理清扫干净;

(2)合理选择使用清洗剂,二次清洗油最好用液压油,不要用煤油、汽油酒精或蒸汽,以防腐蚀密封件。

(3)回油路一般用80～150目过滤器。

(4)设置加热装置,加热到50～80℃,清洗油对橡胶可溶蚀而除掉。

(5)设置必要的清洗槽(清洗器),将拆下来的有关元件及管件分门别类或按各支路放在清洗槽中。

(6)准备橡胶锤或木槌,以便二次清洗时轻击管路清除管内附着物。

1. 一次清洗

一次清洗主要是把液压元件及管件等的金属毛刺、粉末沙粒、灰尘、油渍、棉纱、胶粒、氧化皮等污物全部清洗干净。

1)金属洗净剂及助洗添加剂可适当选用

金属洗净剂适用于清洗钢铁制件及铜铝合金、塑料、玻璃等,还可除锈和除去氧化物。助洗添加剂可提高金属洗净剂的去污效果,增强防锈能力,节约金属洗净剂。助洗添加剂有硅酸钠、三乙醇碱性溶液、渗透剂T、硝酸钠、碳酸钠、磷酸氢二铵、尿素等。常用清洗工艺配方如表1-4所示。

表1-4　常用清洗工艺配方

成　分	重量比/(%)	工艺参数	应　用
SP-1洗净剂	1	常温、浸渍时间3～4 min/件	适用钢铁、铝铜及合金件的油污、生物油、灰尘等
105洗净剂	1		
硅酸钠	0.2		
三聚磷酸钠	0.2		
碳酸钠	0.1		
水	余量		

2)清洗方法

清洗方法分手工清洗和机械清洗两种。

(1)手工清洗有浸渍刷洗和浸渍擦洗,主要适用于批量清洗。浸渍清洗是将被清洗零件浸入带有加热设备的清洗槽中,加热至一定温度,并使清洗液处于动态中,如可在清洗液中通入压缩空气或蒸汽,使清洗液处于动态中。浸渍时间一般为4～8 h,清洗后应排除清洗剂,用清水彻底漂洗。对于油污严重的,要用手工擦抹才能洗净。这种方法的缺点是对形状复杂的零件清洗会比较困难。对形状复杂的零件,可使用带磨料球的尼龙去刺刷和刷磨阀孔端部、孔道交接处及沉割槽等。

(2)机械清洗有压力喷射机清洗和超声波清洗机清洗。压力喷射机是通过耐腐蚀泵把调配好的加热水溶液以 0.3 MPa 的压力进行喷射清洗。一般被清洗件经过预洗室、清洗室、热水漂室三道连续喷洗过程。

超声波清洗机是利用适当功率的超声波射入清洗液,形成点状微小空腔,当空腔扩大而达到一定程度时突然溃灭,产生具有几个大气压数量级的强大声压和液体机械冲击力,即空化作用,使置于清洗液中的零件表面上的污物剥落,达到清洗的目的。

3)选用清洗工艺的原则

水及水溶性污垢物,包括热处理盐、焊药、手汗等,可选用水剂清洗工艺。

油及油溶性污垢物,包括机油、润滑脂、皂类、切削油、拉伸油脂类等,可选用溶剂、表面活性剂或氯化碳氢溶剂清洗等工艺。

切削、磨粒、灰尘等污物,可选用超声波清洗工艺。

铁锈、氧化皮及其他难溶性污垢物,可采用酸洗、喷丸或抛光等除锈清洗工艺。

4)清洗的注意事项

清洗方法有浸洗、喷洗、机动擦洗、超声波清洗,可组合使用。

加热温度一般为 35~85 ℃,过高易使清洗液变浊,清洗效果反而降低。

清洗时间一般为 3~10 min,指每种清洗方法或一道工序,取决于清洗方法、油污程度及清洗质量要求。

加入少量成分基本相同的经沉淀的旧液,可加强新配制的清洗液的稳定性。

为了环保,大量排放的清洗液必须加以处理,常用方法有混凝沉淀、活性炭吸附或采用醋酸纤维素膜超滤器。

5)管路的清洗

管路主要实行酸洗,去掉油管上的毛刺及焊渣,用氢氧化钠及碳酸钠进行脱脂去油,然后用温水清洗,再用 20%~30%的稀盐酸或 15%~20%的稀硫酸溶液进行酸洗,温度保持在 40~60 ℃,时间为 30~40 min,可轻微敲打或振动。

用 10%的苛性钠溶液浸渍和清洗 15 min,使其中和,溶液温度为 30~40 ℃。

最后用蒸汽或温水清洗,再在空气中干燥后涂上防锈油。

2. 二次清洗

1)主回路清洗

主回路清洗指主要循环回路的清洗,也称管路清洗。主回路清洗应注意闸阀的开关。

2)全系统清洗

全系统清洗指整个液压系统恢复到实际运转状态时的清洗。

(1)清洗介质为实际选用的液压油或试车油,不可用其他液体,以防腐蚀各元、辅件。清洗液用量为油箱工作容积的 60%~70%为宜。

(2)清洗时加热介质,温度以 50~75 ℃为宜,可除去系统中的橡胶渣。

(3)清洗时可轻敲管路以清除管内附着物。

(4)液压泵可间歇运转,间歇时间 10~30 min,可提高清洗效果,间歇时检查清洗效果。

(5)清洗回路上设置滤油器,清洗初期采用 80 目滤网。

(6)总清洗时间一般为 48~60 h,以规定的清洁度为标准。

3. 清洗应达到的清洁度

液压系统的清洁度一般用液压油的清洁度来衡量。

许多国家采用美国航空航天工业联合会(AIA)NAS 1638—2001 标准来确定液压油的污染度,即清洁度的等级。美国航空航天工业联合会(AIA)NAS 1638—2001 标准有计数法和重量法两种。计数法从 00～12 有 14 个等级,计数法是用 100 mL 液压油中允许含有的颗粒数表示。

重量法从 100～108 有 9 个等级,重量法是用 100 mL 液压油中允许含有的颗粒数重量表示。

测量方法有光学法、电子颗粒计数器法、显微镜比较法、重量法等。

经过二次清洗后,液压油的清洁度应为表 1-5 所列等级。

表 1-5　几种常用液压系统应达到的清洁度

系统形式	计数法	重量法	控制方法
一般系统	12	108	吸油 100 μm,回油 30 μm
中高压系统	10～11	106～107	吸油 80～100 μm,回油 20～30 μm
比例阀双高系统	8～9	102～104	吸油 80 μm,回油 10～20 μm
伺服阀系统	5～7	102	吸油小于 50 μm,回油 10 μm

一、判断题

1. 液压技术是液压传动和液压控制的总称。（　　）

2. 液压传动中,工作压力取决于液压泵的公称压力。（　　）

3. 作用于活塞上的推力越大,活塞运动速度越快。（　　）

4. 液压传动适宜于在传动比要求严格的场合采用。（　　）

5. 液压与气动图形符号表示元件的功能,而不表示元件的具体结构和参数;反映各元件静止位置在油路连接上的相互关系,不反映其空间安装位置。（　　）

二、选择题

1. 从世界上第一台水压机问世算起,液压传动至今已有(　　)余年的历史。

A. 100　　B. 150　　C. 200　　D. 250

2. 液压传动是以(　　)为工作介质,利用液体的压力能来转换、传递、控制运动及动力的一种传动方式。

A. 固体　　B. 液体　　C. 气体　　D. 水

3. 液压技术在工程机械领域应用最广的是(　　)。

A. 推土机　　B. 起重机　　C. 挖掘机　　D. 盾构机

4. 液压系统的工作压力取决于(　　),速度取决于流量。

A. 调压阀　　B. 油缸　　C. 负载　　D. 油泵

5. 液压传动的动力元件是(　　)。

A. 电动机　　B. 液压马达　　C. 液压泵　　D. 油箱

6. 液压元件使用寿命长是因为(　　)。

A. 易过载保护　　B. 能自行润滑　　C. 工作平稳　　D. 压力低

7. 液压系统的职能符号(　　)。

A. 不表示元件的功能,而表示元件的具体结构和参数;

B. 不反映各元件在油路连接上的相互关系,反映其空间安装位置;

C. 不反映静止位置或初始位置的工作状态,反映其过渡过程。

D. 便于绘制,阅读方便。

8. 液压传动的主要缺点是(　　)。

A. 输出功率大　　B. 易无级调速　　C. 泄漏污染　　D. 工作平稳

三、问答题

1. 什么是液压传动、液压技术?

2. 液压传动由哪五部分组成? 各部分作用是什么?

3. 液压传动的优点和应用是什么?

项目 2
流体力学基础

学习重点和要求

(1)了解液体的黏度及其计算测量;

(2)熟悉液体的压力并进行测量计算;

(3)熟悉液体的流量并进行测量计算。

本项目主要介绍液体的性质,熟悉液体的压力、流量,对学习液压原理和计算都非常重要,这是液压流体力学(研究流体平衡及其运动规律的学科)的一部分。

液压介质的作用有:传递能量和信号;润滑液压元件,减少摩擦和磨损;散热;防止锈蚀;密封液压元件对偶摩擦副中的间隙;传输、分离和沉淀非可溶性污染物;为故障提供诊断信息等。

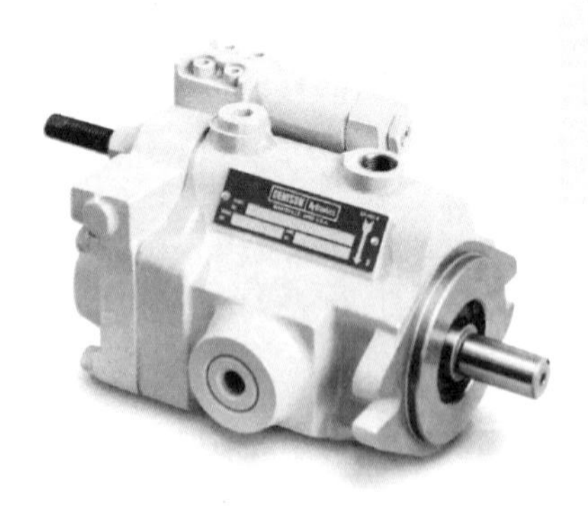

2.1 液体黏度

一、密度

液体单位体积 V 的质量 m 称为液体的密度 ρ，即

$$\rho=\frac{m}{V} \tag{2-1}$$

液压油的密度随压力的增加而增大，随温度的升高而减少，但变动值很小，可以忽略不计。一般液压油的密度是 900 kg/m^3，水的密度是 1 000 kg/m^3。

二、可压缩性

液体受压力作用而发生体积变化的性质称为液体的可压缩性。液体的压缩性可用体积压缩系数 κ 表示。

$$\kappa=-\frac{1}{\Delta p}\frac{\Delta V}{V_0} \tag{2-2}$$

体积压缩系数 κ 的倒数，称为液体的体积弹性模量，以 K 表示，即

$$K=\frac{1}{\kappa}$$

液压油的体积弹性模量 K 值反映液体抵抗压缩能力的大小，与温度、压力及油液中的空气含量有关，故要减少液压油中的空气含量。

20 ℃时，液压工作介质体积弹性模量 $K=(1.4\sim3.45)\times10^9$ Pa，因数值很大，一般情况下，可以认为液体是不可压缩的。但是，在高压、受压体积较大或对液压系统进行动态分析时，就需要考虑液体可压缩性的影响。因含有空气和水，一般石油基液压油的体积弹性模量 K 取$(0.7\sim1.4)\times10^9$ Pa。

三、黏性

液体的黏性

液体在外力作用下流动时，分子间的内聚力要阻止分子间的相对运动而产生一种内摩擦力，这种特性称为液体的黏性。

液体只有在流动(或有流动趋势)时才会呈现出黏性，静止液体是不会呈现黏性的。如图 2-1 所示，在两平面板间充满流动的液体，下平板固定不动，上平板以匀速 v 运动，由于液体的黏性，紧贴下平板的液体层速度为零，紧贴上平板的液体层速度为 v，中间各液层的速度 u 近似呈线性分布。

牛顿在实验中总结出：液体流动时相邻液层间的内摩擦力 F 与液层间接触面积 A、速度梯度$\frac{du}{dy}$成正比，即

$$F=\mu A\frac{du}{dy} \tag{2-3}$$

图 2-1 液体的黏性

式中:μ 为比例常数,称为黏性系数或动力黏度。

以 τ 表示切应力,即单位面积上的内摩擦力为

$$\tau = \mu \frac{du}{dy} \tag{2-4}$$

这就是牛顿的液体内摩擦定律。

黏性表征了液体抵抗剪切变形的能力。液体的黏性大小用黏度来表示,黏度的表示方法有动力黏度 μ 、运动黏度 ν 和相对黏度。

1. 动力黏度 μ

式(2-4)中 μ 为表征液体黏性的内摩擦系数,它是由液体种类和温度决定的比例系数。

系数 μ 表示液体黏度的大小,称为动力黏度,或称绝对黏度。

动力黏度 μ 的物理意义是指液体在单位速度梯度下流动时单位面积上产生的内摩擦力。动力黏度的单位为 Pa·s(帕·秒,N·s/m^2)。CGS(物理单位制)中 μ 单位为 P(泊)。

$$1\ \text{Pa}\cdot\text{s} = 10\ \text{P} = 1\ 000\ \text{cP}$$

2. 运动黏度 ν

液体的动力黏度 μ 与其密度 ρ 的比值,称为液体的运动黏度 ν,即

$$\nu = \frac{\mu}{\rho} \tag{2-5}$$

运动黏度的单位为 m^2/s。CGS 中的单位为 St(斯),换算关系为

$$1\ \text{m}^2/\text{s} = 10^4\ \text{St(斯)} = 10^6\ \text{cSt(厘斯)}$$

运动黏度 ν 无物理意义,习惯上常用它来标志液体黏度,国际标准化组织 ISO 规定统一采用运动黏度来表示油液的黏度等级。我国按国标 GB/T 3141—1994 的规定,牌号是以 40 ℃时液压油运动黏度中心值(以 mm^2/s 计)为黏度等级来表示。例如,牌号为 L-HL32 的普通液压油在 40 ℃时运动黏度的中心值为 32 mm^2/s。

3. 相对黏度

相对黏度又称条件黏度,是按一定的测量条件制定的。根据测量的方法不同,可分为恩氏黏度 $°E$ 、赛氏黏度 *SSU*、雷氏黏度 *Re* 等。我国和德国等国家采用恩氏黏度。

四、其他性质

(1)液体的黏度随液体的温度和压力变化而变化。液压油的黏度对温度的变化十分敏感。温度升高时,黏度成比例下降。在液压技术中,希望工作液体的黏度随温度变化越小越好。黏度随温度变化的特性,可以用黏度-温度曲线表示,即黏温特性,如图 2-2 所示。

(2)液压油的压力增大时,黏度增大,但影响很小,通常忽略不计。

(3)液体的物理性质还有比热容(单位质量的物体改变单位温度时所吸收或释放的内能)、导热系数、流动点(比凝固点高 2.5 ℃的温度称为流动点)与凝固点、闪点(明火能使油面上油蒸气闪燃,但油本身不会燃烧的温度)与燃点(使油液能自行燃烧的温度)、润滑性(在金属摩擦表面形成牢固油膜的能力)等。

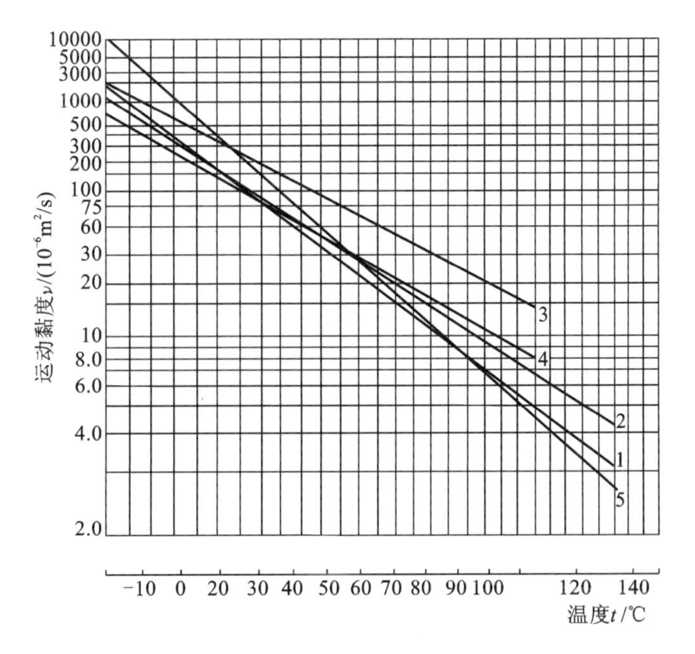

图 2-2 黏度与温度的关系

1—普通液压油(石油基);2—高黏度指数液压油(石油基);

3—水包油乳化液;4—水-乙二醇液;5—磷酸酯液

(4)液体的化学性质有热稳定性、氧化稳定性、水解稳定性、相容性(对密封材料、涂料等非金属材料的化学作用程度,如不起作用或很少起作用则相容性好)和毒性等。

2.2 液体压力

液体静力学主要是研究液体静止时的平衡规律及这些规律的应用。液体静止指的是液体内部质点间没有相对运动。如盛装液体的容器,相对地球静止、匀速、匀加速运动都属液体静止。

一、液体静压力

作用在液体上的力有质量力和表面力。质量力有重力和惯性力。

表面力作用在液体表面上,是外力。单位面积上作用的表面力称为应力,有法向应力和切向应力。当液体静止时,液体质点间没有相对运动,不存在摩擦力,所以静止液体的表面力只有法向力。

液体内某点单位面积上所受到的法向力,称为静压力,即

$$p=\lim_{\Delta A\to 0}\frac{\Delta F}{\Delta A} \tag{2-6}$$

或

$$p=\frac{F}{A} \tag{2-7}$$

液体质点间的内聚力很小,不能受拉,只能受压,所以,液体的静压力具有以下两个重要特性:①液体静压力的方向总是作用在内法线方向上;②静止液体内任一点的压力在各个方向上都相等。

【例 2-1】 如图 2-3 所示,液压缸活塞直径为 D,输入液压力为 p,问产生的总作用力 F 等于多少?

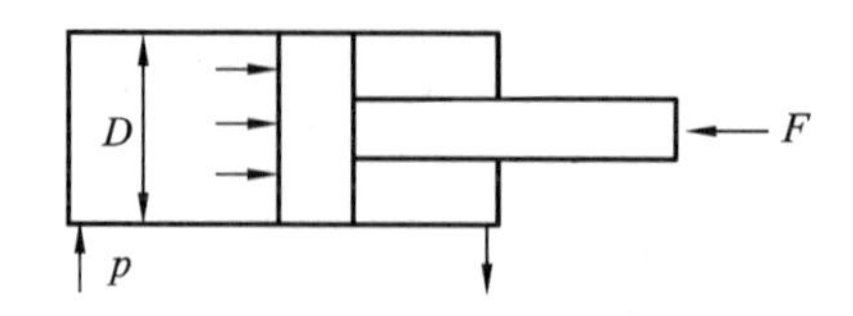

图 2-3 液体静压力作用在活塞上的简图

解 根据液体静压力定义,总作用力 F 等于液体静压力 p 与该固体壁面-活塞面积 A 的乘积,即

$$F=pA=p\frac{\pi D^2}{4}$$

二、压力的表示方法及单位

压力的表示方法分为绝对压力和相对压力两种。绝对压力是以绝对真空作为基准所表示的压力;相对压力是以大气压力 p_a 作为基准所表示的压力。

由于大多数测压仪表所测得的压力都是相对压力,故相对压力也称表压力。如果液体中某点处的绝对压力小于大气压,这时,在这个点上的绝对压力比大气压小的那部分数值就称为真空度。

绝对压力、相对压力和真空度的关系为

绝对压力=相对压力+大气压力

真空度=大气压力-绝对压力

绝对压力、相对压力和真空度的关系如图 2-4 所示。

关于压力的单位,我国法定压力单位为帕斯卡,简称帕,符号为 Pa,$1\ \text{Pa}=1\ \text{N/m}^2$。由于帕(Pa)太小,工程上常用兆帕(MPa)来表示。

压力单位及其他非法定计量单位的换算关系为

$$1\ \text{MPa}=10^6\ \text{Pa}$$

$$1\ \text{bar(巴)}\approx 1\ \text{kgf/cm}^2=10^5\ \text{Pa}$$

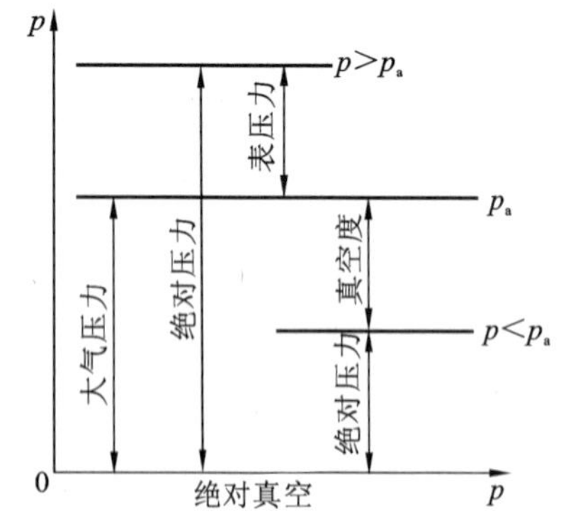

图 2-4 绝对压力、相对压力和真空度的关系

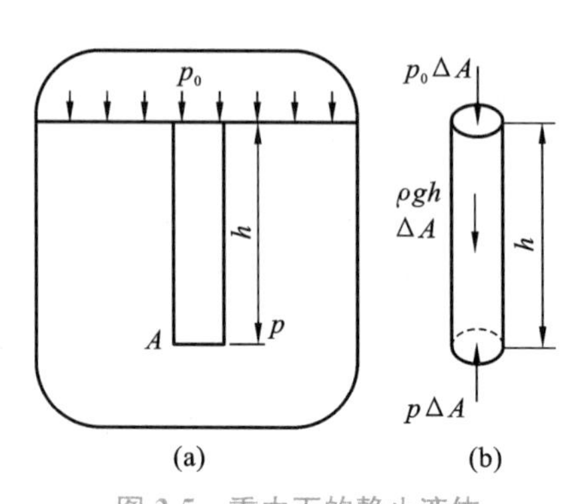

图 2-5 重力下的静止液体

三、液体静力学基本方程

在重力 G 作用下，密度为 ρ 的静止液体受表面压力 p_0 的作用，液体内任一点 A 处压力是多少呢？

如图 2-5 所示，取一高度为 h 的垂直小液柱，其质量 $F_G=\rho gh\Delta A$，在平衡状态下，小液柱力平衡方程为

$$p\Delta A=p_0\Delta A+\rho gh\Delta A$$

$$p=p_0+\rho gh \tag{2-8}$$

式(2-8)即为液体静力学的基本方程。

由液体静力学基本方程可得出如下几点规律。

(1)静止液体内任一点处的压力由两部分组成：一部分是液面上的压力 p_0；另一部分是 ρg 与该点离液面的深度 h 的乘积。当液面上只受大气压力 p_a 作用时，点 A 处的静压力则为 $p=p_a+\rho gh$。

(2)同一容器中液体的静压力随液体深度 h 的增加而线性增加。

(3)连通器内同一液体中深度 h 相同的各点压力都相等。由压力相等的各点组成的面称为等压面。静止液体中的等压面是一个水平面。

四、帕斯卡原理

帕斯卡原理

根据静压力基本方程($p=p_0+\rho gh$)，盛放在密闭容器内的静止液体，其外加压力 p_0 发生变化时，液体中任一点的压力均将发生同样大小的变化。这就是说，在密闭容器内，施加于静止液体上的压力将以等值同时传到各点。这就是静压传递原理或称帕斯卡原理，$p_1=p_2$。

在液压系统中，液压泵产生的压力远大于液体自重(h 小于 5 m)产生的压力，因此，可认为液压系统中静止液体压力基本相等。

【例 2-2】 如图 2-6 所示，在一个密闭容器内，已知大缸 $D=100$ mm，小缸 $d=20$ mm，大活塞上重物的质量 $G=1\ 000$ kg，求小活塞上用多大的力 F_2 才可顶起该重物？

解 重物重力为

$$G=mg=1\ 000\times 9.8=9\ 800\ \text{N}$$

根据帕斯卡原理，两缸内压力处处相等，于是有 $F_2/(\pi d^2/4)=G/(\pi D^2/4)$，得

$$F_2=392\ \text{N}$$

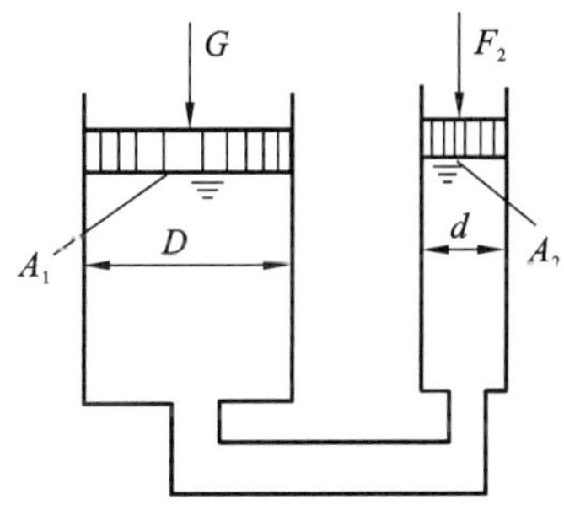

图 2-6 帕斯卡原理应用

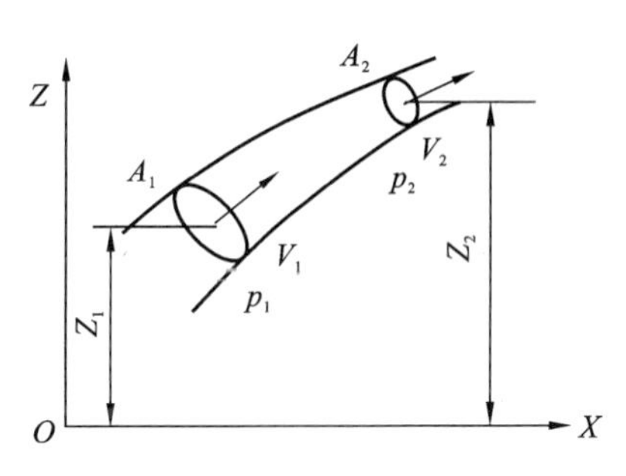

图 2-7 伯努利方程

五、伯努利方程

18世纪中叶,瑞士数学家丹尼尔·伯努利发现了伯努利方程。伯努利方程是能量守恒定律在流动液体中的表现形式。

如图2-7所示,设理想液体作恒定流动,取一流束(流线的集合,某一瞬时,液流中各处质点运动状态的一条条曲线称为流线),截面 A_1 的压力为 p_1、流速为 v_1、高度为 z_1;截面 A_2 的压力为 p_2、流速为 v_2、高度为 z_2,则截面 A_1 和截面 A_2 的单位体积的能量相等,即

$$p_1+\rho g z_1+\frac{1}{2}\rho v_1^2=p_2+\rho g z_2+\frac{1}{2}\rho v_2^2 \tag{2-9}$$

这就是理想液体作恒定流动的伯努利方程。方程中第一项为单位液体体积的压力能 p,第二项为单位液体体积的位能 $\rho g z$,第三项为单位液体体积的动能$\frac{\rho v^2}{2}$,上述三种能量都具有压力单位。

伯努利方程物理意义:在密闭管道内作恒定流动的理想液体具有压力能、位能、动能三种能量,流动时可以互相转换,但总和为一定值。

实际液体需克服由于黏性所引起的摩擦阻力,设因黏性在两断面消耗的能量即能量损失为 $\rho g h_w$。

由于在通流截面上实际速度 u 是一个变量,若用平均流速 v 代替,则必然引起动能偏差,故必须引入动能修正系数 α,紊流时取 $\alpha=1$,层流时取 $\alpha=2$。于是实际液体总流的伯努利方程为

$$p_1+\rho g z_1+\frac{\alpha_1}{2}\rho v_1^2=p_2+\rho g z_2+\frac{\alpha_2}{2}\rho v_2^2+\rho g h_w \tag{2-10}$$

应用伯努利方程计算时注意以下两点:

(1)截面1和截面2应选取顺流(否则 gh_w 为负值),且应选在缓变的断面上,通常将特殊位置的水平面作为基准面;

(2)截面中心在基准面以上时,z 取正值,反之取负值。

在液压系统中,若流速不超过6 m/s,高度不超过5 m,则位能和动能相对压力能来说可忽略不计。

六、液体流动时的压力损失

在液压传动中,能量损失有压力损失和流量损失两种,主要表现为压力损失,就是伯努利方程中的 $\rho g h_w$ 项。压力损失大,表明系统能量浪费大、效率低,液压能转变为热能,使系统温度升高,所以要尽量减少压力损失。压力损失分为两类:沿程压力损失和局部压力损失。

1. 沿程压力损失

液体沿等直径直管流动时因摩擦所产生的能量损失称为沿程压力损失。这种压力损失是由液体流动时的内、外摩擦力所引起的。

如图2-8所示,假设不可压缩液体在水平圆管中作恒流层流动,管中有一定压力,液体重力可忽略不计,圆管半径为 R,直径为 d。

在管轴上取一半径为 r、长度为 l 的微小流管为研究对象,两端压力为 p_1、p_2,其他液体对该圆管侧面的内摩擦力为 F,液体的动力黏度为 μ。

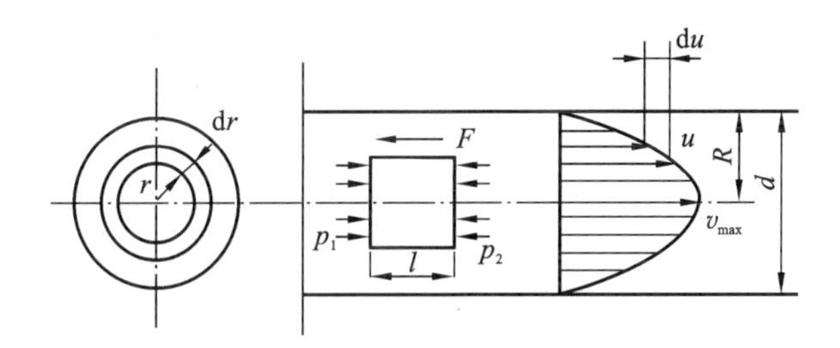

图 2-8 圆管中的流速分布

推导参考 根据牛顿内摩擦力定律公式(2-3)

$$F=\mu A\frac{\mathrm{d}u}{\mathrm{d}r}=\mu 2\pi rl\frac{\mathrm{d}u}{\mathrm{d}r}$$

则微小流管的受力平衡方程为

$$(p_1-p_2)\pi r^2-\mu 2\pi rl\frac{\mathrm{d}u}{\mathrm{d}r}=0$$

$$\mathrm{d}u=\frac{\Delta pr\mathrm{d}r}{2\mu l}$$

对上式积分,当 $r=R$ 时,$u=0$,得

$$u=\frac{\Delta p(R^2-r^2)}{4\mu l}$$

所以,水平圆管内液体质点在直径方向上的流速呈抛物线规律分布。

在管壁处

$$r=R,\quad v_{\min}=0$$

在管轴处

$$r=0,\quad v_{\max}=\Delta pR^2/4\mu l=\frac{\pi d^2}{16\mu l}\Delta p$$

对上式积分,求得通过整个通流截面的流量,即

$$q=\int_A u\mathrm{d}A=\int_0^{\frac{d}{2}}\frac{p_1-p_2}{4\mu l}\left(\frac{d^4}{4}-r^2\right)2\pi r\mathrm{d}r=\frac{\pi d^4}{128\mu l}\Delta p$$

Δp 就是沿程压力损失,记为 Δp_{f},则

$$\Delta p_{\mathrm{f}}=\frac{128\mu l}{\pi d^4}q \tag{2-11}$$

式中:d 为圆管直径;l 为长度;Δp 为两端压差;μ 为动力黏度。

因为 $q=\frac{v\pi d^2}{4}$,$\mu=\rho\nu$,$Re=\frac{dv}{\nu}$,代入并整理得

$$\Delta p_{\mathrm{f}}=\lambda\frac{l}{d}\frac{\rho v^2}{2}=\rho gh_{\mathrm{w}} \tag{2-12}$$

式中:λ 为沿程阻力系数。λ 的理论值为 $\frac{64}{Re}$,水在作层流流动时的实际阻力系数和该理论值是很接近的。由于靠近管壁的液层会冷却等原因,液压油在金属圆管中作层流时,常取 $\lambda=\frac{75}{Re}$,在橡胶管中取 $\lambda=\frac{80}{Re}$。Δp_{f} 与管壁的粗糙度 ε 无关,也适用于非水平管。

紊流时的沿程压力损失仍用式(2-12)来计算，只是 λ 值不仅与雷诺数 Re 有关，而且与管壁表面粗糙度 ε 有关。对于光滑管，当 $2\ 320 \leqslant Re < 10^5$ 时，$\lambda = 0.316\ 4 Re^{-0.25}$。

圆管通流截面上的平均流速为

$$v = \frac{q}{A} = \frac{\pi d^2}{32\mu l}\Delta p \tag{2-13}$$

上式与 v_{max} 比较可知：液体在水平圆管作恒流层流动时，其中心处的最大流速正好等于其平均流速的两倍，即 $v_{max} = 2v$。

2. 局部压力损失

液体流经弯管、接头、截面突变、阀口及滤网等局部障碍时，液流会产生旋涡，引起油液质点间，以及质点与固体壁面间相互碰撞和剧烈摩擦而产生的压力损失称为局部压力损失。

局部压力损失的计算公式为

$$\Delta p_r = \zeta \frac{\rho v^2}{2} \tag{2-14}$$

式中：ζ 为局部阻力系数，一般由实验测得；v 为液体的平均流速，一般情况下均指局部阻力出口的流速。

3. 管路系统中的总压力损失

管路系统中的总压力损失等于所有直管中的沿程压力损失和局部压力损失之和，即

$$\Delta p_w = \sum (\Delta p_f + \Delta p_r) \tag{2-15}$$

实际数值比上式计算出的压力损失要大一些。

液压系统中液压泵的压力 p_p 为

$$p_p = p_{缸} + \Delta p_w \tag{2-16}$$

从压力损失的公式中可以看出，减小流速，缩短管道长度，适当增大管径，减少管道截面的突变，提高管道内壁的加工质量，尽量少用阀，都可以减少压力损失。其中流速的影响最大，故流速有限制。

2.3 液体流量

液体动力学研究流动液体的运动规律、能量转化和作用力，本任务学习八个基本概念和三个重要方程。

一、液体运动的基本概念

1. 理想液体

既无黏性又不可压缩的液体称为理想液体。

2. 恒定流动

液体流动时，若液体中任何一点的压力、速度和密度都不随时间而变化，则这种流动就称为恒定流动，也称为定常流动。否则，只要压力、速度和密度有一个随时间变化，就称为非恒定流动。

3. 过流断面

液体在管道流动时，垂直于流动方向的截面称为过流断面，也称为通流截面。截面上每点处的流动速度都垂直于这个面。

4. 流量

单位时间内通过某通流截面的液体体积称为体积流量或流量。

$$q=\frac{V}{t} \tag{2-17}$$

实际液体在流动时，由于黏性力的作用，整个过流断面上各点的速度 u 一般是不等的，其分布规律也很难知道，其关系为

$$\mathrm{d}q=u\mathrm{d}A \quad q=\int u\mathrm{d}A$$

5. 平均流速

平均流速是指单位通流截面通过的流量。

设管道中液体在时间 t 内流过的距离为 l，过流断面面积为 A，则

$$q=\frac{V}{t}=\frac{Al}{t}=Av\left(q=\int v\mathrm{d}A\right) \tag{2-18}$$

式中：v 为平均流速，液体以假设的平均流速 v 流过过流断面的流量等于以实际流速 u 流过过流断面的流量。流量与平均流速的关系如图 2-9 所示。

$$v=\frac{q}{A} \tag{2-19}$$

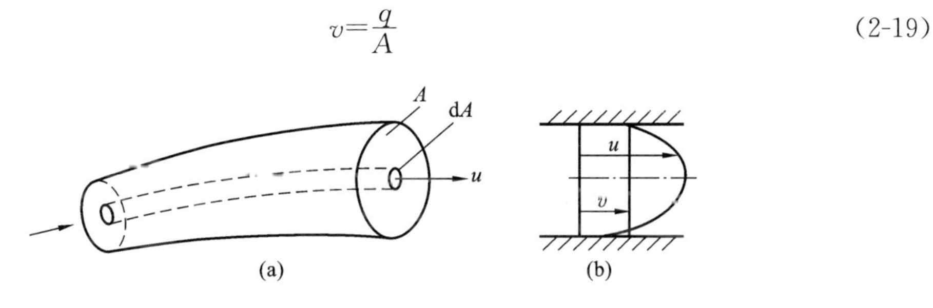

图 2-9 流量与平均流速的关系

在工程实际中，液压缸活塞的运动速度就等于缸内液体的平均流速，因而活塞运动速度 v 等于输入流量 q 与液压缸有效面积 A 的商，即 $v=\frac{q}{A}$。流量的国际单位是 $\mathrm{m^3/s}$，工程单位为L/min。

6. 层流

液体质点互不干扰，液体的流动呈线性或层状的流动状态。

7. 紊流

液体质点的运动杂乱无章，除了平行于管道轴线的运动以外，还存在着剧烈的横向运动。

层流和紊流是液体两种不同性质的液流状态，简称流态。

层流时，液体流速较低；紊流时，液体流速较高。这两种流动状态的物理现象可以通过雷诺实验观察到。

8. 雷诺数

雷诺实验装置如图 2-10(a)所示,水箱 6 由进水管 2 不断供水,并由溢流管 1 保持水箱水面高度恒定。

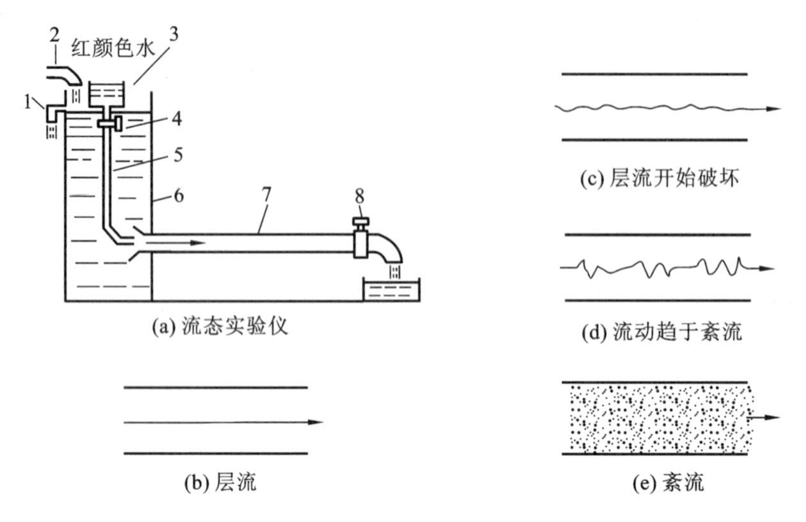

(a) 流态实验仪

图 2-10 液体的流态实验

1—溢流管;2—进水管;3—颜色槽;4—小调节阀;5—导管;6—水箱;7—玻璃管;8—大调节阀

颜色槽 3 内盛有红颜色水,将小调节阀 4 打开后,红颜色水经导管 5 流入水平玻璃管 7 中。仔细观察大调节阀 8 的开度,使玻璃管中流速较小时,红颜色水在玻璃管 7 中呈一条明显的红线,这条红线和清水不相混合,如图 2-10(b)所示,这表明管中的水流是层流。调节大调节阀 8 使玻璃管中的流速逐渐增大至某一值时,可看到红线开始波动而呈现波纹状,如图 2-10(c)、(d)所示,这表明层流状态受到破坏,液流开始紊乱。若使管中流速进一步加大,红颜色水流便和清水完全混合,红线便完全消失,如图 2-10(e)所示,这表明管中的液流为紊流。如果将大调节阀 8 逐渐关小,就会看到相反的过程。

雷诺实验表明:真正决定液流流动状态的是用管内的平均流速 v、管径 d、液体的运动黏度 ν 三个数所组成的一个称为雷诺数 Re 的无量纲数,即

$$Re=\frac{vd}{\nu} \tag{2-20}$$

液流由紊流转变为层流时的雷诺数称为临界雷诺数,记为 Re_c。

Re_c可用来判定液流状态,当液流的实际雷诺数 Re 小于临界雷诺数 Re_c时,液流为层流,反之,液流则为紊流。常见液流管道的临界雷诺数如表 2-1 所示。

表 2-1 常见液流管道的临界雷诺数

管道	Re_c	管道	Re_c
光滑金属圆管	2 000～2 300	锥阀阀口	20～100
橡胶软管	1 600～2 000	光滑的同心环状缝隙	1 100
圆柱形滑阀阀口	260	光滑的偏心环状缝隙	1 000

雷诺数的物理意义:影响液体流动的力主要有惯性力和黏性力,雷诺数就是惯性力对黏性力的比值。

对于非圆截面管道来说，Re 可用下式来计算

$$Re=\frac{4vR}{\nu} \tag{2-21}$$

式中：R 为通流截面的水力半径，可用下式来计算

$$R=\frac{A}{\chi} \tag{2-22}$$

式中：A 为液流通流截面的有效截面积；χ 为湿周（通流截面上与液体接触的固体壁面的周长）。

水力半径对管道通流能力的影响很大。水力半径大，表明液流与管壁接触少，液流阻力小，通流能力大；水力半径小，表明通流能力小，易堵塞。

二、连续性方程

连续性方程是质量守恒定律在流动液体中的表现形式。

如图 2-11 所示，设液体在任意取的过流断面面积为 A_1、A_2 的管道中作定常流动，且不可压缩（ρ 不变），平均流速分别为 v_1 和 v_2。

根据质量守恒定律，在 $\mathrm{d}t$ 时间内流入截面 A_1 的质量应等于流出截面 A_2 的质量，则

$$\rho v_1 A_1 \mathrm{d}t=\rho v_2 A_2 \mathrm{d}t$$

得

$$v_1 A_1=v_2 A_2=q \tag{2-23}$$

这就是液流的连续性方程。

它说明通过管道任一通流截面的流量相等，液体的流速与管道通流截面面积成反比，在具有分歧的管路中具有 $q_1=q_2+q_3$ 的关系。

三、小孔流量

液压系统常利用小孔和缝隙来控制液体的压力、流量和方向。

在液压系统的管路中，装有截面突然收缩的装置，称为节流装置（节流阀）。突然收缩处的流动称为节流。设 l 为小孔的通流长度，d 为小孔的孔径，常用小孔分为三种：$\frac{l}{d}\leqslant 0.5$ 时为薄壁小孔；$0.5<\frac{l}{d}\leqslant 4$ 时为短孔；$\frac{l}{d}>4$ 时为细长小孔。

图 2-12 所示为典型的薄壁小孔，液体经过小孔时质点突然加速，由于惯性力作用，液流产生收缩截面 2—2，然后再扩散，造成能量损失，并使油液发热。收缩截面面积 A_2 和孔口截面积 A 的比值称为收缩系数 C_c，即 $C_c=\frac{A_2}{A}$。收缩系数取决于雷诺数、孔口及其边缘形状、孔口离管道侧壁的距离等因素。

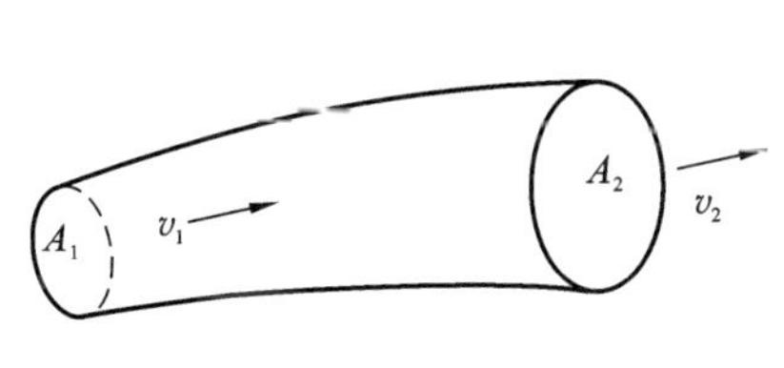

图 2-11 连续性方程

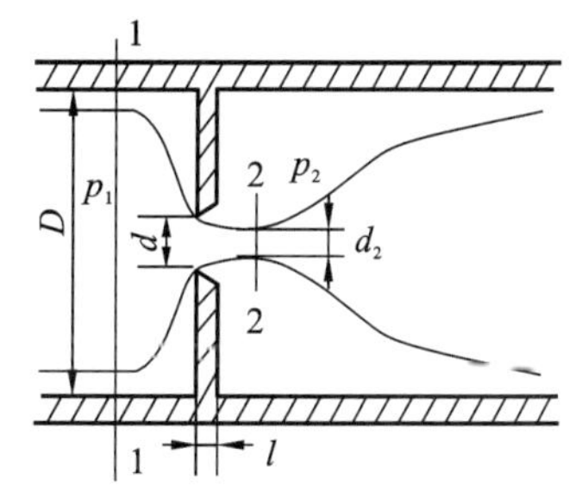

图 2-12 薄壁小孔中的流量

由收缩截面1—1和收缩截面2—2组成的伯努利方程为

$$p_1+\rho gz+\frac{1}{2}\rho v_1^2=p_2+\rho gz+\frac{1}{2}\rho v_2^2+\zeta\frac{\rho v_2^2}{2}$$

式中：$v_1 \ll v_2$，v_1 可忽略不计。若无沿程压力损失，则整理为

$$v_2=\frac{1}{\sqrt{1+\zeta}}\sqrt{\frac{2}{\rho}(p_1-p_2)} \tag{2-24}$$

令 $C_v=\frac{1}{\sqrt{1+\zeta}}$ 为小孔的流速系数，则通过薄壁小孔的流量为

$$q=v_2A_2=C_vC_cA\sqrt{\frac{2\Delta p}{\rho}}=C_qA\sqrt{\frac{2\Delta p}{\rho}} \tag{2-25}$$

式中：Δp 为孔口前后压力差；A 为孔口截面面积；A_2 为收缩截面面积；C_c 为收缩系数，$C_c=A_2/A$；C_v 为流速系数；C_q 为小孔流量系数，$C_q=C_vC_c$。C_q 和 C_c 一般由实验确定，在完全收缩时，液流在小孔处呈紊流状态，$Re \leqslant 10^5$，$C_q=0.964\,Re^{-0.05}$，当 $Re>10^5$，$C_q=0.60\sim0.62$；不完全收缩时，$C_q=0.6\sim0.8$。

薄壁小孔对温度变化不敏感，宜作节流器用。由于加工问题，实际应用大多是短孔，一般短孔的 $C_q=0.82$。

四、液阻和液阻率

流经细长小孔的流量计算：动力黏度为 μ 的液体流经直径为 d、长度为 l 的细长孔时，一般都是层流状态，可直接应用前面已导出的水平圆管流量公式，有

$$q=\frac{\pi d^4}{128\mu l}\Delta p \tag{2-26}$$

设 p 指压差 Δp，令

$$R=\frac{128\mu l}{\pi d^4} \tag{2-27}$$

则

$$q=\frac{p}{R} \tag{2-28}$$

对比电工学的欧姆定律 $I=\frac{V}{R}$，式(2-27)中的 R 称为液阻，可这样定义，液阻是孔口前后压差与通过流量的比值，或者说，水平圆管中的流量与它两端的压差 p 成正比，与它的液阻成反比。

液阻与液体的动力黏度 μ、长度 l 成正比，与直径 d 的4次方成反比(与导线的电阻公式 $R=\rho\frac{l}{A}=\frac{4\rho l}{\pi d^2}$ 相似，ρ 为电阻率)，动力黏度 μ 与液体种类及温度有关，可称为液阻率。液阻率是一个表征该段细长管孔的特性而与压差 p、流量 q 无关的物理量或比例常数。液阻单位是 $\mathrm{Pa\cdot s/m^3}$，简写为 $\mathrm{L_Z}$。当压差 p 一定时，液阻 R 越大，则流量 q 越小。

观察公式(2-25)和公式(2-26)，当孔口的截面面积 $A=\frac{\pi d^2}{4}$ 时，可统一为通用公式

$$q=CA\Delta p^m \tag{2-29}$$

则通用液阻公式为($R=\mathrm{d}p/\mathrm{d}q$)

$$R = \frac{p^{1-m}}{C \cdot A \cdot m} \tag{2-30}$$

式中：A 为孔口通流面积，单位为 m^2；p 为孔口前后的压差，单位为 N/m^2；q 为通过的孔口的流量，单位为 m^2/s。

C、m 是由孔口形状、液体性质决定的系数和指数。薄壁小孔、短孔和阀口的 $C=C_q\sqrt{\frac{2}{\rho}}$、$m=0.5$；细长孔的 $C=\frac{d^2}{32\mu l}$、$m=1$。小孔的流量、压力与液体性质指数的关系如图 2-13 所示。

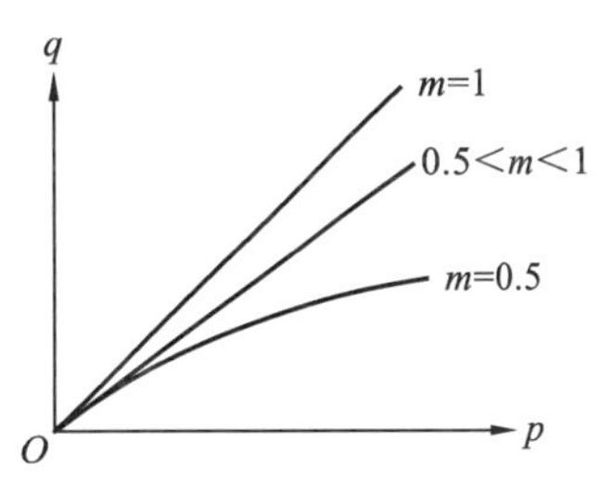

图 2-13 小孔的流量、压力与液体性质指数的关系

实验 1 液体黏度或压力、流量、流态的测量

一、实验任务

某一液压系统采用的油液不知道牌号和黏度，请测出其黏度。或根据其他设备完成设定任务。

二、实验所需设备

恩氏黏度计或压力计、流量计、液压实验台和流态试验仪等。

三、实验原理

恩氏黏度计的测量方法：将 200 mL 的被测液体装入黏度计容器内，加热到某一标准温度 t℃，经其底部直径为 2.8 mm 的小孔全部流出，测出所用的时间 t_1，然后与流出同样体积的 20 ℃的蒸馏水所需要的时间 t_2 相比，比值即为被测液体在 t℃时的恩氏黏度，用°Et 表示，标准温度有 20 ℃、40 ℃等；再用下式换算为运动黏度。

$$\nu = 7.31 \times {}^{\circ}E_t - \frac{6.31}{{}^{\circ}E_t}\ (\mathrm{cSt}) \tag{2-31}$$

四、练习与思考

(1)测量并换算出的运动黏度是否就是牌号上的运动黏度？

(2)液体黏度与哪些因素有关？

一、判断题

1. 由间隙两端的压力差引起的流动称为剪切流动。 ( )
2. L-HM32 液压油是指这种油在温度为 40 ℃时，其运动黏度的平均值为 32 mm^2/s。 ( )
3. 通常把既无黏性又不可压缩的液体称为理想液体。 ( )
4. 真空度是以绝对真空为基准来测量的液体压力。 ( )
5. 连续性方程表明恒定流动中，液体的平均流速与流通圆管的直径大小成反比。 ( )

二、选择题

1. 在液压系统中，油液不起(　　)的作用。

A. 升温　　B. 传递动力　　C. 传递运动　　D. 润滑元件

2. 当温度升高时，油液的黏度(　　)。

A. 下降　　B. 增加　　C. 没有变化

3. 我国采用40 ℃时液压油的(　　)为牌号。

A. 动力黏度　　B. 运动黏度　　C. 相对黏度　　D. 绝对黏度

4. 对液压油不正确的要求是(　　)。

A. 适宜的黏度　　B. 良好的润滑性　　C. 闪点要低　　D. 凝点要低

5. 抗磨液压油的品种代号是(　　)。

A. HL　　B. HM　　C. HV　　D. HG

6. 单位 cm^2/s 是(　　)的单位。

A. 动力黏度　　B. 运动黏度　　C. 相对黏度　　D. 绝对黏度

7. 负载无穷大时，则压力决定于(　　)。

A. 调压阀调定压力　　B. 泵的最高压力

C. 系统中薄弱环节　　D. 前三者的最小值者

8. 流量换算关系，1 m^3/s=(　　)L/min。

A. 60　　B. 600　　C. 6×10^4　　D. 1000

9. 液流连续性方程(　　)。

A. 假设液体可压缩　　B. 假设液体作非稳定流动

C. 根据质量守恒定律推导　　D. 可说明管道细流速小

10. 对压沿程力损失影响最大的是(　　)。

A. 管径　　B. 管长　　C. 流速　　D. 阻力系数

11. 液压千斤顶中，活塞1的面积 $A_1=4\times10^{-4}\ m^2$，其下压速度 $v_1=0.2$ m/s，活塞2的截面积 $A_2=1\times10^{-4}\ m^2$，求活塞2内液体的平均流速(　　)m/s。

A. 0.08　　B. 0.8　　C. 0.05　　D. 0.5

12. 已知液压系统中液压泵的额定压力为 40×10^5 Pa，额定流量为 $4\times10^{-4}\ m^3/s$，总效率为0.8，则驱动它的电动机功率应为(　　)kW。

A. 1.28　　B. 12.8　　C. 2　　D. 20

三、问答题

1. 油液的黏性指什么？常用的黏度表示方法有哪几种？并说明黏度的单位。

2. 阐述层流与紊流的物理现象及其判别方法。

3. 液压油有哪些主要品种？液压油的牌号与黏度有什么关系？

4. 什么是压力？压力有哪几种表示方法？

四、计算题

1. 某种液压油在温度为50 ℃时的运动黏度为32 mm^2/s，密度为900 kg/m^3，试求其动力黏度。

2. 某油液的动力黏度为 $4.9\times10^9\ N\cdot s/m^2$，密度为850 kg/m^3，求该油液的运动黏度为多少？

3. 如图2-14所示，立式数控加工中心主轴箱自重及配重 W 为 8×10^4 N，两个液压缸的活

塞直径 $D=30$ mm，问液压缸输入压力 p 应为多少才能使力平衡？

4. 如图 2-15 所示，液压缸的缸体直径 $D=150$ mm，柱塞直径 $d=100$ mm，负载 $F=5\times10^4$ N。若不计液压油自重及柱塞或缸体质量，求图 2-15(a)和图 2-15(b)所示两种情况下的液压缸内的压力。

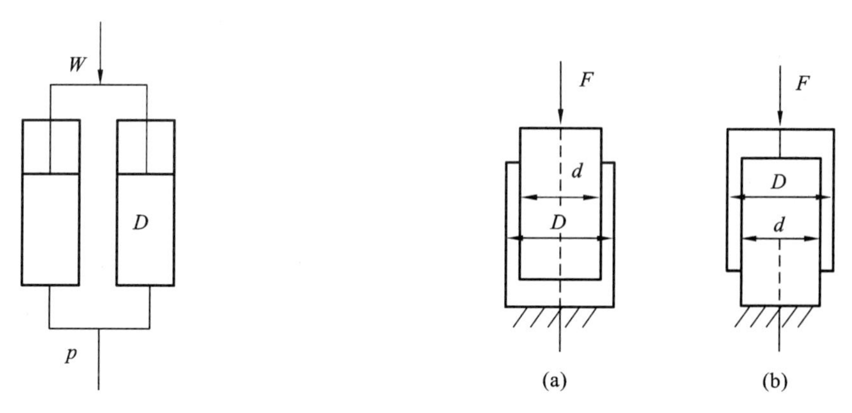

图 2-14 数控加工中心配重液压缸　　图 2-15 液压缸

5. 图 2-16 所示为注塑机的塑料注射器，当液压泵提供的压力为 $p=65$ bar，如想得到 1 200 bar的注射压力，注射器的柱塞直径比 D/d 应为多少？如果小柱塞直径 $d=4.2$mm，求活塞直径 D。

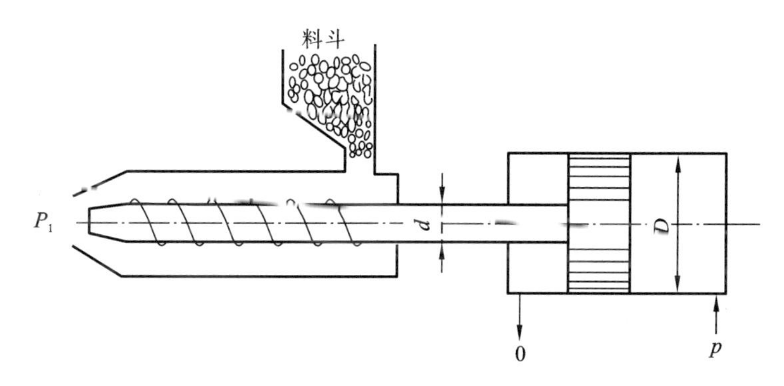

图 2-16 塑料注射器

6. 图 2-17(a)所示的液压千斤顶是怎样工作的？图 2-17(b)所示液压千斤顶的柱塞直径 $D=34$ mm，活塞的直径 $d=13$ mm，杠杆长度如图 2-17(b)所示。求杠杆端应加多少力 F 才能将重力 W 为 5×10^4 N 的重物顶起？

7. 图 2-18 所示为某压力控制阀，当 $p_1=6$ MPa 时，阀中钢球动作。若 $d_1=10$ mm，$d_2=15$ mm，$p_2=0.5$ MPa。试求：

(1)弹簧的预压力 F；

(2)当弹簧刚度 $k=10$ N/mm 时的弹簧预压缩量 x。

8. 如图 2-19 所示的水平油管，截面 1—1 和截面 2—2 处的内径分别为 $d_1=5$ mm，$d_2=20$ mm，在管内流动的油液密度 $\rho=900$ kg/m^3，运动黏度 $\nu=20$ mm^2/s。若不计油液流动的能量损失，试解答：

(1)截面 1—1 和截面 2—2 哪一处压力、流速较高？为什么？

(2)若管内通过的流量 $q=30$ L/min，求两截面间的压差 Δp。

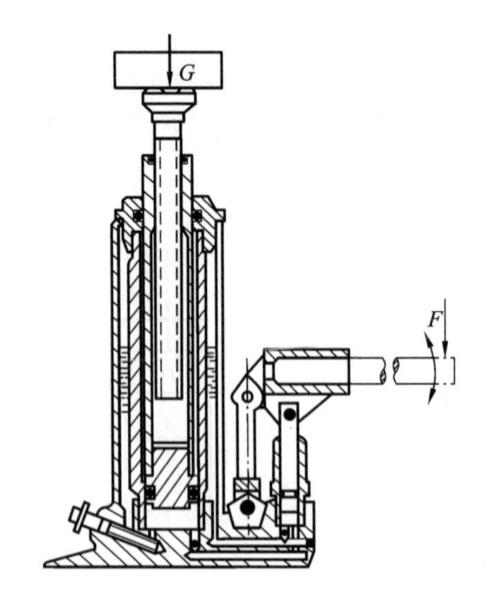

(a) 液压千斤顶结构剖面图

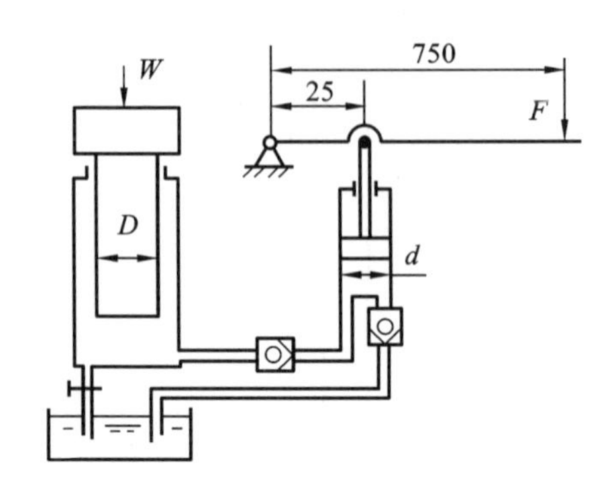

(b) 液压千斤顶机构简图

图 2-17　液压千斤顶的结构剖面图和机构简图

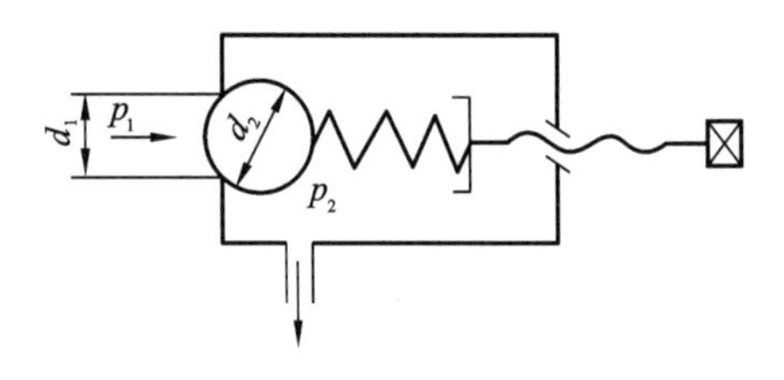

图 2-18　压力控制阀

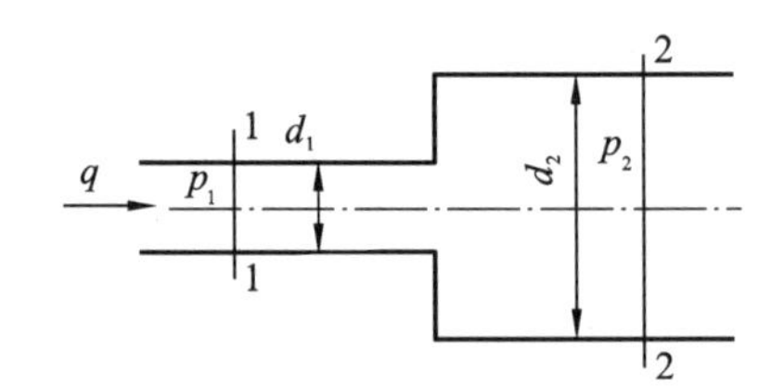

图 2-19　水平油管

项目 3
液压泵

学习重点和要求

(1)通过液压泵的选用,掌握泵的工作原理、参数特点等;

(2)通过拆装,熟悉液压泵的组成结构和工作原理;

(3)了解齿轮泵、叶片泵、柱塞泵的性能特点。

液压泵是一种能量转换装置,它将机械能转换为液体压力能,是液压系统中的动力元件,为系统提供压力油液。它是液压系统关键的元件,可比喻为心脏。

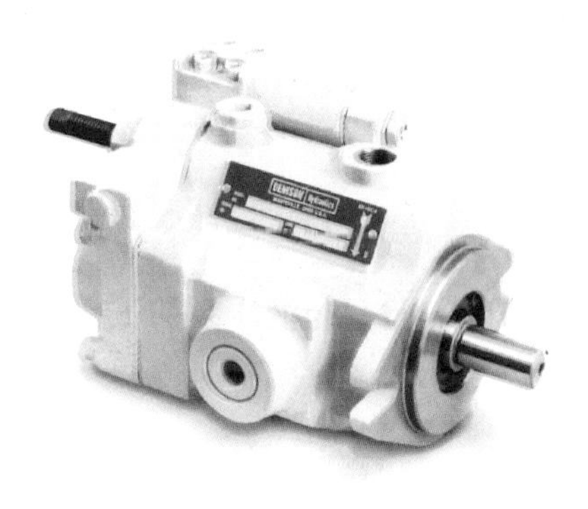

3.1 液压泵的选用

一、液压泵的选择要求

1. 选类型

根据主机工况、功率大小和系统对工作性能的要求，首先确定所选液压泵的类型。按结构形式分为齿轮式、叶片式和柱塞式三大类。按其在单位时间内所能输出的油液的体积是否可调节，液压泵分为定量泵和变量泵两大类。液压泵的分类如图3-1所示。

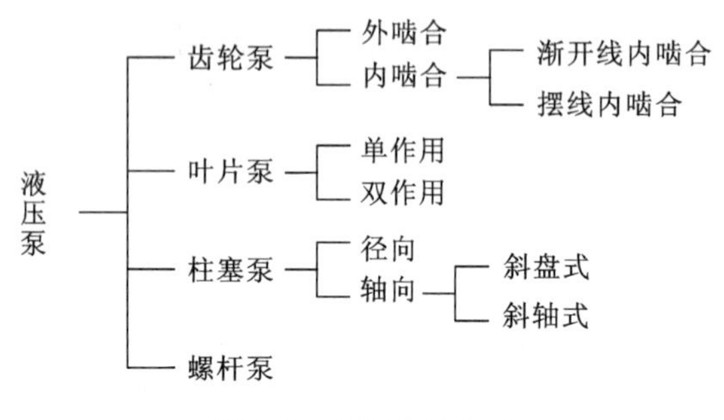

图3-1 液压泵的分类

2. 选额定压力

液压泵在正常工作时，按试验标准(40 ℃等)规定达到厂家的设计寿命的最高压力称额定压力 p_n。额定压力的单位为MPa。

额定压力有标准系列，产品铭牌上都会标明。

额定压力分五级，如表3-1所示。

表3-1 压力等级

压力等级	低压	中压	中高压	高压	超高压
压力/MPa	≤2.5	>2.5～8	>8～16	>16～32	>32

齿轮泵的压力为2.5 MPa，高压化后可达32 MPa；叶片泵的压力为6.3 MPa，高压化后可达16 MPa；柱塞泵压力达31.5 MPa。

工作压力 p 指液压泵工作时输出的实际压力。液压泵工作压力的大小取决于负载和液压泵的能力。在正常工作时，液压泵的工作压力应小于或等于液压泵的额定压力。

极限压力是指液压泵在短时间内能达到的最高压力。

3. 选排量或流量

1)排量 V(mL/r)

液压泵每转所排出的液体体积称为排量。在不考虑泄漏的情况下，排量只与液压泵的工作容积的几何尺寸有关。

2)额定流量 q_n(mL/min)

液压泵在正常工作时，按试验标准规定必须保证的输出流量称为额定流量。额定流量用来评价液压泵的供油能力，有标准系列，产品铭牌上会标明。

要求简单变量可选柱塞泵、单作用叶片泵，复杂变量可选斜轴柱塞泵。

3）理论流量 q_t(L/min)

液压泵单位时间内排出的液体体积称为理论流量。理论流量 q_t 等于排量 V 和转速 n 的乘积，即

$$q_t = Vn \tag{3-1}$$

4）实际流量 q(L/min)

实际流量指液压泵工作时实际输出的流量。由于泄漏量 Δq 随着压力 p 的增大而增大，所以实际流量 q 随着压力 p 的增大而减小。

$$q = q_t - \Delta q \tag{3-2}$$

4. 确定原动机功率

1）输出功率 P

液压泵输出的液压功率是输出功率，为实际流量与压力的乘积。

$$P = pq \tag{3-3}$$

2）原动机输出功率 P_r

原动机输出功率 P_r 即驱动液压泵的功率。

$$P_r = \frac{P_n}{\eta} \tag{3-4}$$

P_n 为液压泵的额定功率。液压泵有功率损失，包括容积损失和机械损失两种。

5. 考虑液压泵的效率

视实际情况来确定液压泵，其中轴向柱塞泵的总效率最高；同一结构的泵，排量大的泵的总效率高；同一排量的泵在额定工况下总效率最高。

1）容积损失和容积效率

液压泵的泄漏造成的功率损失称为容积损失，用容积效率来表征，故实际流量总是小于理论流量，实际流量 q 与理论流量 q_t 的比值称为容积效率。适当的内泄漏可以起到润滑的作用，可延长泵的寿命。

$$\eta_v = \frac{q}{q_t} \tag{3-5}$$

$$q = q_t \eta_v = Vn\eta_v$$

容积效率 η_v 随着压力的增大而降低。

2）机械损失和机械效率

因摩擦（构件的机械摩擦及液体的黏性摩擦）而造成的功率损失是机械损失，用机械效率来表征。液压泵的理论输出转矩 T 与液压泵的实际输入转矩 T_r 之比称为机械效率，用 η_m 表示。液压泵的功率和效率如图 3-2 所示。

$$\eta_m = \frac{T}{T_r} \tag{3-6}$$

3）总效率 η

液压泵的实际输出功率与其输入功率的比值，用 η 表示。

$$\eta=\frac{P}{P_r}=\frac{pq}{T_r 2\pi n}=\eta_v\eta_m \tag{3-7}$$

所以,液压泵的总效率等于容积效率和机械效率的乘积。

综上所述,液压泵特性曲线如图3-3所示,当工作压力达到2/3的最大压力时,总效率最高。

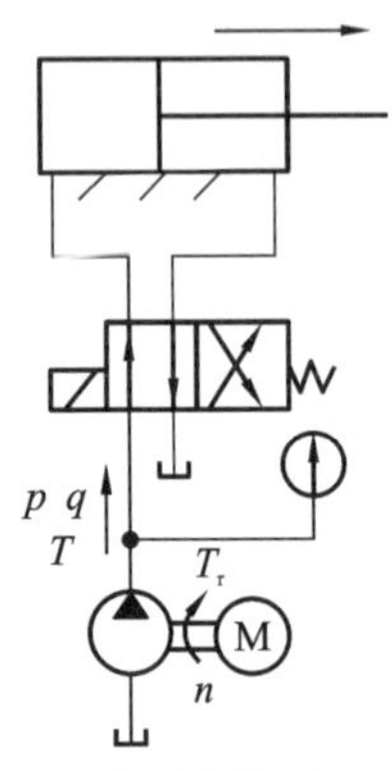

图3-2 液压泵的功率、效率

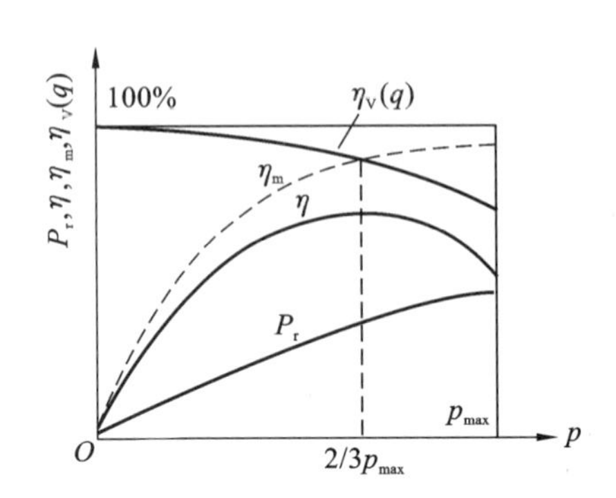

图3-3 液压泵的特性曲线

6. 考虑工作环境

若考虑工作环境,那么,齿轮泵的抗污染能力最好。

7. 考虑噪声指标

低噪声泵有内啮合齿轮泵、双作用叶片泵和螺杆泵,双作用叶片泵和螺杆泵的瞬时流量均匀。

8. 确定液压泵的型号品牌

参考相关资料。

二、液压泵的工作原理

液压泵工作原理

液压泵都是依靠泵内密封工作容积的连续大小变化来吸、压油的,称为容积泵。以图3-4所示的单柱塞液压泵为例,它由偏心轮1、柱塞2、弹簧3、泵体5(缸体)、两个单向阀6、7组成,柱塞与泵体孔之间形成密闭容积4。偏心轮1旋转时,柱塞2在偏心轮和弹簧3作用下在泵体中左右移动。

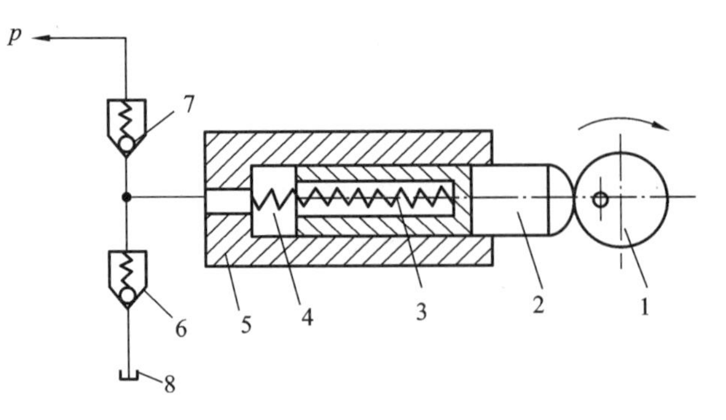

图3-4 液压泵的工作原理(单柱塞)

1—偏心轮;2—柱塞;3—弹簧;4—密闭容积;5—泵体;6、7—单向阀;8—油箱柱塞右移时,泵体中的密封工作腔容积 4 增大,产生真空,油液通过吸油阀 6 吸入,此时压油阀 7 关闭;柱塞左移时,泵体密封工作腔 4 的容积变小,将吸入的油液通过压油阀 7 输入到液压系统中去,此时,吸油阀 6 关闭。偏心轮不停地旋转,泵就不断地吸油、压油。

液压泵就是依靠其密封工作腔容积不断地变化,实现吸入和输出油液的。

泵吸油时,油箱 8 的油液在大气压作用下使吸油阀 6 开启,而压油阀 7 在液压和弹簧作用下关闭;泵出油时,吸油阀 6 在液压和弹簧作用下关闭,而压油阀 7 在液压作用下开启。这种吸入和输出油液的转换,称为配油,液压泵的配油方式有配油盘、配油轴和阀式配油等。

泵每转一转排出的油液体积称为排量,排量 V 只与泵的结构参数有关。设柱塞直径为 d,偏心轮旋转中心为 O,几何中心为 O_1,偏心距为 e,柱塞上、下往复运动一次,行程 $s=2e$,则单柱塞液压泵排量 V 为

$$V = s\frac{\pi d^2}{4} = \frac{\pi e d^2}{2}$$

一般单柱塞泵较少用,常做成三柱塞大流量的卧式液压泵。

三、液压泵-容积泵正常工作的必要条件(或基本条件)

液压泵-容积泵正常工作的必要条件(或基本条件)如下:

(1)结构上具有可以周期性大小变化的密封工作容积(一个或多个);

(2)具有相应的配油机构,将吸油过程与排油过程分开;

(3)油箱内液体的绝对压力必须恒等于或大于大气压力。

四、职能符号

液压泵的职能符号如图 3-5 所示或参考附录 A。

(a) 液压泵

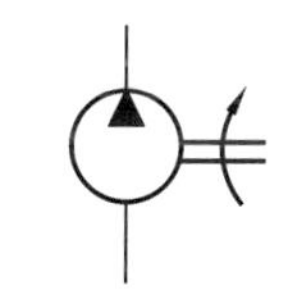
(b) 单向定量液压泵

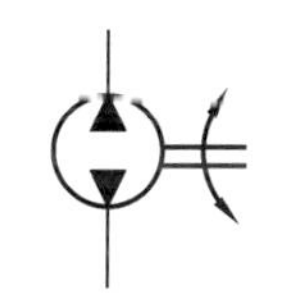
(c) 双向定量液压泵

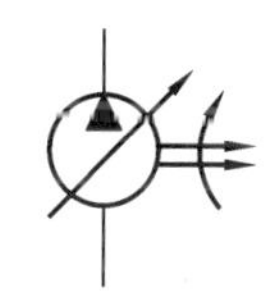
(d) 单向变量液压泵

(e) 双向变量液压泵

图 3-5 液压泵的职能符号

3.2 齿 轮 泵

一、齿轮泵的工作原理

齿轮泵的优点是体积小、质量轻、结构简单、制造方便、价格低、工作可靠、自吸性能较好、对油液污染不敏感和维护方便。齿轮泵是一种常用泵,但流量和压力脉动较大,噪声大,排量不可调节。

齿轮泵工作原理

齿轮泵可分为外啮合泵和内啮合泵两种,常用外啮合齿轮泵。

齿轮的两端面靠泵盖密封,泵体、前后泵盖和齿轮的各个齿间槽这三者

形成左右两个密封工作腔。

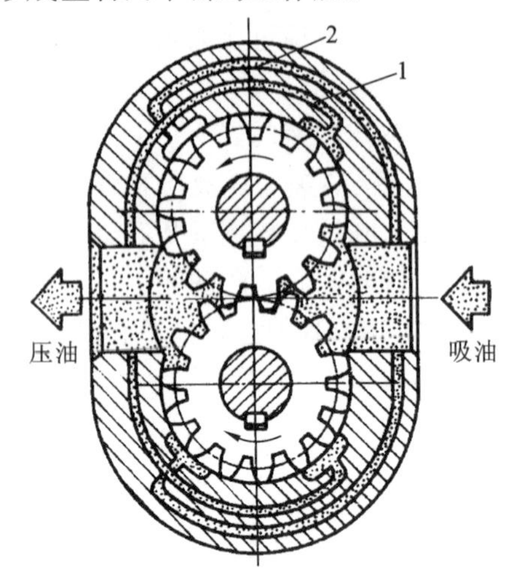

图 3-6 齿轮泵的工作原理

1、2—平衡槽

如图 3-6 所示，齿轮的轮齿从右侧退出啮合，露出齿间，使该腔容积增大，形成部分真空，油箱中的油液被吸进右腔(吸油腔)，将齿间槽充满。随着齿轮的旋转，每个齿轮的齿间隙把油液从右腔带到左腔(压油腔)，轮齿在左侧进入啮合，齿间隙被对方轮齿填塞，该压油腔容积减少，油压升高，压力油便源源不断地从压油腔输送到压力管路中去，这就是齿轮泵的工作原理。

这里啮合点处的齿面接触线一直起着分隔高、低压腔的作用，因此，在齿轮泵中不需要设置专门的配流机构。

二、齿轮泵的结构

齿轮泵由一对相同的齿轮、长短传动轴、轴承、前后盖板和泵体组成。

图 3-7 所示为 CB-B 型齿轮泵的结构图。CB-B 型齿轮泵是泵体与前、后泵盖分开的三片式结构。泵体 3 中装有一对直径和齿数等几何参数完全相同并互相啮合的齿轮，主动齿轮 4 用键 7 固定在传动轴 6 上，从动齿轮 8 由主动齿轮 4 带动旋转，主动轴和从动轴均由滚针轴承 2 支承，而滚针轴承分别装在前、后泵盖 5 和 1 中。前、后泵盖由两定位销定位，并和泵体 3 一起用 6 个螺钉紧固。

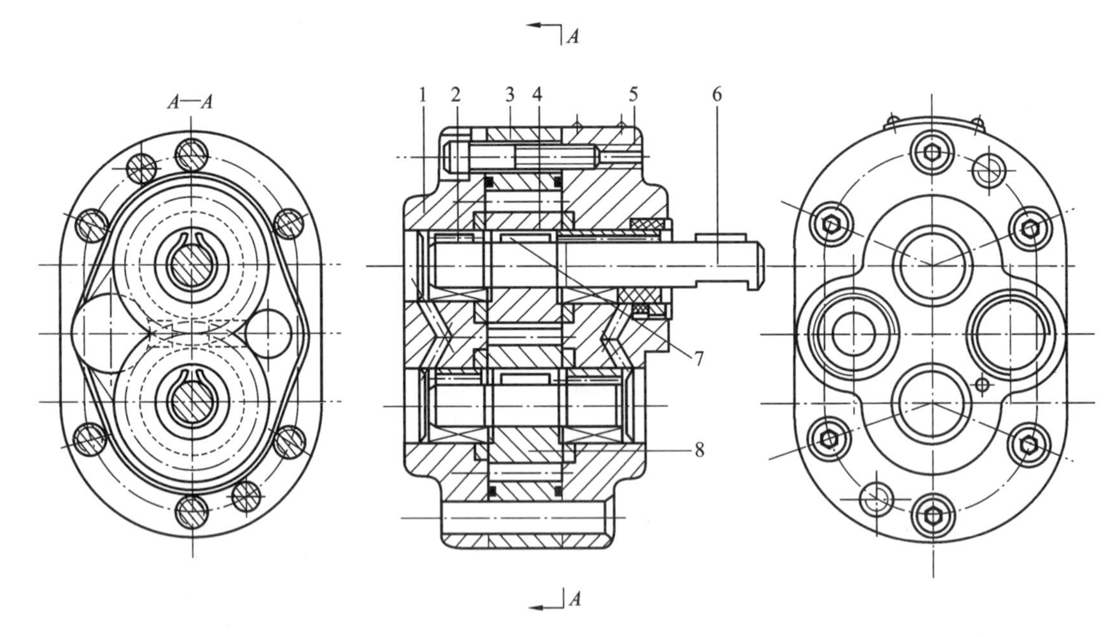

图 3-7 CB-B 型齿轮泵的结构

1、5—后、前泵盖；2—滚针轴承；3—泵体；4—主动齿轮；6—传动轴；7—键；8—从动齿轮

为使齿轮转动灵活，齿宽比泵体的尺寸稍薄，因此存在轴向间隙。为了防止轴向间隙泄漏

的油液漏到泵体外，除了在主动轴的伸出端装有密封圈外，还在泵体的前、后端面上开有卸荷沟槽，使泄露油经卸荷沟槽流回吸油口，以减轻泵体与泵盖接合面之间的泄漏油压力，减轻螺钉承受的拉力。

1. 径向不平衡力

齿轮泵压油腔压力高，吸油腔压力低，齿槽内的油液由吸油区的低压逐步增压到压油区的高压，齿轮受不平衡力作用，并传递到轴上，径向不平衡力很大时能使轴弯曲，齿顶与壳体接触，同时加速轴承的磨损，降低轴承和泵的寿命。因此，必须对齿轮泵的径向不平衡力采取相应措施。

(1)通过在盖板上开设平衡槽，使它们分别与低、高压腔相通，产生一个与液压径向力平衡的作用力，如图 3-6 中 1、2 所示。

(2)为了减小径向不平衡力的影响，通常采取减小压油口的办法。

(3)减少齿轮的齿数，这样，减小了齿顶圆直径，承压面积也减小。

(4)适当增大径向间隙，但同时也会增加径向泄漏。

2. 齿轮泵的泄漏及补偿措施

齿轮泵存在三个容易产生泄漏的部位：一是齿轮两端面和泵盖间的轴向间隙泄漏，也称端面泄漏；二是齿顶和壳体内孔间的径向泄漏；三是齿轮啮合处的啮合泄漏。其中轴向端面间隙泄漏量最大，占总泄漏量的 75%～80%，所以齿轮泵压力低。泄漏量过大，容积效率就降低；泄漏量过小，机械摩擦力就大，机械效率就降低，所以间隙必须合适，轴向间隙一般为 0.01～0.04 mm。工作一段时间后，轴向间隙又会增大，必须采取措施。

为提高齿轮泵的寿命和压力，可利用静压平衡原理使轴向间隙自动补偿。在齿轮和盖板之间增加一个补偿零件，如浮动轴套或浮动侧板，在浮动零件的背面引入压力油，让作用在背面的压力稍大于正面的压力，其压差由一层很薄的油膜承受。浮动轴套或浮动侧板始终自动贴紧齿轮端面，减小齿轮泵内通过端面的泄漏，达到提高压力的目的。

3. 卸荷槽及困油现象

1)产生原因

齿轮泵要正常的工作，齿轮啮合重叠系数必须大于 1(ε=1.05～1.10)，在两对轮齿同时啮合时，它们之间将形成一个与吸、压油腔均不相通的密闭容积，此密闭容积随齿轮转动其大小发生变化，Ⅰ由大变小，Ⅱ由小变大，这就是困油现象，如图 3-8 所示。

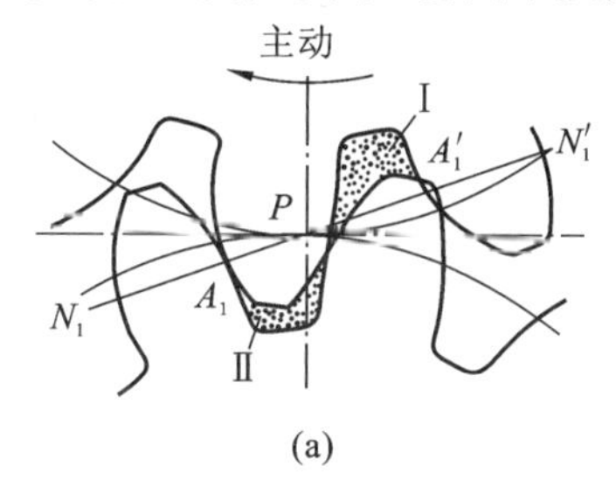

(a)

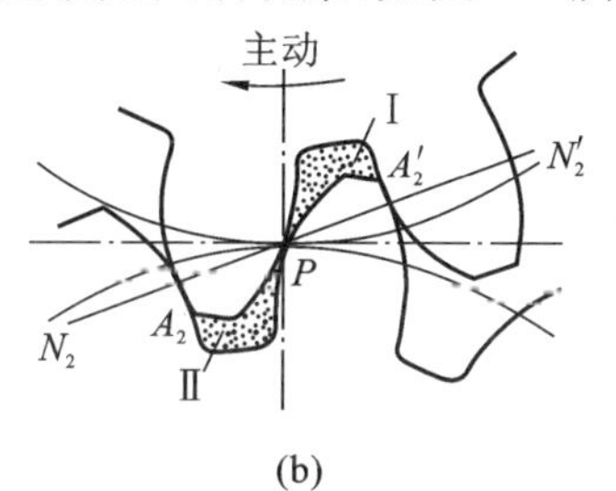

(b)

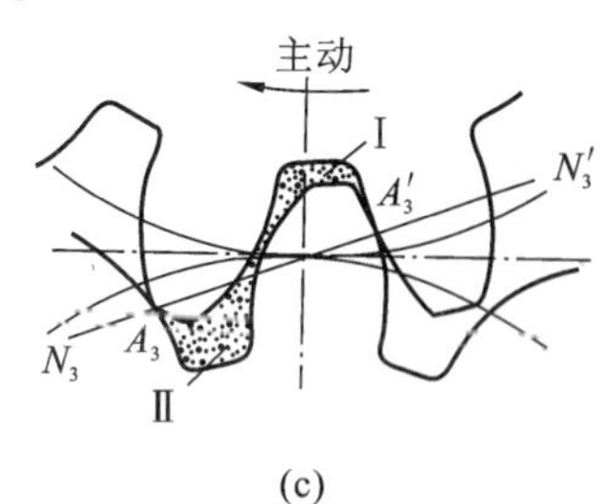

(c)

图 3-8 齿轮泵的困油现象

2)困油现象的危害

密闭容积由大变小时油液受挤压,使密闭容积中的压力急剧升高,使轴承受到很大的附加载荷,同时产生功率损失及液体发热等不良现象;密闭容积由小变大时,溶解于液体中的空气便析出产生气泡,产生气蚀现象,引起振动和噪声,影响使用寿命,所以困油现象必须消除。

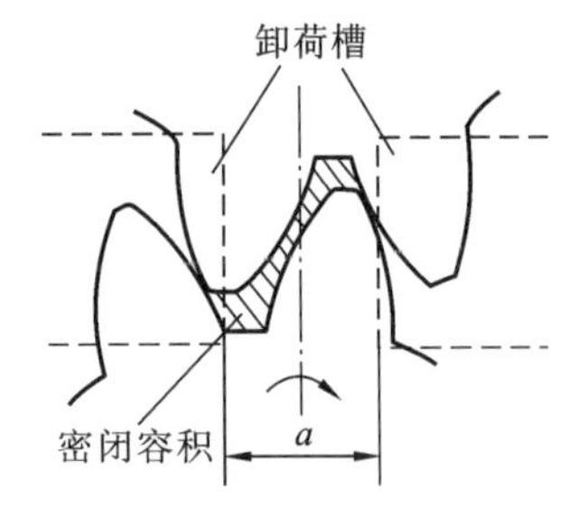

图 3-9　齿轮泵的卸荷槽

3)消除措施

在齿轮泵的前、后泵盖上或浮动轴套上开卸荷槽,使密闭容积为最小,密闭容积由大变小时与压油腔相通,密闭容积由小变大时与吸油腔相通,并保证在任何时候都不使吸油腔与压油腔相互串通。如图 3-9 所示,两卸荷槽间距离为

$$a=\pi m\cos^2\alpha$$

式中,α 为齿轮压力角。

三、齿轮泵的输油量计算

齿轮泵的输出排量是泵每转所排出的液体体积,可看作两个齿轮的齿槽容积之和,相当于外径等于齿顶圆直径 D、厚度等于齿间的有效深度 h、内径等于 $D-2\times 2h_a$,宽度等于齿宽 B 所构成的圆环柱体积,即

$$V=\frac{\pi}{4}[D^2-(D-2\times 2h_a)^2]B \tag{3-8}$$

设标准渐开线齿轮齿间的有效深度 $h=2h_a=2m$,齿数为 z,齿宽为 B,模数为 m,齿顶圆直径 $D=m(z+2)$,$h_a=m$,代入式(3-8),则

$$V=2\pi z m^2 B \tag{3-9}$$

实际上齿间槽容积比轮齿的体积要稍大些,所以通常取 $2\pi=6.66$,则有

$$V=6.66 z m^2 B \tag{3-10}$$

所以泵的实际输出流量为

$$q=Vn\eta_v=6.66zm^2 B n\eta_v \tag{3-11}$$

式中:z、m、B、n、η_v 分别为齿数、模数、齿宽、转速、容积效率。

模数增大,齿数减少可以增大泵的排量,所以齿轮泵齿数较少,高压泵有 6～14 个齿,为避免根切需修正轮齿。但齿数越少,齿槽越深会增加齿轮泵的流量脉动和噪声。

四、内啮合齿轮泵

内啮合齿轮泵工作原理

内啮合齿轮泵与外啮合齿轮泵相比较,优点是体积小、流量脉动小、噪声小;缺点是加工困难,使用受到限制。内啮合齿轮泵有摆线齿轮泵和渐开线齿轮泵两种。摆线齿轮泵又称为转子泵,两齿轮相差一个齿。

图 3-10 所示为内啮合渐开线齿轮泵的工作原理图,相互啮合的小齿轮和内齿轮 4 与侧板所围成的密闭容积被啮合线及月牙形隔板分割成两部分,当转子轴带动内齿轮旋转时,轮齿脱开啮合的一侧密闭容积增大,为吸油腔;轮齿进入啮合的一侧密闭容积减小,为压油腔。

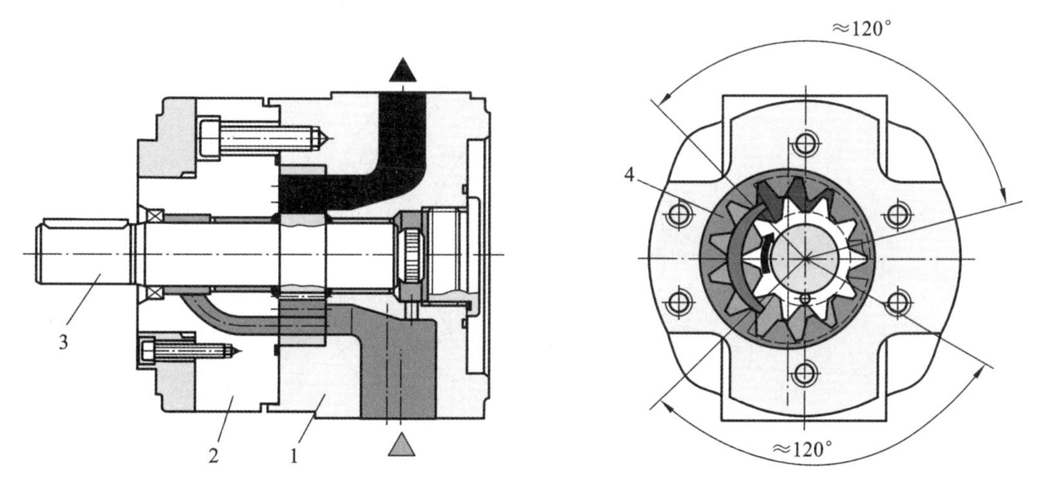

图 3-10 内啮合齿轮泵的工作原理

1—泵体；2—前盖；3—转子轴；4—内齿轮

3.3 叶 片 泵

叶片泵的优点是结构紧凑、工作压力较高、流量脉动小、工作平稳、噪声低、寿命较长；叶片泵的缺点是对油液的污染比较敏感、结构复杂、制造工艺要求比较高。

叶片泵可分单作用叶片泵和双作用叶片泵两种。转子每转一周，叶片在转子叶片槽内滑动两次，完成吸、排油各两次，故称双作用叶片泵；转子每转一周，叶片在转子叶片槽内滑动一次，完成吸、排油各一次，故称单作用叶片泵。

一、双作用叶片泵

1. 双作用叶片泵的工作原理

双作用叶片泵与单作用叶片泵相比，其流量均匀性好，转子体所受的径向液压力基本平衡。双作用叶片泵一般为定量泵；单作用叶片泵一般为变量泵。

双作用叶片泵
工作原理

双作用叶片泵主要由定子、转子、叶片和两侧的左、右配油盘组成。

如图 3-11 所示，转子铣有 z 个叶片槽，且与定子同心，定子内表面由两段大半径 R 圆弧、两段小半径 r 圆弧和四段过渡曲线组成，形似椭圆。宽度为 B 的叶片在叶片槽内能自由滑动，左、右配油盘上开有对称布置的吸、压油窗口。

由定子内环、转子外圆和左、右配油盘组成的密闭工作容积被叶片分割为四部分，传动轴带动转子旋转，叶片在离心力作用下紧贴定子内表面，因定子形似椭圆，故两部分密闭容积将增大形成真空，经配油窗口 a 从油箱吸油，另有两部分密闭容积将减小，受挤压的油液经配油窗口 b 排出。

吸油腔和压油腔各有两个，转子每转一周完成吸、排油各两次，因此称双作用叶片泵。

作用在转子上的油液压力相互平衡，因此双作用叶片泵又称为卸荷式叶片泵。

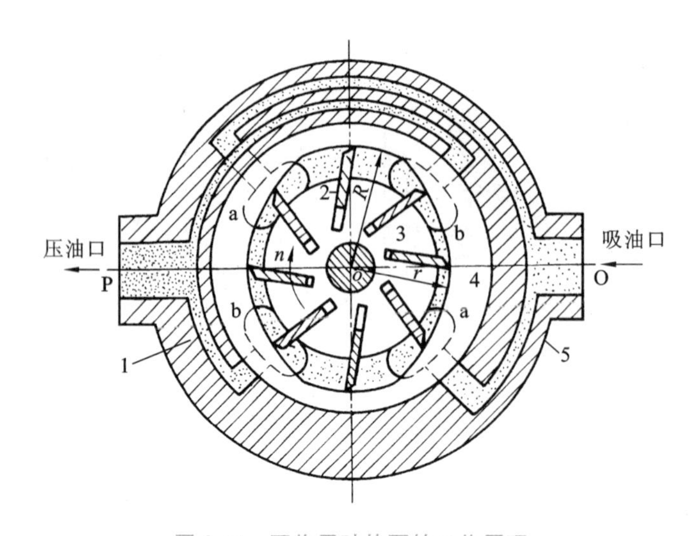

图 3-11 双作用叶片泵的工作原理

1—壳体；2—叶片；3—转子；4—定子；a、b—吸、压油窗口

2. 双作用叶片泵的结构

双作用叶片泵为卸荷式叶片泵，其压力高、流量大、噪声低。

1)配油盘

(1)封油区所对应的夹角必须等于或稍大于两个叶片之间的夹角。

(2)叶片根部全部通压力油，以保证叶片能自由滑动且始终紧贴在定子内表面上。

(3)为减小两叶片间的密闭容积在吸、压油腔转换时因压力突变而引起的压力冲击，在配油盘的配油窗口前端开有三角减振槽。

2)定子内表面曲线

合理设计过渡曲线形状和叶片数($z\geqslant 8$)，可使理论流量均匀、噪声低。常用定子内表面曲线有阿基米德曲线、正弦曲线、等加速-等减速曲线、高次曲线等。定子曲线圆弧段圆心角 $\beta\geqslant$配油窗口的间距角 $\gamma\geqslant$叶片间夹角 α。

对定子内表面曲线的要求如下：

(1)叶片不发生脱空；

(2)获得尽量大的理论排量；

(3)减小冲击，以降低噪声，减少磨损；

(4)提高叶片泵流量的均匀性，减小流量脉动。

3)叶片

压力角：定子对叶片的法向反力 F_n 与叶片运动方向的夹角。

叶片的倾角是指叶片与径向半径的夹角。叶片顺着转子转动方向前倾一个角度 θ，就可以减小侧向力 F_t，使叶片在槽中移动灵活，并可减少磨损。液压泵的叶片倾角一般取为 $\theta=13°$。

材料为 W18Cr4V 的叶片厚度 $\delta=1.8\sim2.5$ mm，与槽间隙为 0.01～0.02 mm。

3. 双作用叶片泵的流量计算

由图 2-11 可知，当叶片每吸、压油一次，每两叶片间油液的排出量等于大半径 R 圆弧段的容积与两段小半径 r 圆弧段的容积之差。设有 z 个叶片，则双作用叶片泵的排量为上述油液的

排出量的 $2z$ 倍。当忽略叶片本身的微小体积时，双作用叶片泵的排量即为环形容积的 2 倍，即

$$V=2\pi(R^2-r^2)B \tag{3-12}$$

精确排量公式为

$$V=2\pi(R^2-r^2)B-2Bz\delta\frac{R-r}{\cos\theta} \tag{3-13}$$

式中：δ 为叶片的厚度；θ 为叶片槽相对于径向的倾斜角。

考虑流量脉动，双作用泵的叶片数均为偶数，一般为 12 或 16 片。

4. 提高双作用叶片泵额定压力的措施

提高双作用叶片泵额定压力的措施有以下两点：

(1)采用浮动配油盘，实现端面间隙补偿，保证高压下的容积效率；

(2)减小叶片与定子内表面接触应力。

双作用叶片泵的叶片结构如图 3-12 所示。为保证叶片紧贴在定子内表面，通常，叶片槽根部全部通压力油，但会带来以下副作用：定子的吸油腔部被叶片刮研，造成磨损；减少了泵的理论排量；可能引起瞬时理论流量脉动。这样，影响了泵的寿命和额定压力的提高。因此，要提高双作用叶片泵的额定压力，必须减小通往吸油区叶片根部的油液压力，减小吸油区叶片根部的有效作用面积：①减小作用在叶片底部的油液压力，开阻尼槽，内装小的减压阀；②减小叶片底部承受压力油的作用面积，使叶片顶端和底部的液压作用力相平衡，采用子母叶片、双叶片、弹簧式叶片、阶梯叶片、柱销叶片等。

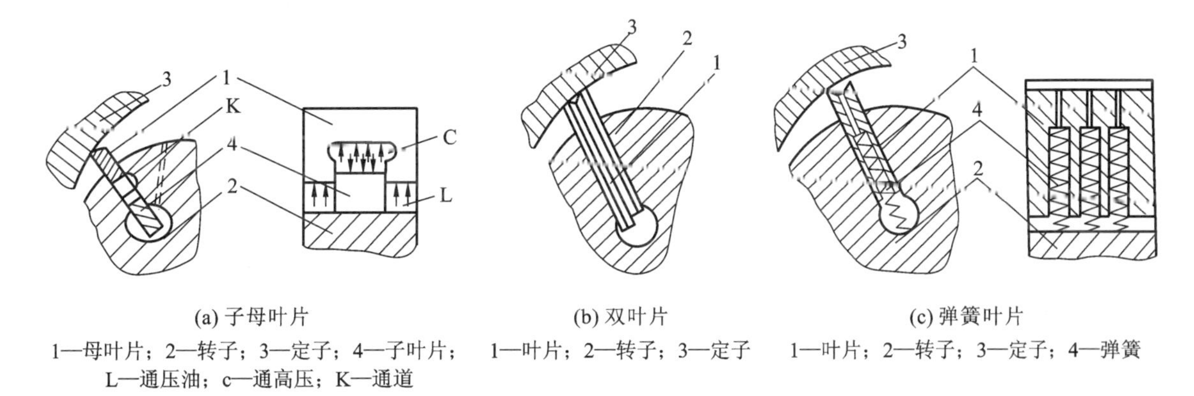

(a) 子母叶片
1—母叶片；2—转子；3—定子；4—子叶片；L—通压油；c—通高压；K—通道

(b) 双叶片
1—叶片；2—转子；3—定子

(c) 弹簧叶片
1—叶片；2—转子；3—定子；4—弹簧

图 3-12 高压叶片泵的叶片结构

二、单作用叶片泵

单作用叶片泵工作原理

1. 单作用叶片泵的工作原理

与双作用叶片泵显著不同的是，单作用叶片泵的定子内表面是一个圆形，铣有 z 个叶片槽的转子与定子间有一偏心量 e，两端的配油盘上只开有一个吸油窗口和一个压油窗口。每一叶片在转子槽内往复滑动一次，每相邻两叶片与定子、转子、配油盘组成密闭容积，当转子旋转一周时，该密闭容积发生一次增大和缩小的变化，容积增大时通过吸油窗口吸油，容积缩小时则通过压油窗口将油压出。在吸油区

和压油区之间，各有一段封油区将它们相互隔开，以保证泵的正常工作。

如图3-13所示，单作用叶片泵也是由定子3、转子2、叶片4和两侧的左、右配油盘组成。

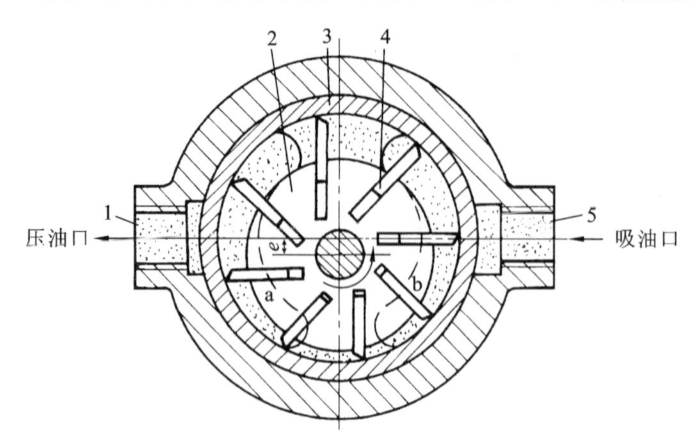

图3-13 单作用叶片泵的工作原理

1—压油口；2—转子；3—定子；4—叶片；5—吸油口；a、b—压、吸油窗口

转子每转一转，泵吸、压油各一次，故称为单作用叶片泵。

又因为这种泵的转子受不平衡的径向液压力，故又称为非平衡式叶片泵。因而这种泵压力一般7 MPa。型号PV7的额定压力是10 MPa(直控)、16 MPa(外控)。

设定子内径为D，叶片宽度为B，偏心量为e，叶片数为z，则单作用叶片泵的排量近似等于两个叶片最大密封工作容积V_1与最小容积V_2之差乘以叶片数z。可推出

$$V=(V_1-V_2)z$$

即

$$V=2\pi D B e \tag{3-14}$$

2. 单作用叶片泵与双作用叶片泵不同处(结构要点)

(1)通过改变偏心距e的大小和方向，就可以调节叶片泵输出的流量和方向。

(2)叶片底部分别通油，即吸油区通吸油腔，压油区通压油腔，叶片底部和顶部液压力是平衡的。叶片向外伸出靠离心力的作用，叶片厚度对排量影响不大。

(3)因定子内环为偏心圆，叶片矢径是转角的函数，瞬时理论流量是脉动的。为减少流量脉动，叶片数取为奇数，一般为13或15片。

3.4 柱 塞 泵

柱塞泵用于高压、大流量、大功率的系统中和流量需要调节的场合，广泛应用于航天航空、军工机械、冶金设备、龙门刨床、拉床、液压机、工程机械等领域。

柱塞泵是依靠柱塞在缸体内做往复运动，使密封工作腔容积产生变化来实现吸油、压油的。

由于柱塞与缸体内孔均为圆柱表面，因此加工方便，配合精度高，密封性能好。同时，柱塞泵主要零件处于受压状态，使材料强度性能得到充分利用，故柱塞泵常做成高压泵。此外，只要

改变柱塞的工作行程就能改变泵的排量，易于实现单向或双向变量。

柱塞泵具有压力高、驱动功率大、变量方便、转速高、效率高、结构紧凑、寿命长等优点，容积效率为 95%左右，总效率为 90%左右。其缺点是结构较为复杂、体积大、质量大、自吸性差，有些零件对材料加工工艺的要求较高、成本较高、要求较高的过滤精度、对使用和维护要求较高。

按柱塞排列方向的不同，柱塞泵分为轴向柱塞泵和径向柱塞泵。轴向柱塞泵又分为斜盘式和斜轴式两类。目前，斜盘式和斜轴式轴向柱塞泵的应用都很广泛。

一、轴向柱塞泵

1. 斜盘式轴向柱塞泵的工作原理

如图 3-14 所示，斜盘式柱塞泵主要由斜盘 1、柱塞 2、缸体 3、配油盘 4 及变量机构组成。

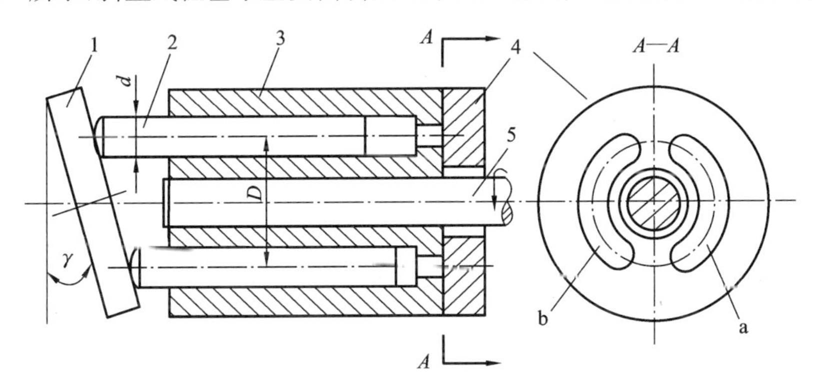

图 3-14 斜盘式轴向柱塞泵的工作原理

1—斜盘；2—柱塞；3—缸体；4—配油盘；5—传动轴；a、b—吸、压油窗口

轴向柱塞泵的柱塞都平行于缸体的中心线，并均匀分布在缸体的圆周上。泵的传动轴中心线与缸体中心线重合，故又称为直轴式轴向柱塞泵。斜盘与缸体间倾斜了一个 γ 角。柱塞头部在弹簧力的作用下始终紧贴斜盘。

当缸体按图示方向旋转时，由于斜盘和弹簧的共同作用，使柱塞产生往复运动，各柱塞和缸体间的密闭容积便发生增大或缩小的变化，通过配油盘上的窗口 a 吸油，通过窗口 b 压油。

改变斜盘倾角 γ 的大小，就能改变柱塞的行程长度，也就改变了泵的排量。

2. 斜盘式轴向柱塞泵的结构与特点

轴向柱塞泵由主体部分和变量机构组成，常用 CY14-1B 型。手动式斜盘式轴向柱塞泵是使用比较广泛的一种，如图 3-15 所示。

1)典型主体结构

主体结构主要由斜盘、柱塞、缸体、配油盘和传动轴等组成。

柱塞泵在高速、高压下工作，所以，由滑靴(也称滑履)和斜盘、柱塞和缸体孔、缸体和配油盘所形成的三对摩擦副，是影响柱塞泵工作性能和寿命的主要因素，它们既要保证密封性，又要尽量减少磨损。柱塞泵的容积效率较高，额定压力可达 31.5 MPa。为减小瞬时理论流量的脉动性，柱塞数为奇数，常取 7 或 9 个。

图 3-15 中左半部分为变量机构，右半部分为主体部分。中间泵体 9 和前泵体 10 组成泵的壳体，传动轴 13(为悬臂梁)通过花键带动缸体 15 旋转，使均匀分布在缸体上的七个柱塞 8 绕

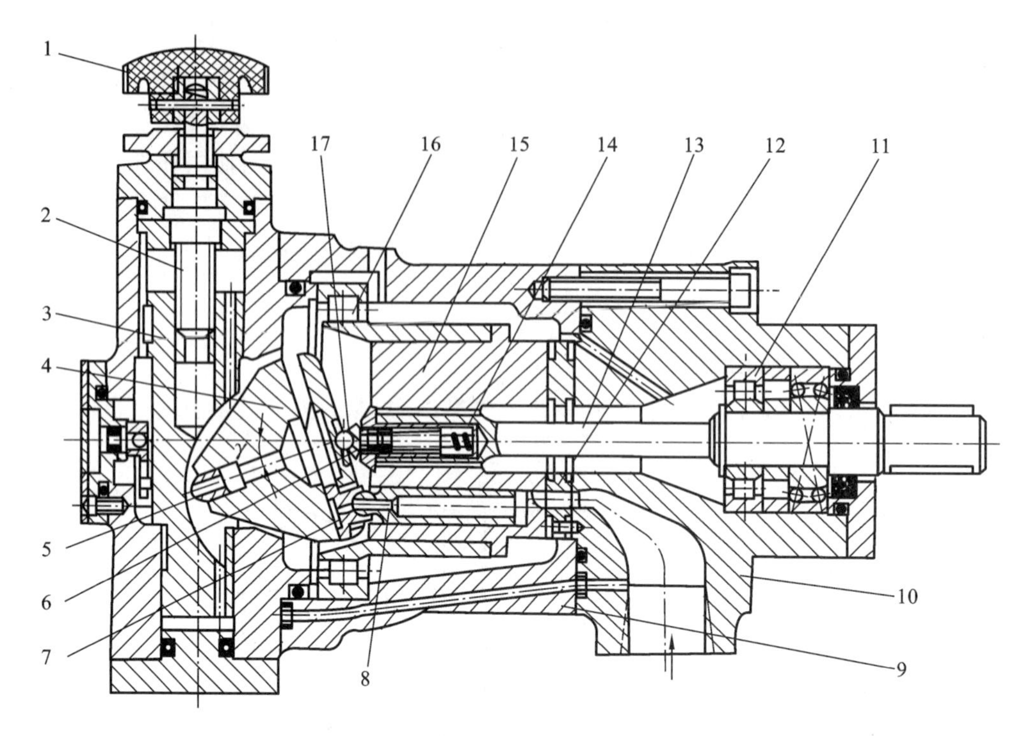

图 3-15　手动式斜盘式轴向柱塞泵的结构

1—手轮;2—螺杆;3—变量活塞;4—斜盘;5—销轴;6—压盘;7—滑靴;8—柱塞;9—中间泵体;10—前泵体;11—前轴承;12—配油盘;13—传动轴;14—中心弹簧;15—缸体;16—圆柱滚子轴承;17—钢球

传动轴的轴线回转。每个柱塞的头部都装有滑靴 7,滑靴与柱塞为球铰连接。中心弹簧 14 向左的作用力通过内套钢球 17 和压盘 6(回程盘),将滑靴压在斜盘的斜面上,缸体转动时,该作用力使柱塞完成回程吸油的动作。中心弹簧向右的作用力通过外套传至缸体,使缸体压住配油盘 12 起到密封的作用。柱塞的压油行程则是由斜盘通过滑靴推动的,圆柱滚子轴承 16 用以承受缸体的径向力,缸体的轴向力则由配油盘承受。配油盘上开有吸、排油窗口,分别与前泵体上的吸、排油口相通。

2)中心弹簧机构

每个柱塞的头部滑靴必须始终紧贴斜盘。每个柱塞底部的弹簧改为缸体轴线的中心弹簧 14,泵的自吸能力得到提高,而且弹簧只受静载荷。

3)缸体端面间隙的自动补偿

缸体紧压配油盘端面的作用力,除中心弹簧 14 的推力外,还有柱塞孔底部台阶面上所受的液压力,液压力较大,而且随工作压力的变化而变化,使端面间隙得到自动补偿,提高了泵的容积效率。

4)滑靴

为了减小滑靴与斜盘的滑动摩擦和接触应力,采用了静压支承结构。柱塞滑靴静压支承的结构如图 3-16 所示,在柱塞的中心有轴向阻尼小孔 d_0,柱塞压油时产生的压力油有一小部分通过小孔 d_0 引至滑靴端面的油室 h,使 h 处及其附近接触面间形成油膜而起到静压支承作用,压紧力 F 与油膜静压力 F_N 之比在 1.05～1.10 较合适,建立厚度 δ 为 0.01～0.03 mm 的强固油膜，使摩擦、磨损和发热情况大为改善，同时，滑靴与斜盘采用特殊耐磨材料。

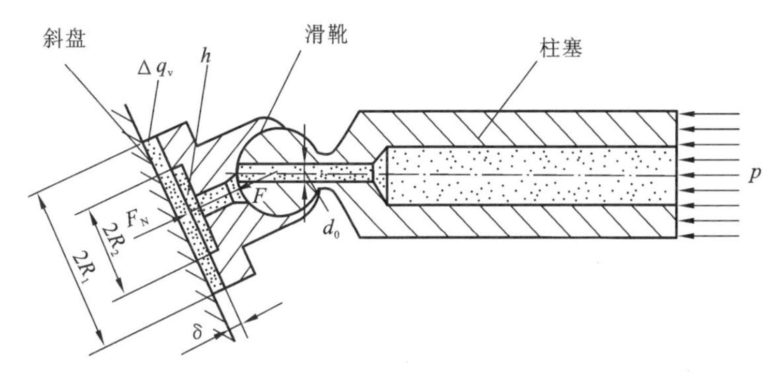

图 3-16　柱塞滑靴及静压支承的结构

5)配油盘

配油盘是液压泵的关键零件，易烧损，其结构如图 3-17 所示。盘上的两个弧形透槽是为缸体配油的吸、排油配油窗口 1。

为了增强配油盘的结构刚性，每槽的中部保留薄连片 2。两配油窗口之间的过渡处有两个直径为 1 mm 的点眼坑形的阻尼孔 3(减振槽)，与对应的吸、排油窗口相通(通过泵体上开挖的细小油槽)，减少和消除吸、压油转换时柱塞孔中油液因压力突变引起的困油现象和压力冲击。过渡区还有 5 个直径为 1.5～2 mm、深度为 2～3 mm 的盲孔 4(减振孔)，用以储油润滑。配油盘外缘附近有环槽，称为均压槽 5，可以使配油盘上各点受到的液压力保持均衡，以减少磨损。均压槽外侧的圆环平面 6 给缸体提供辅助支承，并开有小孔 7 提供强制润滑防烧(区分销孔)。柱塞上也有均压槽。

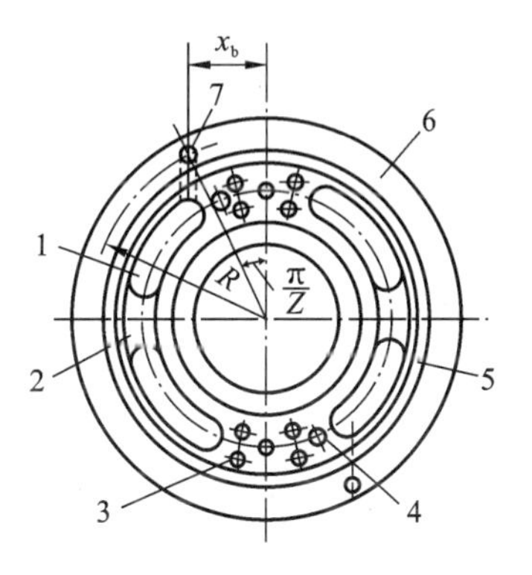

图 3-17　配油盘的结构

1—吸、排油窗口；2—薄连片；3—阻尼孔；4—盲孔；5—均压槽；6—圆环平面；7—润滑小孔

6)变量机构

在变量轴向柱塞泵中均设有专门的变量机构，用来改变斜盘倾角的大小以调节泵的排量。轴向柱塞泵的变量方式有手动、伺服、压力补偿、定级变量多种。

(1)手动变量机构　如图 3-15 所示，手动变量机构设置在泵的左侧。变量时，转动手轮 1，螺杆 2 随之转动，变量活塞 3 便上下移动，通过销轴 5 使支承在变量壳体上的斜盘 4 绕其中心摆动，从而改变了斜盘倾角 γ。

手动变量机构的结构简单，但手动操纵力较大，通常只能在停机或泵压较低的情况下才能实现变量。

(2)伺服变量机构　伺服变量机构采用机液伺服系统的原理。变量活塞对于壳体来说是活塞，对伺服阀来说是阀体。活塞跟踪拉杆移动而变量，且移动距离相同，相当于是一个液压放大器。

操纵拉杆的力可以采用手动机构、机械(凸轮、杠杆)机构、气缸、液压缸和可逆电机等各种方式，操纵力只需 10 N 左右。伺服变量泵适用于闭式油路液压系统和频繁变量的开式油路系统。

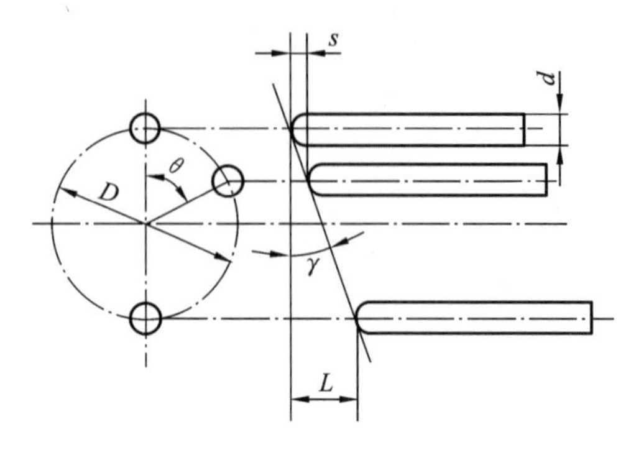

图 3-18　轴向柱塞泵的排量计算

3. 斜盘式轴向柱塞泵的排量计算

如图 3-18 所示，若柱塞转角 θ 从 0°到 180°的行程长度为 L，则 $L=D\tan\gamma$，D 为柱塞孔的分布圆直径，γ 为斜盘倾角，柱塞数目为 z，柱塞直径为 d。

当缸体转动一转时，每个柱塞的排量为 $\frac{\pi d^2}{4}L$，则整个柱塞泵的排量公式为

$$V = z\frac{\pi d^2}{4}D\tan\gamma \tag{3-15}$$

为减小瞬时流量的脉动性，柱塞数为奇数，常取 7 或 9 个。

4. 通轴式斜盘轴向柱塞泵修复实例

某柱塞泵型号为 A11V25LRD/10R-NPD＋PPE2G3-3X/0292007/M9，为德国 REXROTH 公司的产品，是一种恒功率、变量的轴支承缸体的通轴式斜盘轴向柱塞泵，共有 9 个柱塞，如图 3-19 所示。

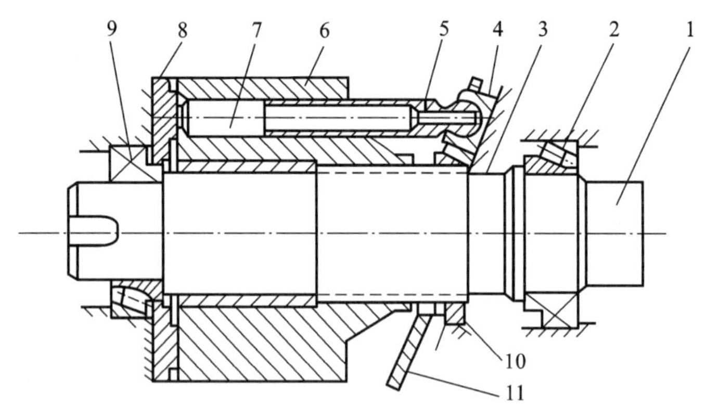

图 3-19　轴支承缸体的通轴式斜盘轴向柱塞泵的结构

1—传动轴；2—轴承；3—斜盘；4—滑靴；5—柱塞；6—缸体；7—中心弹簧；
8—配油盘；9—轴承；10—球铰；11—回程盘

1）滑靴损坏

滑靴损坏主要是因为柱塞泵回程时，柱塞球头部分与滑靴间相互作用力过大造成的。

修复措施包括如下几点。

（1）将柱塞泵的柱塞由实心改为空心。

（2）在柱塞上加工 5 个压力卸荷槽（见图 3-20）。为避免因油液过脏引起的划伤和油膜破坏引起的烧伤，在活塞上加工有 5 个卸荷槽，当活塞往复运动时，卸荷槽内始终充满油液，即使柱塞发生倾斜，也能实现静压平衡。在柱塞上加工若干个卸荷槽，可使柱塞圆周上的力区域平衡，从而消除液压卡紧力。

（3）由于滑靴与柱塞球头是铆合的，为了提高拉脱强度，将滑靴收口部位局部加厚，如图 3-21所示。要求滑靴球面位置度为 0.005 mm，与柱塞球头铆合时径向间隙不大于 0.001 mm，与柱塞球头接触面积不小于 70％。

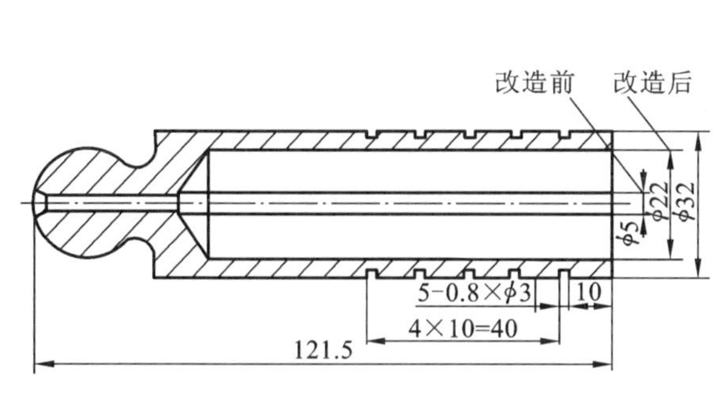

图 3-20 改造后的柱塞结构

图 3-21 改造后的滑靴结构

2)由于液压介质太脏,造成运动副不同程度的划伤

减少运动副划伤的措施如下:①更换液压介质,并在液压站回油管路增加回油过滤器;②保持油液清洁,并对泵体的各配合面进行研磨修复,保证其配合精度。

通过采取以上措施,修复后的柱塞泵使用寿命为 3 年左右,达到进口柱塞泵的使用寿命,影响端面配油轴向柱塞泵寿命的原因主要是运动副的磨损、零部件的疲劳损坏和轴承疲劳损坏。

二、径向柱塞泵

径向柱塞泵工作原理

径向柱塞泵分为配油轴式径向柱塞泵和阀配油径向柱塞泵。

如图 3-22 所示,径向柱塞泵主要由定子 1、转子(缸体)2、柱塞 3、配油轴 4 等组成。5 个柱塞径向均匀布置在转子中,可自由滑动。配油轴固定不动。

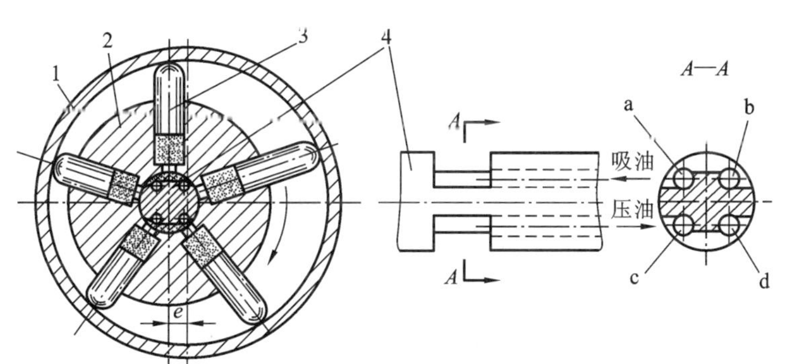

图 3-22 径向柱塞泵的工作原理

1—定子;2—转子(缸体);3—柱塞;4—配油轴;a、b—吸油轴向孔;c、d—压油轴向孔

每个柱塞底部空间为密闭工作腔。当柱塞随转子转动时,同时,柱塞滑靴头部在离心力和定子内表面的推压力作用下,压紧在定子内圆上做往复运动。因定子与转子存在偏心距 e,柱塞在外伸时通过两个轴向孔 a、b 吸油,缩回时通过轴向孔 c、d 压油。移动定子改变偏心距的大小,便可改变柱塞的行程,从而改变排量。若改变偏心距的方向,则可改变吸、压油的方向。因此,径向柱塞泵可以做成单向或双向变量泵。

显然,每个柱塞的行程等于偏心距的两倍,泵的排量公式为

$$V = \frac{\pi d^2}{2} ze \tag{3-16}$$

式中:e 为定子与缸体之间的偏心距;z 为柱塞数;d 为柱塞直径。

由于径向柱塞泵径向尺寸大,结构复杂,自吸能力差,且配油轴受到径向不平衡液压力的作用,易于磨损,泄漏间隙不能补偿,从而限制了它的转速和压力的提高。

实验2　液压泵的拆装与清洗

一、实验任务

通过拆装液压泵,可对其结构、工作原理、加工及装配工艺有一个初步的了解认识。

(1)认识熟悉各类液压泵的外形和铭牌。

(2)加深对液压泵各种零件形状和作用的理解,并掌握各零部件的装配关系。

(3)通过亲自拆卸液压泵,熟悉液压泵拆装程序和拆装技巧,并能恢复液压泵的功能。

二、实验设备

拆装设备及工具有齿轮泵、柱塞泵等,另外还需卡钳、内六角扳手、固定扳手、螺丝刀、游标卡尺、清洗油。

三、实验内容

拆解各类液压元件,观察及了解各零件在液压泵中的作用,了解各种液压泵的工作原理,按一定的步骤装配好各类液压泵。

1. 原理图

CB-B型齿轮泵如图3-23所示。10SCY14-1B手动式斜盘式轴向柱塞泵如图3-24所示。

2. 工作原理

现在以叶片泵(YB1-25型)为例来说明其拆装技术,其结构图如图3-25所示。

当传动轴11带动转子4转动时,装于转子叶片槽中的叶片在离心力和叶片底部压力油的作用下伸出,叶片顶部紧贴与顶子表面,沿着定子作曲线滑动。叶片往定子的长轴方向运动时叶片伸出,使得由定子5的内表面、配油盘2和6、转子和叶片所形成的密闭容腔不断扩大,通过配油盘上的配油窗口实现吸油。往短轴方向运动时叶片缩进,密闭容腔不断缩小,通过配油盘上的配油窗口实现排油。转子每旋转一周,叶片伸出和缩进两次。

3. 液压泵拆开程序

(1)将泵的吸油口和排油口的管接头拆下。

(2)拆下泵壳的安装螺钉。

(3)泵的外壳全部清洗吹净后,仔细地取下端盖。

(4)把泵的内部定位销位置看清楚并记住该位置。

(5)取出内部总成,将侧板与转子同时取出;将叶片和转子仔细取出放好。

(6)叶片拿出后,数一下数量,注意不要失落,注意正、背面。

(7)把轴侧的联轴器在旋松紧定螺钉后取下,在咬死的情况下用锤子打松或用拉拔工具

图 3-23　CB-B 型齿轮泵

1、3—前、后泵盖；2—泵体；4—压环；5—密封圈；6—传动轴；7—主动齿轮；
8—支承轴；9—从动齿轮；10—滚针轴承

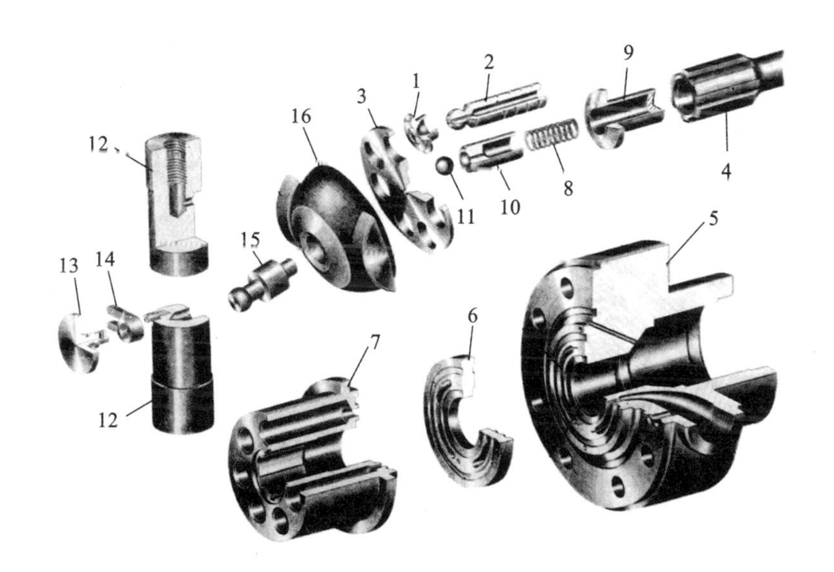

图 3-24　10SCY14-1B 手动式斜盘式轴向柱塞泵

1—滑靴；2—柱塞；3—压盘；4—传动轴；5—泵体；6—配油盘；7—缸体；8—中心弹簧；9—外套；
10—内套；11—钢球；12—柱塞；13—刻度盘；14—拨叉；15—销；16—斜盘

拆下。

(8)把轴上的键取下，检查轴上花键的沟槽是否有伤痕和毛刺，如有，用油石修光。

(9)将轴侧的盖子上的螺钉拆下，分离盖子，注意不要伤轴封。

(10)拆下的零件不要和前面拆下的内部总成的零件混淆。

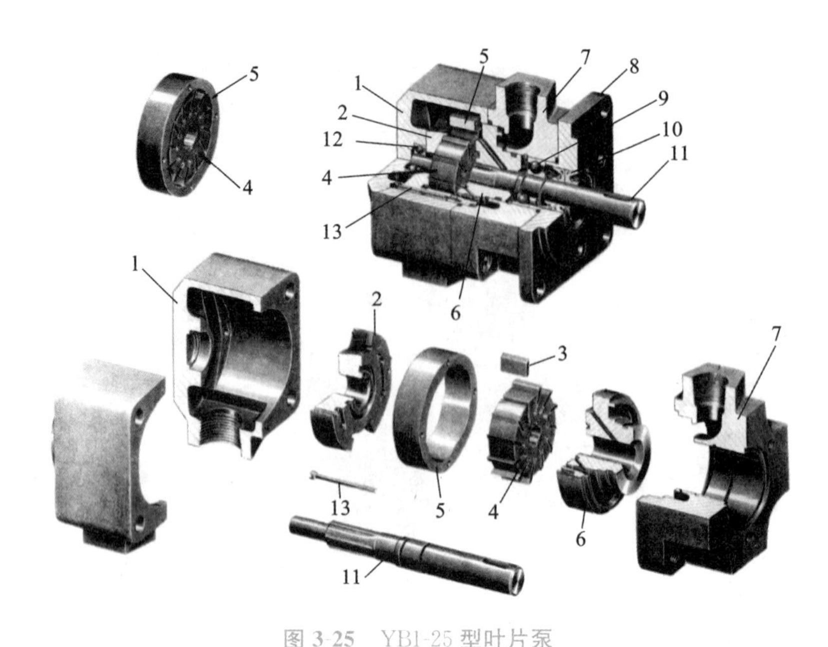

图 3-25　YB1-25 型叶片泵

1、7—前、后泵体；2、6—配油盘；3—叶片；4—转子；5—定子；8—泵盖；9、12—滚动轴承；
10—密封防尘圈；11—传动轴；13—螺钉

4. 液压泵重装程序

(1)把壳体内外用油清洗干净，将铁锈和毛刺用砂皮和油石仔细地除去。

(2)将清净后的叶片、转子、侧板正确安装成内部总成。

(3)在轴侧壳体内和内部总成涂上充分的工作油，然后慎重将内部总成装入壳体内。

(4)将销正确装入销孔内，轻轻地转动转子，看是否装对。

(5)检查盖子轴封后，抹以润滑油后装入。

(6)仔细地安装盖子，注意要一次装入，不要拉出，否则要进行重装。

(7)将盖子压住，拧上一定长度的螺钉。用手可慢慢转动轴，否则松紧外螺钉。泵盖上的螺钉应交互地一点点均拧，直到拧紧到规定的力矩为止。如拧紧力矩不够，泵的效率就会降低；而拧紧力矩过大，则容易引起咬死。

(8)由联轴器将泵和电动机连在一起，偏心距<0.01 mm。接通开关，开始点动，然后空载运转，再缓缓升高压力，如有异常，立即停车检查。

四、练习与思考

(1)怎样拧紧泵盖与泵体间的连接螺钉？

(2)齿轮泵的密封工作区是指哪一部分？

(3)双作用叶片泵的定子内表面是由哪几段曲线组成的？

(4)轴向柱塞泵的变量形式有几种？

一、判断题

1. 定量泵是指输出排量不随泵的输出压力改变的泵。 ( )

2. 采用浮动轴套或弹性侧板的径向间隙的自动补偿,可提高齿轮泵的压力。 ( )

3. 改变定子和转子的偏心距实现单作用叶片泵变量,改变斜盘倾角实现斜盘柱塞泵变量。 ( )

4. 单作用叶片泵叶片后倾,双作用叶片泵叶片前倾,所以都不能正反转。 ( )

5. 高压系统中宜采用柱塞泵。 ( )

6. 柱塞泵中既不能转动又不可往复运动的零件是柱塞。 ( )

7. 改变轴向柱塞泵斜盘倾斜的方向就能改变吸、压油的方向。 ( )

8. 轴向柱塞泵壳体上都有通油箱的泄油口,安装时下油口应朝下。 ( )

9. 轴向柱塞泵滑履容易损坏的原因是泵的转速高而非工作压力过大、油液污染过大。 ( )

10. 为使斜盘式轴向柱塞泵的柱塞的液压侧向力不致过大,斜盘最大倾角 α_{max} 一般小 18°～20°。 ( )

二、选择题

1. 总效率较高的一般是( )。

A. 齿轮泵　B. 叶片泵　C. 柱塞泵　D. 转子泵

2. 液压泵是靠密封容积的变化来吸压油的,故称( )。

A. 离心泵　B. 转子泵　C. 容积泵　D. 真空泵

3. 液压泵的选择首先是确定( )。

A. 价格　B. 额定压力　C. 输油量　D. 类型

4. 液压泵或液压马达的排量决定于( )。

A. 输入流量　B. 转速　C. 结构尺寸　D. 输入压力

5. 工作环境较差、工作压力较高时采用( )。

A. 高压叶片泵　B. 柱塞泵　C. 高压齿轮泵　D. 变量叶片泵

6. 齿轮泵泄漏的途径中,( )泄漏最严重。

A. 径向间隙　B. 轴向间隙　C. 啮合处　D. 传动轴

7. 齿轮泵齿轮脱开啮合,则容积( )。

A. 增大压油　B. 增大吸油　C. 减小压油　D. 不一定

8. 双作用叶片泵( )。

A. 可以变量　B. 有偏心距　C. 定子椭园　D. 噪音高

9. 叶片泵噪声过大的原因不可能是( )。

A. 叶片装反　B. 压力低

C. 叶片卡死　D. 配流盘、定子、叶片有较大磨损

10. ( )叶片泵运转时,不平衡径向力相抵消,受力情况较好。

A. 单作用　　　B. 双作用　　　C. 变量　　　D. 限压式

三、问答题

1. 液压泵有何作用？容积式液压泵共同的工作原理是什么？

2. 液压泵在液压系统中的工作压力取决于什么？它和泵铭牌上的压力有何关系？

3. 液压泵的排量和流量各取决于什么参数？流量的理论值和实际值有何区别？以 CB-B 型齿轮泵、10SCY14-1B 型轴向柱塞泵和 YB1-25 型叶片泵为例加以说明，并写出关系式。

4. 齿轮泵、叶片泵、轴向柱塞泵各由哪些主要零件组成？

四、计算题

1. 一变量叶片泵的转子外径 $d=83$ mm，定子内径 $D=89$ mm，叶片宽度 $B=30$ mm。求：

(1)排量 $V=16$ cm^3/r 时，其偏心距是多少？

(2)此泵最大可能的排量是多少？

2. 某液压泵输出油压 $p=100\times10^5$ Pa，转速 $n=1\ 450$ r/min，排量 $V=200$ mL/r，容积效率 $\eta_v=0.95$，总效率 $\eta=0.9$。求驱动泵的电动机功率至少为多少？泵的输出功率是多少？

3. 已知液压泵进口压力 $p_0=10$ MPa，出口压力 $p=32$ MPa，实际输出流量 $q=250$ L/min，泵输入转矩 $T=1\ 350$ N·m，输入转速 $n=1\ 000$ r/min，容积效率 $\eta_v=0.96$。试求泵的总效率 η 为多少？

4. 某轴向柱塞泵的斜盘倾角 $\gamma=22°30'$，柱塞直径 $d=22$ mm，柱塞分布圆直径 $D=68$ mm，柱塞数 $z=7$。若容积效率 $\eta_v=0.98$，机械效率 $\eta_m=0.9$，转速 $n=960$ r/min，输出压力 $p=10$ MPa，试求泵的理论流量、实际流量和输入功率。

项目 4
液压缸

学习重点和要求

(1)熟悉液压缸的结构和特点；

(2)掌握液压泵缸的分类、作用和工作原理；

(3)了解液压缸的选用与设计。

液压缸与液压马达是液压执行元件，都是用来将输入液压能转换成机械能。液压缸输出的是直线或摆动运动，液压马达可实现转动运动。

4.1 液压缸的类型

液压缸在各种机械的液压系统中得到广泛应用，液压缸直径小的可小于3 mm，超长的可达30 m以上。最新式的液压缸采用高弹性碳素纤维复合树脂塑料做缸筒和活塞杆，强度是碳素钢的2倍，密度是钢的1/5，但价格昂贵，主要用于航天航空设备。

常用的液压缸有单杆缸、双杆缸、柱塞缸、伸缩缸、齿条缸等，新型缸有自控缸、自锁缸、钢缆缸、蠕动缸、比例缸、伺服缸、步进缸等。

它们与机械机构配合，可完成各种功能的动作，如图4-1所示。

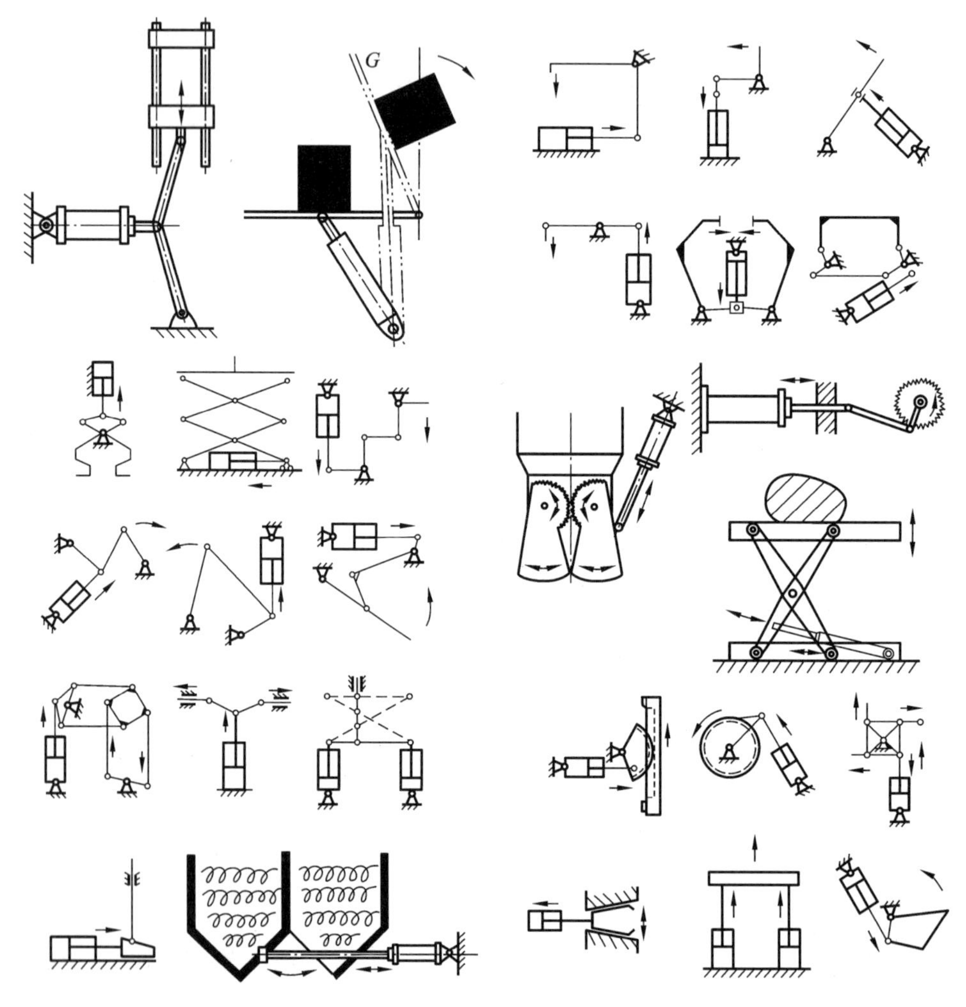

图4-1　液压缸与不同机械机构的配合

一、双作用单活塞杆式液压缸

图4-2所示为常用的双作用单活塞杆式液电压缸，主要由缸筒、活塞、活塞杆、缸盖等组成。

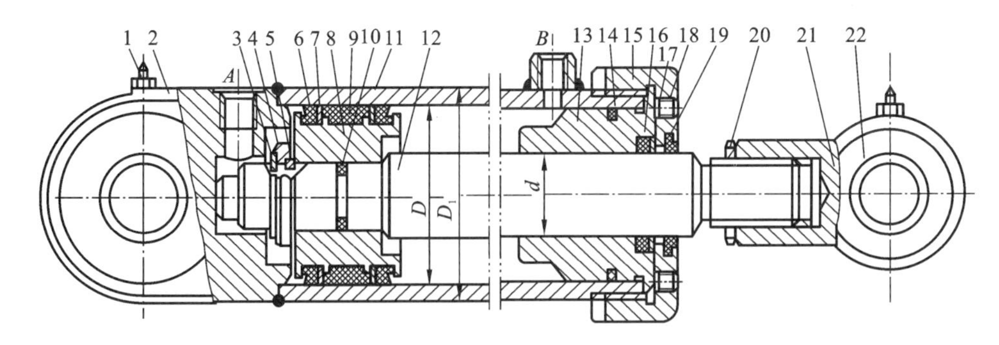

图 4-2　双作用单活塞杆式液压缸

1—螺钉；2—缸底；3—弹簧卡圈；4—挡环；5—卡环（由 2 个半圆组成）；6—密封圈；
7—挡圈；8—活塞；9—支撑环；10—活塞与活塞杆之间的密封圈；11—缸筒；12—活塞杆；
13—导向套；14—导向套和缸筒之间的密封圈；15—端盖；16—导向套和活塞杆之间的密封圈；
17—挡圈；18—锁紧螺钉；19—防尘圈；20—锁紧螺母；21—耳环；22—耳环衬套圈

二、双作用双活塞杆式液压缸

双作用双活塞杆式液压缸（见图 4-3）与单杆液压缸相似，不同的是活塞两端都有活塞杆和两个端盖。

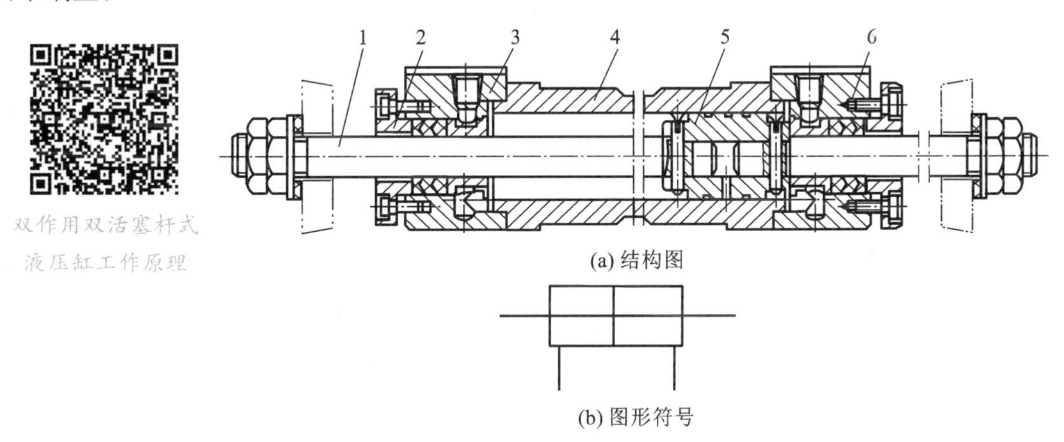

(a) 结构图

(b) 图形符号

图 4-3　双作用双活塞杆式液压缸

1—活塞杆；2—缸盖；3—缸底；4—缸筒；5—活塞；6—密封圈

由于两边活塞杆直径相同，所以活塞两端的有效作用面积相同。若左、右两端分别输入相同压力和流量的油液，则活塞上产生的推力和往返速度也相等。这种液压缸常用于往返速度相同且推力不大的场合，如用来驱动外圆磨床的工作台等。

双作用双活塞杆式液压缸的安装方式有缸体固定和活塞杆固定两种，常用于中、大型设备上。

三、柱塞式液压缸

柱塞式液压缸只能实现一个方向的运动，回程靠重力或弹簧力或其他力来推动，如图 4-4 所示。为了得到双向运动，通常对其成对、反向的布置使用。柱塞靠导向套来导向，柱塞与缸体不接触，因此缸体内壁不需精加工。柱塞是端部受压，为保证柱塞缸有足够的推力和稳定性，柱塞一般较粗,质量较大,水平安装时易产生单边磨损,故柱塞缸宜垂直安装。水平安装使用时,宜用无缝钢管制成柱塞。

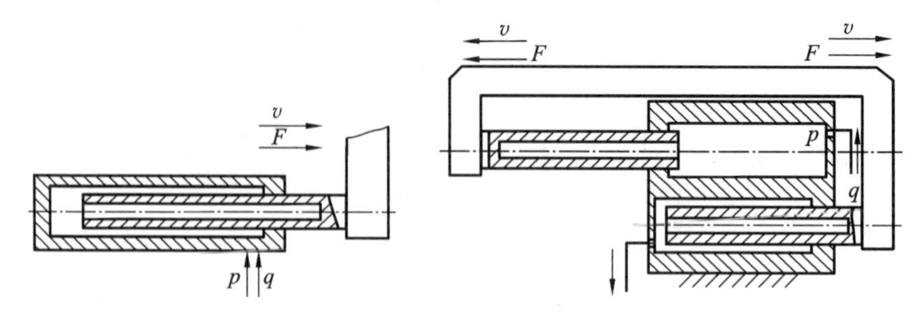

图 4-4 柱塞式液压缸

设柱塞面积为 A,柱塞缸输出力 $F=pA$,输出速度 $v=\dfrac{q}{A}$。

这种液压缸常用于长行程场合,如龙门刨床、导轨磨床、大型拉床等。

四、伸缩式液压缸

伸缩式液压缸主要的组成零件有缸体、活塞、套筒活塞等。如图 4-5 所示,当进油时,先推动面积大的活塞向右运动,速度低、推力大;然后次级面积较小的活塞继续向右运动,速度较快、推力较小。套筒活塞既是前级活塞又是后级活塞的缸体,退回则相反。

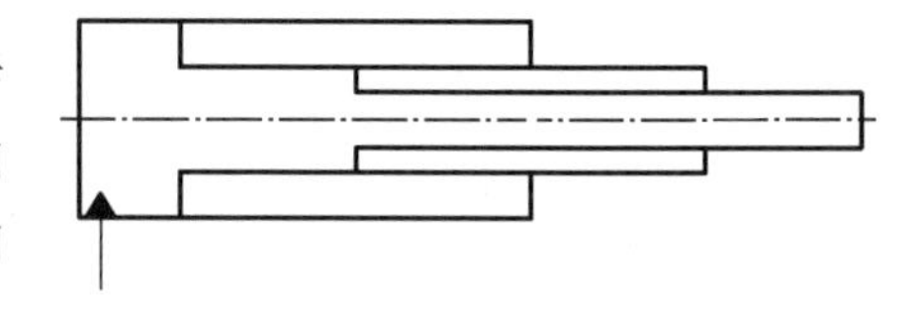

图 4-5 伸缩式液压缸

伸缩式液压缸的特点是活塞杆伸出的行程长,收缩后的结构尺寸小,适用于翻斗汽车、起重机的伸缩臂等。

五、齿条液压缸

齿条液压缸(见图 4-6)活塞杆上加工出齿条,齿轮与传动轴连成一体,齿条带动齿轮旋转。齿条液压缸的最大特点是将直线运动转换为回转运动,常用于机械手和磨床的进刀机构、组合机床的回转工作台、回转夹具及自动线的转位机构。

六、增压缸

增压缸(见图 4-7)可实现液压能的传递和增压,是活塞缸和柱塞缸的复合缸。增压后压力为

$$p_b=p_a\left(\frac{D}{d}\right)^2 \tag{4-1}$$

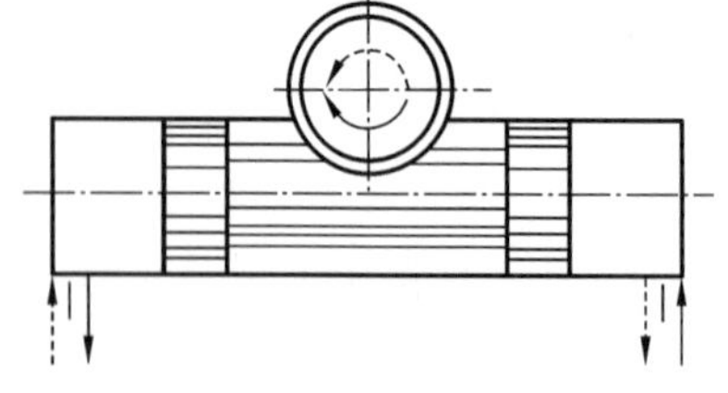

图 4-6 齿条液压缸

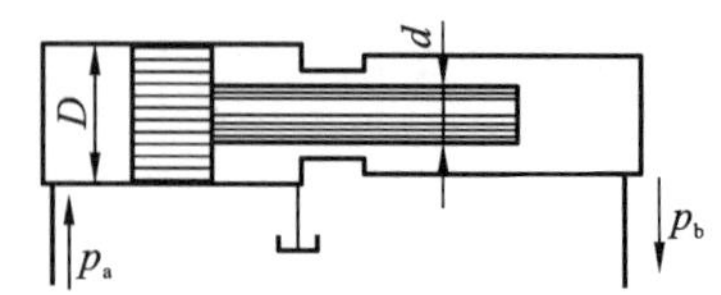

图 4-7 增压缸

4.2 液压缸的设计与选用

一、初定液压缸工作压力

根据主机所需的操作力即总负载计算确定工作压力，或者使用推荐值。

如图 4-8 所示，以单活塞杆式液压缸为例，设活塞左、右两端的有效作用面积分别为 A_1 和 A_2，若进入左、右两腔的液压力 p_1 相等，回油压力 $p_2\approx0$，则活塞向右和向左的推力分别为（缸的机械效率 $\eta_m\approx1$）

$$F_1=p_1A_1\quad 或(p_1A_1-p_2A_2)\eta_m \tag{4-2}$$

$$F_2=p_1A_2\quad 或(p_1A_2-p_2A_1)\eta_m \tag{4-3}$$

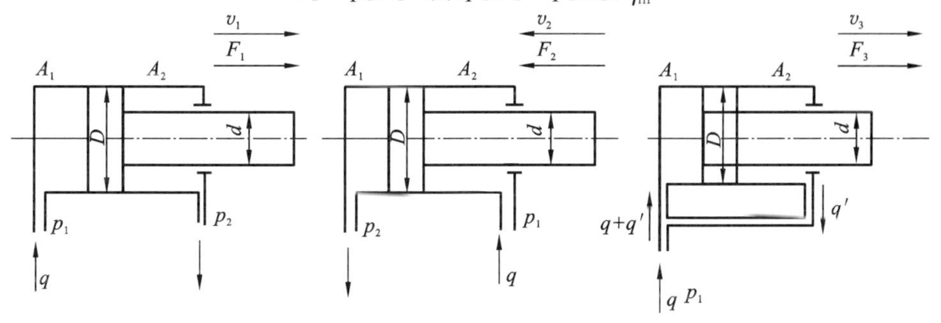

图 4-8 单杆液压缸计算简图

若输入液压缸左、右两腔的流量 q 相等，则活塞向右和向左运动的速度 v_1 和 v_2 分别为（缸的容积效率 $\eta_v\approx1$）

$$v_1=\frac{q}{A_1}\quad (或\frac{q}{A_1}\eta_v) \tag{4-4}$$

$$v_2=\frac{q}{A_2}\quad (或\frac{q}{A_2}\eta_v) \tag{4-5}$$

左、右腔同时通压力油的单杆液压缸称为差动缸，但无杆腔面积大，差动缸在压力 p_1 的作用下向右运动，输出的推力 F_3 和速度 v_3 为

$$F_3=p_1(A_1-A_2)=p_1\pi d^2/4=p_1A_3 \tag{4-6}$$

$$v_3A_1=v_3A_2+q\quad（连续性原理）$$

$$v_3=q/A_3 \tag{4-7}$$

式中：$A_3=\pi d^2/4$ 为活塞杆面积（η_m、$\eta_v\approx1$），退、进速度之比 $\lambda=v_2/v_1$，称为液压缸速比；如果 $v_3=v_2$，则可求得活塞直径 $D=\sqrt{2}d$ 。

单杆液压缸的特点符合工程需要，因此使用广泛。

（1）往复运动速度不同，$v_1<v_2$，用于实现慢速进给和快速退回。

（2）输出推力不相等。无杆腔进油时，工作为进给运动（克服较大的外负载）。有杆腔进油时，驱动工作部件做快速退回运动（只克服摩擦力的作用）。

（3）工作台运动范围为活塞杆有效行程的 2 倍。

二、液压缸主要尺寸的计算

液压缸一般是标准件,但有时需要选用计算或设计及强度校核等,液压缸尺寸如图4-9所示。

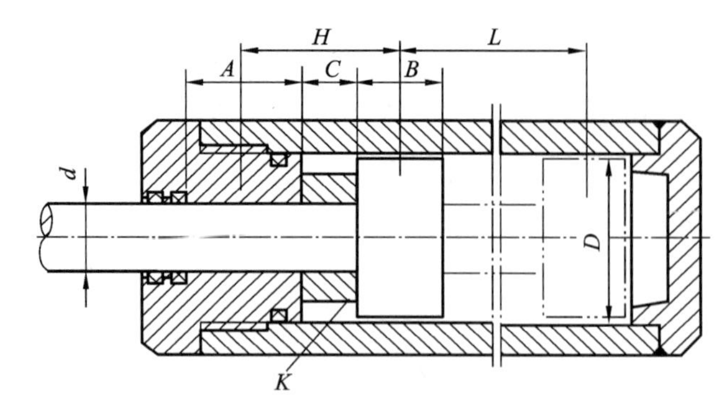

图4-9 液压缸的主要尺寸

1. 液压缸内径

液压缸内径要根据总负载 F 和初定的工作压力来确定。一般不考虑机械效率,回油背压小也不考虑,常由无杆腔进油,则由式(4-2)和式(4-3)得

$$D=\sqrt{\frac{4F_1}{\pi p}} \tag{4-8}$$

也可根据油缸运动速度和输入流量来计算确定液压缸内径 D。

2. 活塞杆直径

根据液压缸往返速比 λ 计算出活塞杆直径 $d=\sqrt{\frac{\lambda-1}{\lambda}}D$ 。

液压缸工作压力与活塞杆直径的关系如表4-1所示。

表4-1 液压缸工作压力与活塞杆直径的关系

液压缸工作压力 p/MPa	<5	5~7	≥7
活塞杆直径 d	0.5~0.55D	0.6~0.7D	0.7D

D、d 的计算结果需按国标圆整。

必要时活塞杆直径 d 需按强度校核,$[\sigma]$为活塞杆材料的许用应力,则

$$d\geqslant\sqrt{\frac{4F}{\pi[\sigma]}} \tag{4-9}$$

3. 缸筒壁厚选择或校核计算

常用中、高压无缝钢管薄壁缸筒($\delta/D\leqslant0.1$),则壁厚 δ 为

$$\delta\geqslant\frac{p_{\max}D}{2[\sigma]} \tag{4-10}$$

式中:$[\sigma]$为钢筒材料的许用应力;$p_{\max}$为缸筒的试验压力。

4. 缸筒长度确定

缸筒长度主要由液压缸最大行程 L、活塞宽度、导向套长度等相加确定,一般不大于内径的20~30倍。

活塞宽度为

$$B=(0.6\sim1.0)D$$

三、缓冲装置的考虑

活塞接近终端时，缓冲装置可增大回油阻力，减缓运动件的运动速度，避免冲击。缓冲装置有节流缓冲、间隙缓冲、缓冲阀等。

可调节流缓冲装置如图 4-10(a)所示。当活塞上的凸台进入端盖凹腔时，排油只能从可调的针形节流阀流出，于是活塞获得缓冲。

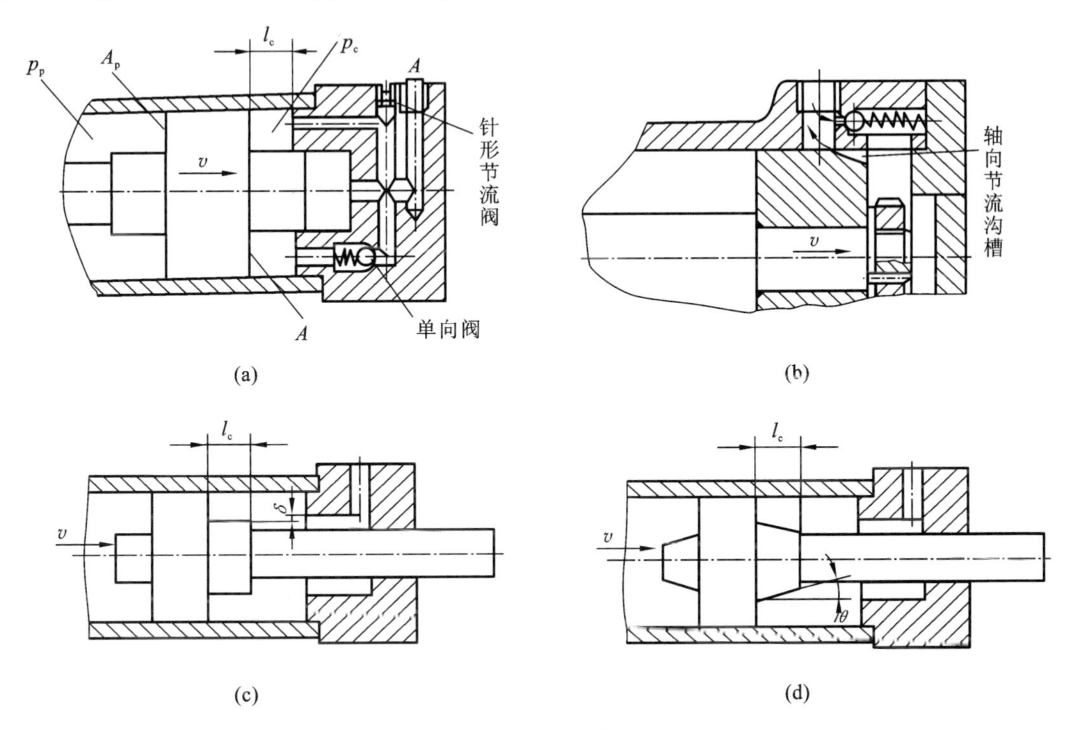

图 4-10 缓冲装置

可变节流缓冲装置如图 4-10(b)所示。活塞两端均开有节流口面积可随活塞移动而变化的轴向节流沟槽，可实现节流缓冲。当活塞启动时，压力油顶开钢球，进入缸内，推动活塞向前运动，保证启动迅速。

间隙缓冲装置如图 4-10(c)、(d)所示，油液从间隙挤出时压力升高形成缓冲。

四、密封装置的考虑

密封装置用来防止系统油液的内外泄漏，以及外界灰尘和异物的侵入，保证系统建立必要压力。

对密封装置的要求是具有良好的密封性能；与运动件之间摩擦系数要小；寿命长，不易老化，抗腐蚀能力强；维护使用方便。

常用的密封有金属密封(间隙为 0.02～0.05 mm)，O 形密封圈，唇形密封(如 Y 形、Y_x 形、V 形)，组合密封装置等。

五、排气装置的考虑

液压系统在安装过程中或长时间不工作后会渗入空气,油液中也会混有空气。由于气体有很大的可压缩性,使液压缸产生爬行、噪声和发热等一系列不良现象。因此,在设计液压缸时,要保证能及时排除积留在缸内的气体。

利用空气较轻的这一特点,可在最高处设置油口、放气孔或专门的放气阀等排气装置。

六、连接结构的考虑

缸体与端盖连接有法兰、拉杆、焊接、螺纹、半环连接等多种形式。

活塞与活塞杆连接有螺纹、卡键和整体连接形式。螺纹连接最常用,卡键连接用于压力较高、工作机械振动较大的场合,小缸则采用整体连接。

七、头部结构的考虑

活塞杆头部与工作机械连接形式有单耳环、双耳环、球头、内外螺纹等。

八、确定型号

液压缸的型号可参考有关资料。

实验3　液压缸的设计选用与拆装

一、实验任务

1. 液压缸的设计选用

某工厂需要一个单活塞杆式液压缸,材料为45钢,快进时差动连接,快退时有杆腔进压力油,快进、快退速度都是 $v=0.1$ m/s,工进时需产生推力 $F=25\ 000$ N。已知输入流量 $q=25$ L/min,背压 $p_2=0.2$MPa,试设计选用:①缸筒内径 D 和活塞杆直径 d;②缸筒壁厚是多少?③确定液压缸厂家型号(活塞杆铰接,缸筒固定)。

2. 液压缸的拆装

认识液压缸并进行拆卸,同时做好清洗和维修工作,最后安装好液压缸。

二、实验设备

液压缸、拆装工具等。

一、判断题

1. 单活塞杆液压缸称为单作用液压缸,双活塞杆缸称为双作用缸。　(　　)
2. 在工作行程很长的情况下,使用柱塞液压缸最合适。　(　　)

3. 常用差动连接的单杆活塞缸，可使活塞实现快速运动。 ( )

4. 液压缸差动连接时，能比其他连接方式产生更大的推力。 ( )

5. 液压缸速比 λ 是指活塞杆退回、前进的速度之比 v_2/v_1。 ( )

二、选择题

1. 液压缸是将液压能转变为( )的转换装置，是执行元件。

A. 机械能 B. 动能 C. 势能 D. 电能

2. 液压缸应用广泛的是( )。

A. 活塞缸 B. 柱塞缸 C. 摆动缸 D. 组合缸

3. 液压缸速比 λ 指( )。

A. 往返速度比 B. D/d C. v_2/v_1 D. A_2/A_1

4. 差动联接的活塞缸可使活塞实现( )运动。

A. 匀速 B. 慢速 C. 快速 D. 转动

5. 液压传动的执行元件是( )。

A. 液压马达 B. 液压泵 C. 蓄能器 D. 液压阀

6. 可输出回转运动的液压缸是( )。

A. 摆动缸 B. 柱塞缸 C. 齿条活塞缸 D. 活塞缸

7. 单杆活塞缸采用差动连接方式时，其有效工作面积为( ) 面积。

A. 活塞 B. 无杆腔杆 C. 活塞杆 D. 缸筒

8. 当工作行程较长时. 采用( )缸较合适。

A. 单活塞杆 B. 双活塞杆 C. 柱塞 D. 摆动

9. 双出杆活塞缸，活塞直径 $D=0.18$ m，活塞杆直径 $d=0.04$ m，当进入液压缸流量 $q=4.16\times10^{-4}$ m^3/s 时，往复运动速度 v 各为( )m/s。

A. 1.63×10^{-2} B. 1.72×10^{-2} C. 18 D. 6.8

10. 某一系统工作阻力 $F_{阻}=31.4$ kN，工作压力 $p=40\times10^5$ Pa，则单出杆活塞缸的活塞直径为( )mm。

A. 100 B. 10 C. 64 D. 6.4

三、计算题

1. 差动液压缸无杆腔面积 $A_1=50$ cm^2，有杆腔面积 $A_2=25$ cm^2，负载 $F=27.6\times10^3$ N，活塞以 1.5×10^{-2} m/s 的速度运动。试求：(1)供油压力大小；(2)所需的供油量；(3)液压缸的输入功率。

2. 串联双杆液压缸，有效工作面积分别为 A_1 和 A_2，外负载分别为 F_1 和 F_2，输入流量为 q，求 p_1、p_2、v_1 和 v_2。

3. 什么是差动连接和往返速度比？若差动缸 v_3 是 v_2 的 3 倍，则 A_1/A_2 是多少？

项目 5
液压阀

学习重点和要求

（1）掌握液压阀的基本共同点和分类；

（2）掌握压力阀、流量阀、方向阀的组成、工作原理和图形符号；

（3）熟悉液压阀的结构、性能特点。

液压阀在液压系统中被用来控制液流的压力、流量和方向，保证执行元件按照要求进行工作。液压阀属于控制元件。液压阀的基本共同点具体如下。

（1）液压阀的基本结构包括阀芯、阀体和驱动装置。驱动装置可以是手调机构，也可以是弹簧或电磁铁，有时还作用有液压力。

（2）液压阀的基本工作原理是利用阀芯在阀体内做相对运动来控制阀口的通断及阀口的大小，实现压力、流量和方向的控制。各液压阀均可适用下面公式

$$q = CA\Delta p^{m} \tag{5-1}$$

5.1 液压阀的选用

一、液压阀类型的选择

1. 按控制方式分类

1）开关阀（或定值控制阀）

开关阀是指被控制量为定值的阀类，用手轮、手柄、凸轮、电磁铁、弹簧等来开关液流通路，滑阀、叠加阀、插装阀都属于开关阀。

2）比例控制阀

比例控制阀是指被控制量与输入信号成比例连续变化的阀类，多用于开环液压程序控制系统。

3）伺服控制阀

伺服控制阀是指被控制量（压力、流量）与偏差信号（电气、机械、气动等的输入信号与反馈信号的差值）成比例连续控制的阀类，多用于要求高精度、快速响应的闭环液压控制系统。

4）数字控制阀

数字控制阀是指用计算机直接数字控制的阀类，这类阀不需要 D/A 转换器。

2. 按安装连接方式分类

1）管式阀

阀体进出口由螺纹或法兰与油管连接，安装方便。

2）板式阀

阀体进出口通过油路连接板与油管连接，便于集成。

3）叠加式阀

阀的上下面可连接结合面相互叠装的阀。各阀规格须相同，能起油路通道的作用，使压力损失减少。叠加式阀是板式连接阀的一种发展形式。

4）插装式阀

将阀芯、阀套组成的组件插入专门设计的阀块内，用盖板和连接螺纹固定，实现不同功能。插装块体起连接阀体和管路的作用，便于集成。

3. 按用途功能分类

根据不同的用途功能，液压阀可分为压力控制阀、流量控制阀、方向控制阀三大类。

4. 按结构形式分类

根据不同的结构形式，液压阀可分为滑阀（或转阀）、锥阀、球阀、喷嘴挡板阀、射流管阀，其中滑阀最常用。

二、液压阀的主要性能参数的选择

1. 额定压力

额定压力是指阀长期工作所允许的最高压力。另外，还有额定流量、压力损失等参数。

2. 公称通径

公称通径代表阀的通流能力的大小,用 D_g(mm)表示,对应于阀的额定流量。公称通径是阀的进、出油口及连接油管的名义尺寸,与实际不一定相等。阀工作时的实际流量应小于或等于它的额定流量,最大不得大于额定流量的1.1倍。

三、液压阀的基本要求

(1)动作灵敏,使用可靠,工作时冲击和振动要小。

(2)阀口全开时,液流压力损失要小;阀口关闭时,密封性能要好。

(3)所控制的参数(压力或流量)要稳定,受外干扰时变化量要小。

(4)结构紧凑,安装、调试、使用维护方便,通用性要好。

四、选择确定液压阀的型号

液压阀的型号可参考相关资料。

5.2 方向阀

控制液压系统中液流方向或通断的阀类是方向控制阀,有单向阀和换向阀两种。

一、单向阀

1. 普通单向阀

普通单向阀
工作原理

普通单向阀简称单向阀。普通单向阀是只允许液流一个方向流动,反向则被截止的方向阀。对单向阀的要求主要有以下几点:①通过液流时压力损失要小,而反向截止时密封性要好;②动作灵敏,工作时无撞击和噪声。

如图5-1所示,当液流从 P_1 流入时,压力油作用在阀芯上,克服弹簧力将阀芯开启,流向 P_2。当液流反向流入时,在液压力和弹簧力同向作用下,将阀芯紧压在阀座孔上,阀口关闭,油液被截止不能通过。

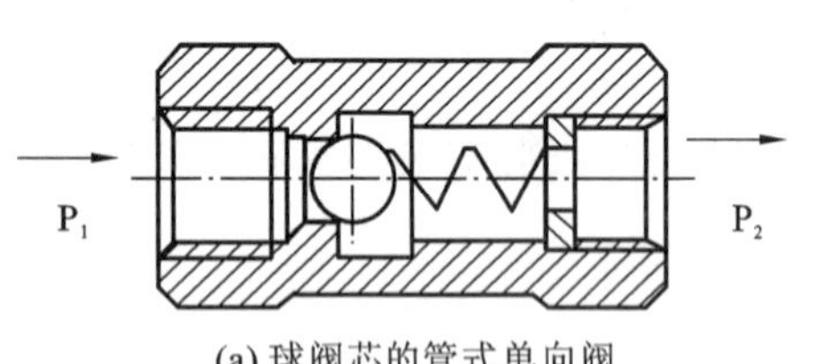

(a) 球阀芯的管式单向阀

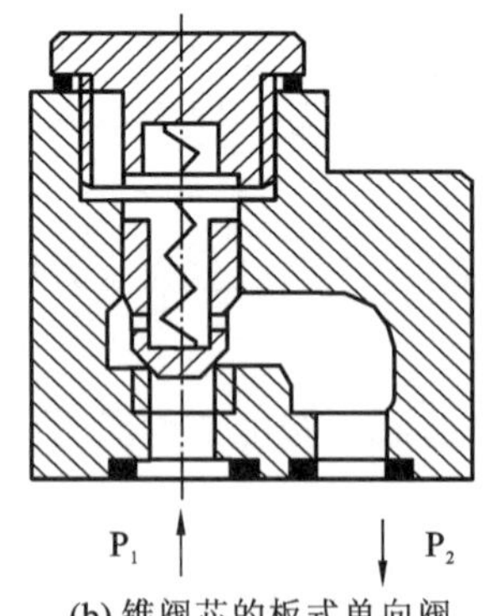

(b) 锥阀芯的板式单向阀

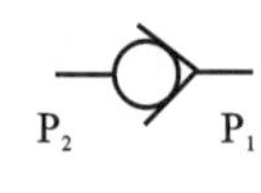

(c) 图形符号

图5-1 普通单向阀

常用的S形单向阀正向开启压力有0 MPa、0.05 MPa、0.15 MPa、0.3 MPa、0.5 MPa五种，反向截止时为线密封，且密封力随压力增高而增大，密封性能良好。开启后进出口压差（压力损失）为0～0.5 MPa。

单向阀主要用来分隔油路以防止高、低压干扰；与其他的阀组合；常被安装在泵的出口，一方面防止压力冲击影响泵的正常工作，另一方面防止泵不工作时系统油液倒流经泵回油箱；正向开启压力0.3 MPa、0.5 MPa可做背压阀用，弹簧刚度较大，安装在执行元件的回油路上，使回油具有一定背压（保持低压的背压回路），提高执行元件的运动平稳性。

2. 液控单向阀

液控单向阀是依靠控制流体压力，可以使单向阀反向流通的阀。由单向阀和液控装置两部分组成。如图5-2(a)所示，当控制油口A无压力油（$p_A=0$）通过时，压力油只能从油口B流向油口C；当控制油口A接通控制油压p_A时，此时可推动控制活塞1，顶开单向阀的主阀芯2，液体即可在两个方向自由通流。

液控单向阀工作原理

液控单向阀按控制活塞的泄油方式不同，有内泄式和外泄式〔见图5-2(b)〕两种。内泄式的控制活塞的背压腔通过活塞杆上对称铣去两个缺口与油口B相通；外泄式的活塞背压腔直接通油箱。一般在出油口B压力较低时采用内泄式；高压系统采用外泄式，以减小控制压力。

液控单向阀按结构特点可分带先导阀和不带先导阀两类。带先导阀的液控单向阀工作时，如图5-2(b)所示，当控制活塞1向右移时，先顶开先导阀芯5，使弹簧腔先卸压（C_1到B），然后再顶开主阀芯2，液流从油口C流向油口B。

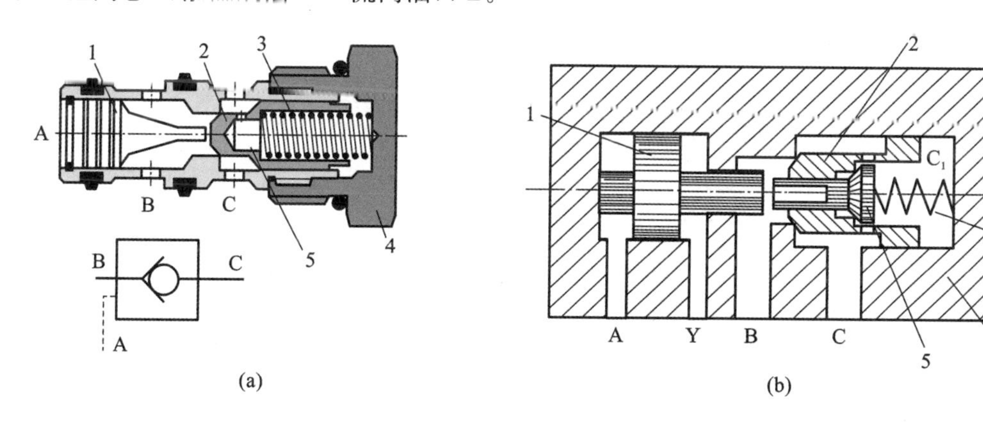

图5-2 液控单向阀

1—控制活塞；2—主阀芯；3—弹簧；4—阀体；5—先导阀芯

液控单向阀可大大减小控制压力，使控制压力与工作压力之比降低到4.5%，因此，可用于压力较高的场合。液控单向阀用于保压回路和锁紧回路。

二、换向阀

1. 换向阀概述

换向阀是借助于阀芯与阀体之间的相对运动，使与阀体相连的各油路实现接通、切断或改变液流方向的阀类。阀芯与阀体孔配合处为台肩，阀体孔内连通油液的环形槽为沉割槽。阀体在沉割槽处有对外连接的油口。

1)对换向阀的基本要求

(1)液流通过阀时压力损失小(一般 $\Delta p<0.1\sim0.3$ MPa);

(2)互不相通的液流间的泄漏小;

(3)换向可靠、迅速、平稳且无冲击。

2)常用滑阀式换向阀主体结构形式和图形符号

常用滑阀式换向阀主体结构形式和图形符号如表 5-1 所示。

表 5-1　常用滑阀式换向阀主体部分的结构形式和图形符号

位和通	结构原理	图形符号
二位二通	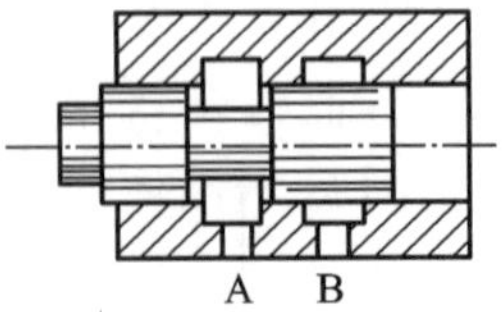 A B	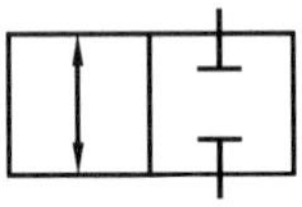
二位三通	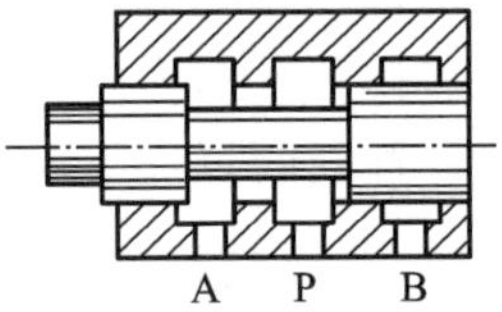 A P B	
二位四通	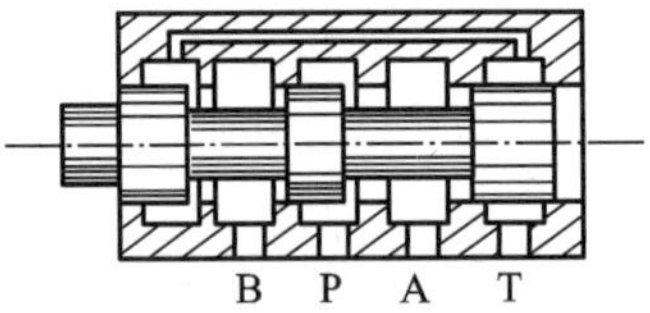 B P A T	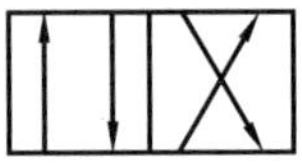
二位五通	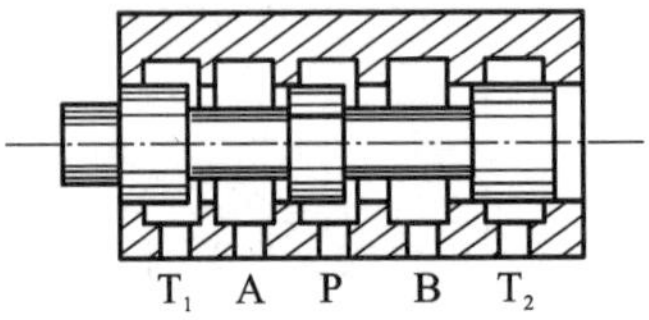 T_1 A P B T_2	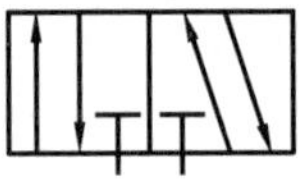
三位四通	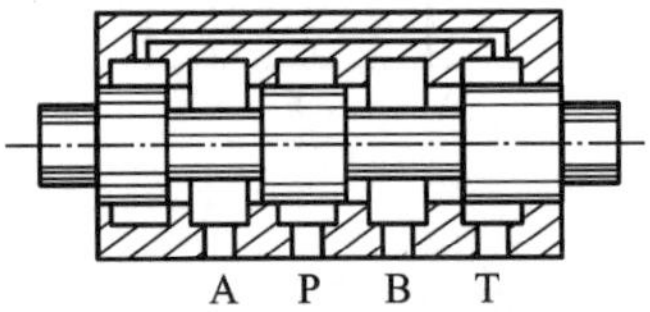 A P B T	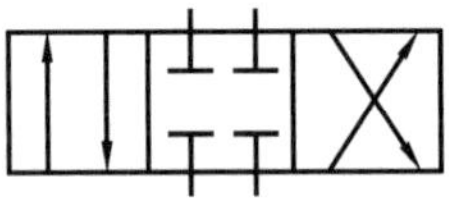
三位五通	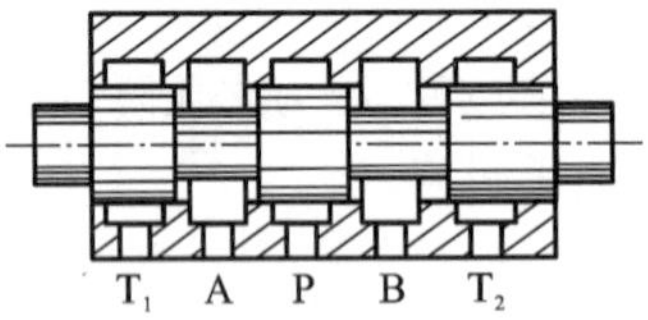 T_1 A P B T_2	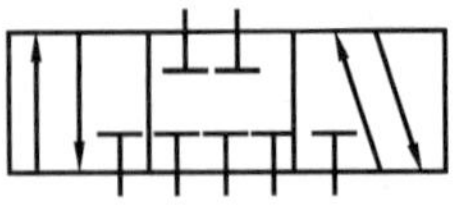

(1)阀的工作位置数称位,用方格数表示,三格即三个工作位置。

(2)与一个方格的相交点数为油口通路数,简称通。箭头"↑"表示两油口相通,堵塞符号"⊤"表示该油口不通流,中位箭头可省略。

(3)P 表示通泵或压力油口,T 表示通油箱的回油口,A 和 B 表示连接两个工作油路的油口。

(4)控制方式和复位弹簧的符号画在方格的两侧,如图 5-3 所示。

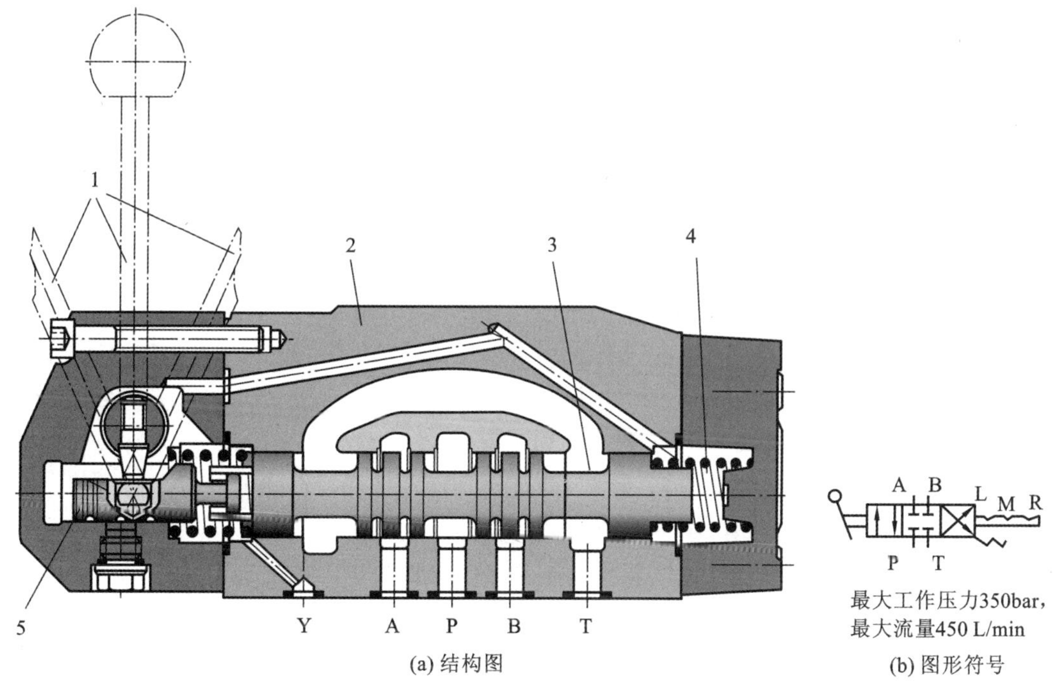

(a) 结构图

(b) 图形符号

图 5-3 三位四通手动换向阀

1—手柄;2—阀体;3—阀芯;4—弹簧;5—推杆

(5)三位阀的中位、二位阀靠有弹簧的位为常态位。二位二通阀有常开型和常闭型两种。在液压系统图中,换向阀与油路在常态位连接。

3)换向阀的分类

换向阀的分类如表 5-2 所示。

表 5-2 换向阀的分类

分类方法	类型
按阀的操纵方式来分	手动、机动、电磁动、液动、电液动、气动
按阀的工作位置数和控制的通道数来分	二位二通、二位三通、二位四通、二位五通、三位四通、三位五通、多路阀等
按阀的结构形式来分	滑阀式、转阀式、球阀式、锥阀式(即逻辑换向阀)
按阀芯定位方式来分	钢球定位式、弹簧复位式

4)滑阀机能

滑阀在中位时各油口的连通方式称为滑阀机能。三位四通和三位五通换向阀才具有滑阀机能。不同的滑阀机能可满足系统的不同要求。表 5-3 中列出了三位换向阀常用的五种滑阀机能,而其左位和右位各油口的连通方式均为直通或交叉相通,所以只用一个字母来表示中位的形式。不同机能的滑阀,其阀体是通用件,而区别仅在于阀芯台肩结构、轴向尺寸及阀芯上径向通孔的个数。

表 5-3　三位换向阀的滑阀机能

型　式	O	H	Y	P	M
符号	A B / P T	A B / P T	A B / P T	A B / P T	A B / P T
性能特点	泵不卸荷、回油口封闭、执行件封闭	泵卸荷、回油通、执行件浮动	泵不卸荷、执行件浮动	泵不卸荷、执行件差动	泵卸荷、执行件封闭

2. 手动换向阀

手动换向阀
工作原理

手动换向阀包括脚踏、按钮、推杆、拉杆、手轮、滚轮等机动换向阀。

图 5-3 所示为弹簧自动复位式三位四通手动换向阀。用手操纵杠杆推动阀芯相对阀体移动从而改变工作位置。要想将其维持在极端位置,必须用手扳住手柄不放。一旦松开了手柄,阀芯会在弹簧力的作用下,自动弹回中位。弹簧钢球定位式,可以在三个工作位置定位。

机动换向阀是利用行程挡铁或凸轮推动阀芯来实现换向。二位二通有常闭式和常开式,机动换向阀结构简单,动作可靠,换向精度高,可通过改变挡铁斜面角度来改变换向时阀芯的移动速度,以减少换向冲击。机动换向阀常用于机床的液压速度换接回路。

3. 电磁换向阀

电磁换向阀是利用电磁铁吸力推动阀芯来改变阀的工作位置,简称电磁阀。由于它可借助于按钮开关、行程开关、限位开关、压力继电器等发出的信号进行控制,所以易于实现动作转换的自动化。

根据所用的电源不同,阀用电磁铁分为交流型(220 V、110 V、380 V)、直流型(24 V、12 V、110 V)和本整型(即交流本机整流型)三种。直流型工作可靠,换向冲击小,噪声小,但需有直流电源。

根据电磁铁的铁芯和线圈是否浸油而分为干式和湿式(油浸式)两种。湿式换向阻力小,工作可靠,但价格较高。

图 5-4 所示为三位四通电磁换向阀。两边电磁铁都不通电时,阀芯 4 在两边对中弹簧 2 的作用下处于中位,P、T、A、B 口互不相通;当右边电插头 9 通电时,推杆 10 将阀芯 4 推向左端,P 口通 B 口,A 口通 T 口;当左边电磁铁通电时,推杆将阀芯推向右端,P 口通 A 口,B 口通 T 口。

由于电磁铁的吸力有限(≤120 N),当通流量大于 120(或 100)L/min 时,或要求换向性能好,则选用液动换向阀或电液换向阀。如将 A 口或 B 口堵塞,可作为三通阀使用。

4. 液动换向阀

液动换向阀是利用控制油路的压力油来改变阀芯位置的换向阀。按其换向时间的可调性,液动换向阀分为可调式和不可调式两种。对三位阀而言,按阀芯的对中形式,分为弹簧对中型和液压对中型两种。

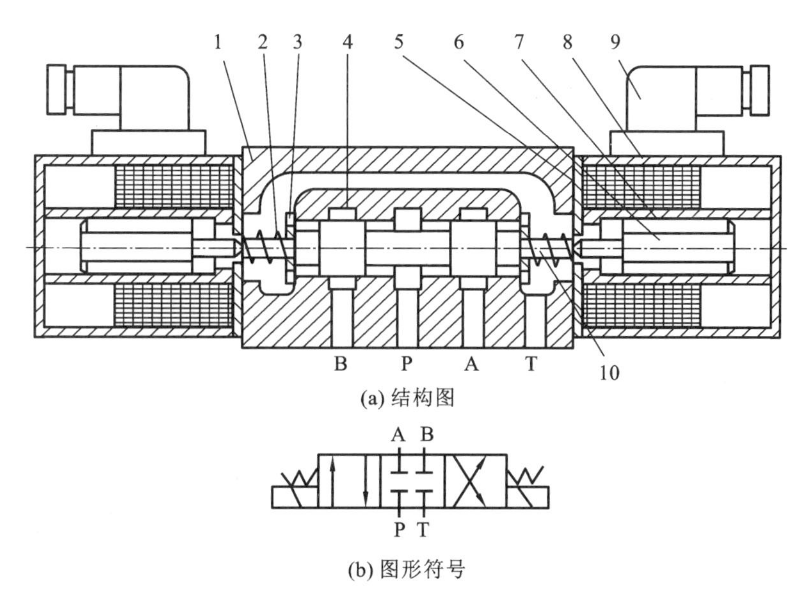

(a) 结构图

(b) 图形符号

图 5-4　三位四通电磁换向阀

1—阀体；2—弹簧；3—挡圈；4—阀芯；5—线圈；6—衔铁；7—隔套；8—壳体；9—电插头；10—推杆

图 5-5 所示为不可调式三位四通液动换向阀（弹簧对中型）。当 K_1 口接通控制压力油时，阀芯右移，P 口与 A 口相通，B 口与 T 口相通；当 K_2 口接通控制压力油时，阀芯左移，P 口与 B 口相通，A 口与 T 口相通；当 K_1 口和 K_2 口都不通压力油时，阀芯在两端对中弹簧的作用下处于中位，P、B、A、T 口互不相通。

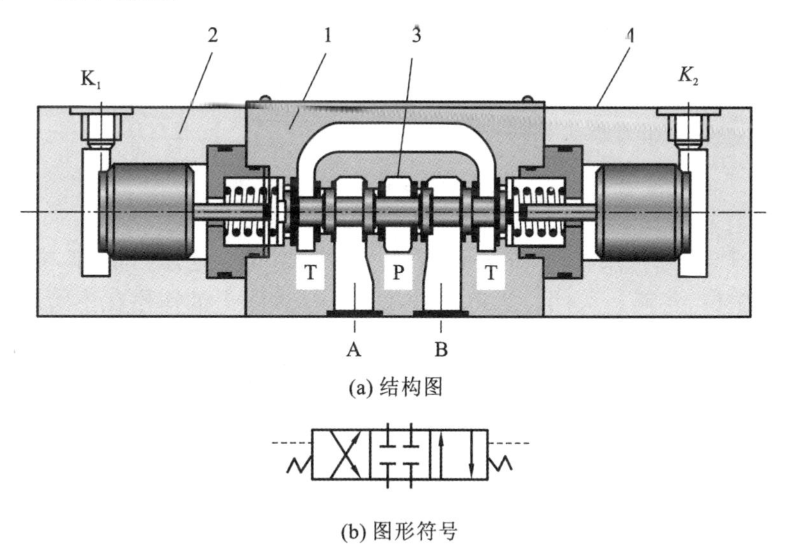

(a) 结构图

(b) 图形符号

图 5-5　三位四通液动换向阀

K_1、K_2—液控口；1—阀体；2—控制盖；3—阀芯；4—复位弹簧

当对液压滑阀换向平稳性要求较高时，应采用可调式液动换向阀，即在滑阀两端 K_1、K_2 控制油路中加装阻尼调节器，阻尼调节器由一个单向阀和一个节流阀并联而成，单向阀用来保证回油节流，节流阀用于回油的节流，调节节流阀开口的大小即可调整动作时间。

5. 电液动换向阀

电磁换向阀和液动换向阀的组合阀称为电液动换向阀，其中电磁换向阀起先导阀作用，液动换向阀起主阀作用。

图5-6所示为三位四通O形电液动换向阀。

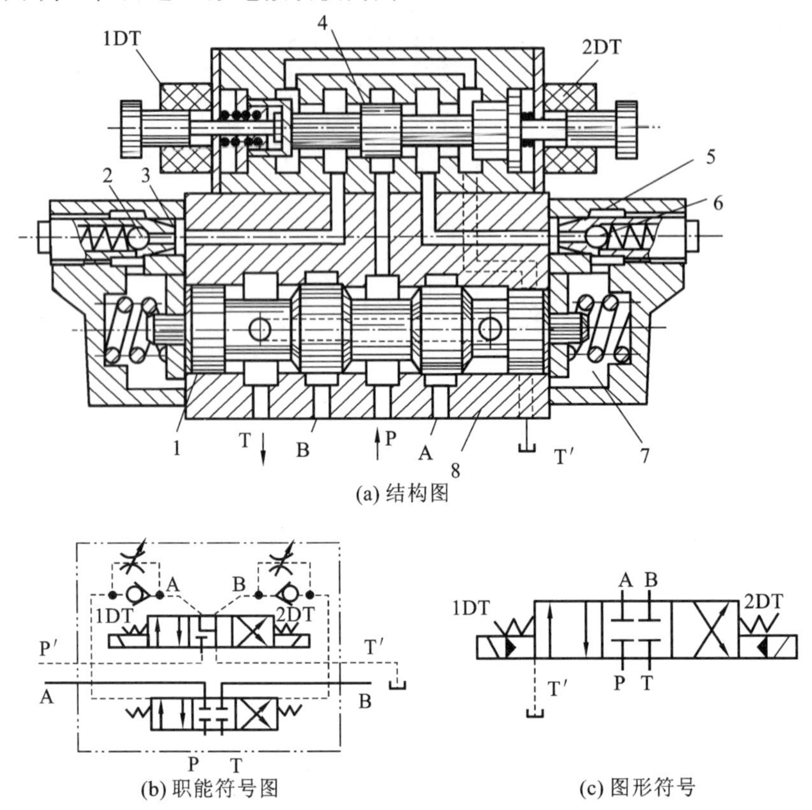

(a) 结构图

(b) 职能符号图

(c) 图形符号

图5-6　三位四通电液动换向阀

1—主阀芯；2、6—单向阀；3、5—节流阀；4—先导阀芯；7—弹簧；8—阀体

当电磁铁1DT、2DT都不得电，先导阀芯4处于中位，都不通压力油时，主阀在两边对中弹簧7的作用处于中位，各阀口关闭。当电磁铁1DT得电，压力油作用在主阀芯1左侧，推动主阀芯1右移，P口与A口相通，B口与T口相通；当电磁铁2DT得电，压力油作用在主阀芯1右侧，推动主阀芯1左移，P口与B口相通，A口与T口相通；实现了换向。

先导电磁换向阀必须是Y型，以使电磁铁1DT、2DT都不得电时，先导阀芯、主阀芯可靠停在中位。主阀芯的换向速度由节流阀3、5来调节，在灵敏和平稳性之间调整。

控制压力油P′若来自主油路P口，称为内控，也可以外接压力油，称为外控。采用内控又要使泵卸荷(用常态位M、H、K型电液换向阀)时，须在P口安装一个预压阀，即开启压力为0.45 MPa的单向阀，以保证最低的控制压力。

要限制进入先导阀的流量，可选先导阀P′腔安装一个1 mm左右的插入式阻尼器。

当压力高、流量大时可采用液压对中的电液换向阀。差动机构可准确地将主阀芯对中(它两端的弹簧很软，并不起主要的对中作用，仅仅在安装和不工作时能使阀芯和差动套筒等零件保持在初始位置)。液压对中的最大优点是回中位可靠性好，但其结构较复杂，轴向尺寸长。

5.3 压 力 阀

用来控制和调节液压系统液流压力或通过压力信号实现控制的阀类通称为压力阀。压力阀共同特点是利用油液压力和弹簧力相平衡的原理进行工作。调节弹簧的预压缩量即调节了阀芯的动作压力，该弹簧是压力控制阀的重要调节零件，称为调压弹簧。

按功能和用途，压力阀可分为溢流阀、减压阀、顺序阀等。

一、溢流阀

溢流阀按结构形式分为直动型溢流阀和先导型溢流阀。

直动型溢流阀工作原理

1. 直动型溢流阀

直动型溢流阀由阀芯、阀体、弹簧、阀盖、调节杆、调节螺母等零件组成，如图 5-7 所示。阀体上进油口旁接在泵的出口，出口接油箱。常态时，阀芯在弹簧力 F_s 的作用下处于最下端位置，进、出油口隔断。进口油液经阀芯径向孔、轴向孔 a 作用在阀芯底端面，产生液压力 F，当液压力等于或大于弹簧力时，阀芯上移，阀口开启，进口压力油经阀口溢回油箱，此时阀芯受力平衡。

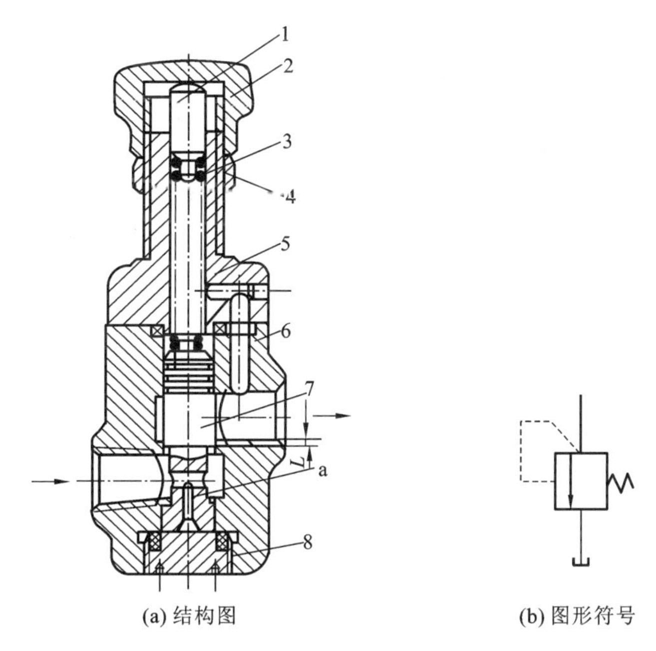

(a) 结构图　　(b) 图形符号

图 5-7　直动型溢流阀

1—调节杆；2—调节螺母；3—调压弹簧；4—锁紧螺母；5—阀盖；6—阀体；7—阀芯；8—底盖

通流量 q，阀口开度 x，进油口压力 p，弹簧刚度 K，弹簧预压缩量 x_0，阀芯直径 D，阀口刚开启时的压力 p_k，作用在阀芯上的稳态液动力 F_s，则阀口刚开启时阀芯受力平衡方程为

$$p_k\pi D^2/4=K(x_0+L)$$

阀口开启后阀芯受力平衡方程

$$p\pi D^2/4=K(x_0+L+x)+F_s$$

阀口开启后溢流的压力流量方程

$$q=C\pi Dx(2p/\rho)^{1/2} \tag{5-2}$$

直动型溢流阀工作原理要点:对应调压弹簧一定的预压缩量 x_0,阀的进口压力 p 基本为一定值。

由于阀开口大小 x 和稳态液动力 F_s 的影响,阀的进口压力随流经阀口流量的增大而增大。当流量为额定流量时,阀的进口压力 p_s最大,p_s称为阀的调定压力。弹簧腔的泄漏油经阀内泄油通道至阀的出口引回油箱,若阀的出口压力不为零,则背压将作用在阀芯上端,使阀的进口压力增大。

对于高压大流量的压力阀,调压弹簧应具有很大刚度的弹簧力,滑阀式直动型溢流阀的调节性能变差,结构上难以实现。锥阀式直动型溢流阀压力可达 40 MPa,流量可达330 L/min。

2. 先导型溢流阀

先导型溢流阀由主阀和先导阀两部分组成。先导阀类似于直动型溢流阀,但一般多为锥阀(或球阀)型阀座式结构。主阀有一节同心结构、两节同心结构和三节同心结构。

图 5-8 所示为三节同心结构先导型溢流阀。先导阀是一个小流量锥阀芯直动型溢流阀。由于主阀芯 6 与阀盖 3、阀体 4 及主阀座 7 等三处有同心配合要求,故属于三节同心结构。

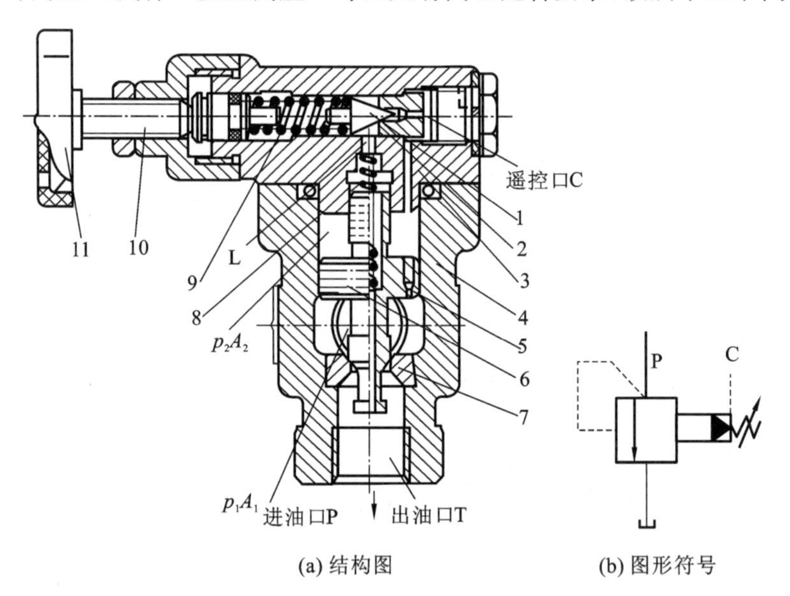

图 5-8　三节同心结构先导型溢流阀

1—先导锥阀芯;2—锥阀座;3—阀盖;4—阀体;5—阻尼孔;6—主阀芯;
7—主阀座;8—主阀弹簧;9—调压弹簧;10—调节螺母;11—调压手轮

系统压力油自进油口 P 进入,并通过主阀芯 6 上的阻尼孔 5 进入主阀芯上腔,再通过阀盖 3 上的通道和锥阀座 2 上的小孔作用在先导锥阀芯 1 上。当进油压力 p_1小于先导阀调压弹簧 9 的调定值 p_p时,先导阀关闭,而且由于主阀芯上、下两侧有效面积比(A_2/A_1)为 1.03～1.05,上侧稍大，作用在主阀芯上的压差（p_1、p_2）和主阀弹簧力 F_t 使主阀口闭紧，主阀不溢流。当进油压力超过先导阀的调定压力时，先导阀被打开，压力油经主阀芯阻尼孔 5、先导阀口、主阀芯中心卸油孔 L、出油口（溢流口）T 流出，阻尼孔 5 处的压力损失使主阀芯上、下腔中的油液产生一个随先导阀流量增加而增加的压差，当它在主阀芯上、下作用面上产生的总压差足以克服主阀弹簧力 F_t、主阀自重 G 和摩擦力 F_f 时，主阀芯开启。此时进油口 P 与出油口 T 直接相通，造成溢流以保持系统压力 p_p。

先导阀和主阀芯分别处于受力平衡，其阀口都满足压力流量方程。阀的进口压力由两次压力比较得到，压力值主要由先导阀调压弹簧的预压缩量确定，主阀弹簧起复位作用。

通过先导阀的流量很小，是主阀额定流量的 1%，因此，其尺寸很小，即使是高压阀，其弹簧刚度也不是很大，所以阀的调节性能得到很大改善。

主阀芯开启是利用液流流经阻尼孔形成的压差，阻尼孔一般为细长孔，$\phi=0.8\sim1.2$ mm，孔长 $l=8\sim12$ mm，孔径很小，因此，工作时易堵塞，一旦堵塞则导致主阀口常开，无法进行调压。

3. 溢流阀的功用

（1）调压阀（恒压阀、定压阀、稳压阀） 阀旁接在泵的出口处，用来调定系统压力。

（2）安全阀 溢流阀旁接在泵的出口处，用来限制系统压力的最大值，起保护作用。

（3）卸荷阀 用电磁换向阀与溢流阀遥控口（卸荷口）连接，使泵卸荷，称电磁溢流阀。

（4）远程调压阀 用直动溢流阀与先导溢流阀遥控口连接，实现远程调压，远程距离一般小于 3 m，再远可采用比例调压。

（5）背压阀 将溢流阀串接在回油路上，可产生背压，使运动稳定，宜用直动型。

4. 溢流阀的特性性能

1）静态性能指标

（1）压力调节范围。压力调节范围是指调压弹簧在规定的范围内调节时，系统压力平稳地（压力无突跳及迟滞现象）上升或下降的最大和最小调定压力。为改善高压溢流阀的调节性能，往往通过更换 4 根刚度不同的弹簧（0.6～8 MPa、4～16 MPa、8～20 MPa、16～32 MPa）来实现四级调压。

（2）最大允许流量和最小稳定流量。最大允许流量和最小稳定流量决定了溢流阀的流量调节范围，最大允许流量即额定流量，在额定流量下工作时应无噪声。溢流阀的最小稳定流量取决于对压力平稳性的要求，一般规定为额定流量的 15%。

（3）卸荷压力。当溢流阀卸荷时，额定流量下进油口压力称卸荷压力，约为 0.5 MPa。

（4）压力损失。当调压弹簧预压缩量等于零或主阀上腔经遥控口直接接回油箱时的压力。流经阀的流量为额定值时，溢流阀的进油口压力称压力损失，压力损失略高于卸载压力。

（5）压力流量特性。溢流阀的进口压力 p 随溢流量 q 变化的性能，又称溢流特性。溢流阀从开启到闭合的过程中，压力 p 与溢流量 q 的特性称启闭特性（因摩擦力不同）。它是衡量溢流阀定压精度的一个重要指标，一般用溢流阀处于额定流量 q_n、额定压力 p_n 时，开始溢流的开启压力 p_k 及停止溢流的闭合压力分别与 p_n 的百分比来衡量，前者称为开启压力比 $n_k=p_k/p_n$，后者称为闭合压力比 $n_B=p_B/p_n$。显然，n_k 和 n_B 越大及两者越接近，溢流阀的启闭特性越好。一般应使 $n_k\geqslant90\%$，$n_B\geqslant85\%$。（p_n-p_k）、（p_n-p_B）称为调压偏差，调压偏差小好，如图 5-9 所示。

2)动态性能指标

当溢流阀的溢流量由零阶跃变化至额定流量时,其进口压力(及其控制的系统压力)将迅速升高并超过额定压力的调定值,然后逐步衰减到最终稳定压力,从而完成其动态过渡过程,如图5-10所示。

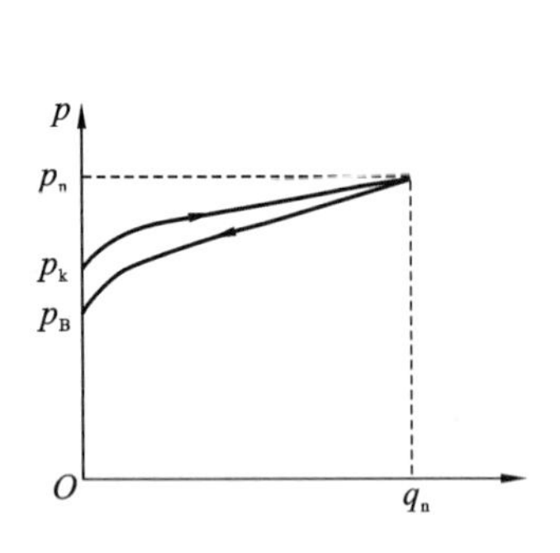

图5-9 压力-流量特性曲线

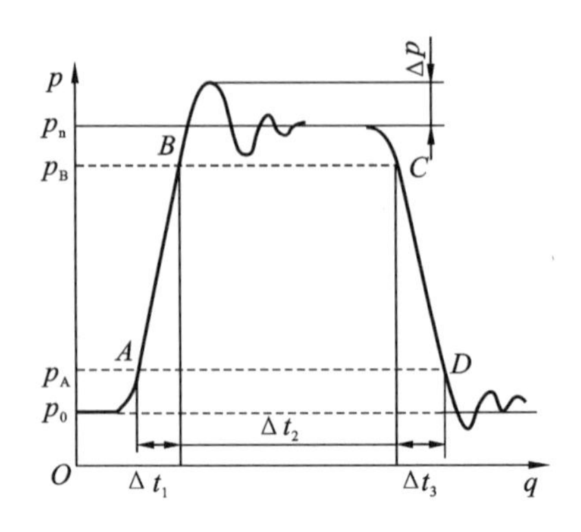

图5-10 溢流阀动态特性曲线

(1)压力超调量。定义最高瞬时压力峰值与额定压力调定值 p_n 的差值为压力超调量。压力超调量是衡量溢流阀动态定压误差的一个性能指标,要求小于10%~30%;否则,可能导致系统中元件损坏、管道破裂或其他故障。

(2)响应时间 Δt_1。响应时间是指从起始稳态压力 p_0($p_0 \not> 20\% p_n$)到最终稳态压力 p_n 的时间,即图5-10中 A、B 两点间的时间间隔。Δt_1 越小,溢流阀的响应越快,为0.5~1 s。

(3)过渡过程时间 Δt_2。过渡过程时间是指从0.9($p_n - p_0$)的 B 点到瞬时过渡过程的最终时刻 C 点之间的时间。C 点以后的压力波形应落在图中给定的(0.9~1.05)($p_n - p_0$)限制范围内;否则,C 点应后滞,直到满足要求为止。Δt_2 越小,溢流阀的动态过渡过程就越短。

(4)卸荷时间 Δt_2。卸荷时间是指卸荷信号发出后,(0.9~0.1)($p_n - p_0$)的时间,即 C 点和 D 点间的时间差。Δt_1 和 Δt_2 越小,溢流阀的动态性能越好,为0.03~0.1 s。

二、减压阀

在一个液压系统中,往往有一个泵要向几个执行元件供油,若遇到各执行元件所需的工作压力不相同的情况,可在分支油路中串联一减压阀。油液流经减压阀后,压力降低,且使其出口处相接的某一回路的压力保持恒定。这种减压阀称为定值减压阀。

减压阀是利用液流流过缝隙产生压降,使出口压力低于进口压力的压力控制阀。按压力调节要求不同,有定值减压阀、定差减压阀和定比减压阀三种。其中,定值减压阀应用最广,通常用的减压阀就是定值减压阀。

先导型减压阀工作原理

定值减压阀有直动型和先导型两种结构形式。先导型减压阀又分为出口压力控制式和进口压力控制式两种。

图5-11所示为直动型减压阀,阀体上进油口 P_1 与泵连接,出油口 P_2 接系统,卸油口L接油箱。出口油压未达到阀的调定压力时,阀芯在弹簧力 F_s 的作用下处于最下端位置,阀口 x 全开,进、出油口相通。同时,出油口油液经阀体孔道作用在阀芯底端面,产生液压力 F,当出油口液压力 F 略大于弹簧调定力 F_T 时,阀芯上移,阀口变

小，压降增大，使出口压力下降，达到阀的调定压力值。

三、顺序阀

顺序阀是利用压力来控制阀口通断的压力阀，主要功用是以压力为信号使多个执行元件自动按预设先后顺序动作。

1. 直动型顺序阀

图 5-12 所示为直动型顺序阀，进油口 P_1，出油口 P_2，在进油口压力 p_1 未达到阀的调定压力之前，阀芯一直是关闭的；达到调定压力之后，阀口才开启，使油口 P_1 处的压力油从油口 P_2 流出，以驱动该阀后的执行元件。

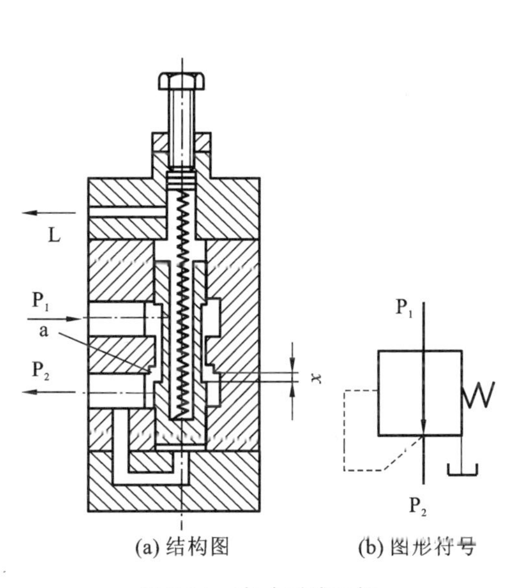

图 5-11 直动型减压阀

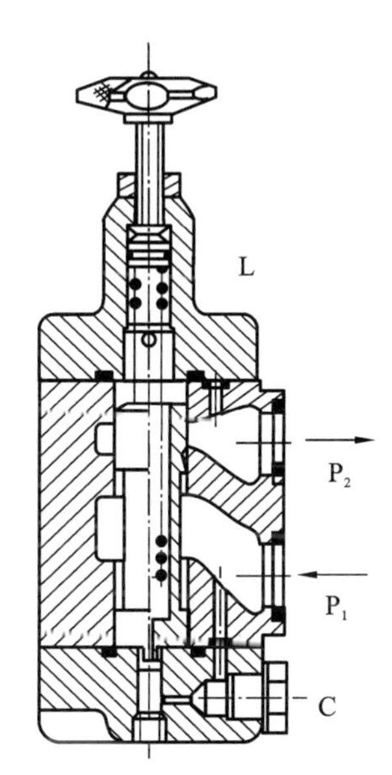

图 5-12 直动型顺序阀

2. DZ 型顺序阀

DZ 型直动型顺序阀的响应快、体积小、使用方便，控制压力至 21 MPa 或 31.5 MPa，工作压力为 31.5 MPa，流量达 30 L/min、60 L/min、80 L/min。

DZ 型先导型顺序阀，控制压力至 21 MPa，工作压力为 31.5 MPa，流量达 150 L/min、300 L/min、450 L/min，用作旁通阀和卸荷阀。其主阀为锥阀式结构，先导阀为滑阀式结构。

DZ 型顺序阀的泄漏量和功率损失大为减小，把外控式顺序阀的出油口接通油箱，且将外泄改为内泄，可构成卸荷阀。

3. 顺序阀类型及职能符号

与溢流阀不同之处在于顺序阀的出油口 P_2 不接油箱，而通向某一压力回路，因而其泄油口 L 必须接回油箱，这种泄油方式称为外泄；如泄油口经内部通道并入出油口接回油箱，称为内泄。

图 5-12 所示的顺序阀控制压力油口 C 直接引自进油口，这种控制方式称内控；如打开外控口的螺栓，控制压力油口 C 从外部引入，称外控。外控式顺序阀阀口开启与否，与阀的进口压

力的大小没有关系,仅取决于控制压力的大小。

顺序阀按结构分为直动型和先导型两种。根据控制压力来源的不同,它有内控式和外控式,按弹簧腔泄漏油引出方式不同分内泄式和外泄式。当顺序阀与单向阀并联,可做平衡阀用,使垂直放置的液压缸不因自重而下落。顺序阀名称与图形符号如表5-4所示。

表5-4 顺序阀名称与图形符号

类型	内控外卸	外控外卸	内控内卸	外控内卸	先导式	单向阀
名称	顺序阀	外控顺序阀	背压阀	卸荷阀	先导顺序阀	平衡阀
图形符号						

4. 顺序阀的特点应用

内控外泄顺序阀与溢流阀非常相似:阀口常闭,进口压力控制,但是该阀出口油液要工作,所以有单独的泄油口。内控外泄顺序阀用于多个执行元件顺序动作,其进口压力先要达到阀的调定压力,而出口压力取决于负载。当负载压力高于阀的调定压力时,进口压力等于出口压力,阀口全开;当负载压力低于调定压力时,进口压力等于调定压力,阀的开口一定。

顺序阀的特点如下:

(1)使两个或两个以上的执行元件按一定的顺序工作;

(2)做背压阀用;

(3)单向顺序阀可作为平衡阀用;

(4)外控顺序阀可作为卸荷阀用。

四、溢流阀、顺序阀、减压阀的比较

溢流阀、顺序阀、减压阀的比较如表5-5所示。

表5-5 溢流阀、顺序阀、减压阀的比较

项目	溢流阀	减压阀	顺序阀
控制油路的特点	通过调整弹簧的压力控制进油路的压力,保证进口压力恒定,$p_2=0$时阀芯不断浮动	通过调整弹簧的压力控制出油路的压力,保证出口压力p_2稳定	直控式——通过调定调压弹簧的压力控制进油路压力;液控式——由单独油路控制压力。阀芯开或关
出油口情况	出油口与油箱相连	出油口与减压回路相连	出油口与工作回路相连
泄漏形式	内泄式	外泄式	外泄式、内泄式
常态	常闭(原始状态)	常开(原始状态)	常闭(原始状态)
工作状态进油口压力值	进、出油口相通,进油口压力为调整压力。压降大	出油口压力低于进油口压力,出油口压力稳定在调定值上。压降大	进、出油口相通,进油口压力允许继续升高。压降小

续表

项　　目	溢　流　阀	减　压　阀	顺　序　阀
连接方式	并联	串联	实现顺序动作时串联，做卸荷阀用时并联
功用	定压、溢流或安全作用限压、稳压、保压	减压、稳压	不控制系统的压力，只利用系统的压力变化控制油路的通断
控制阀口	进油腔压力 p_1 控制阀芯移动，保证进口压力为定值	出油腔压力 p_2 控制阀芯移动，保证出口压力为定值	进油腔压力 p_1 控制阀芯移动
遥控口	有	有	有

5.4　流　量　阀

通过改变节流口通流面积或通流通道的长短来改变局部阻力的大小，从而实现对流量的控制和调节的阀类就是流量阀。

节流阀是节流调速系统中的基本调节元件。在定量泵供油的节流调速系统中，必须将流量阀与溢流阀配合使用，以便将多余的油液流回油箱。

流量阀包括节流阀、调速阀、溢流节流阀和分流集流阀等。

一、节流口的形式及流量特性

1. 流量

通过节流阀的流量 q 及其前后压差 p 的关系为

$$q=CA\Delta p^{m}$$

所以，当节流口结构确定后，流量系数 C、指数 m 和节流口前后压差 Δp 就确定了，那么，只要调节过流面积 A，就可以调节流量 q 的大小。

2. 过流面积

过流面积 A 的计算与节流口的结构有关，常用的节流口结构如图5-13所示，有针锥形、轴向三角槽、矩形槽、偏心槽式。

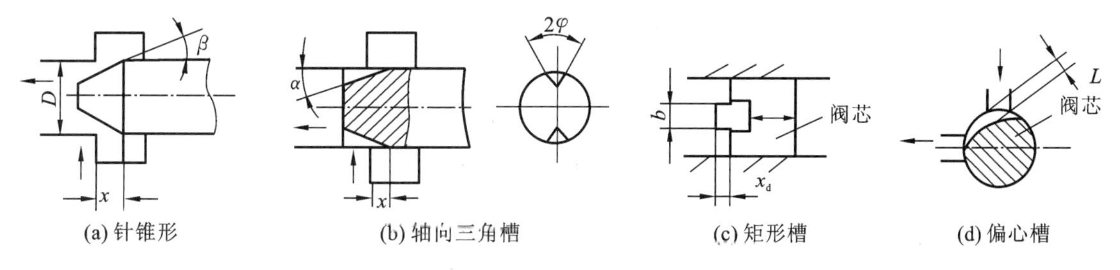

图5-13　常用的节流口结构

针锥形节流口 $A=\pi Dx\sin\beta$，轴向三角槽 $A=x^2\ \sin^2\alpha\tan\varphi$、矩形槽 $A=bx_d$、偏心式 $A=L^2\tan\gamma$（γ 为槽半角）。轴向三角槽式的水力半径大，小流量稳定性好，常在高压阀芯的端部铣出斜面来代替三角槽,因对称布置,液压径向力得到平衡,适用于高压系统。

3. 节流口堵塞及最小稳定流量

节流阀在小开口下工作时,特别是进、出口压差较大时,虽然不改变油温和阀的压差,但流量会出现时大时小的脉动现象,开口越小,脉动现象越严重,甚至在阀口没有完全关闭时就完全断流。这种现象称为节流口堵塞。

产生堵塞的主要原因有以下几点:①油液中的机械杂质或因氧化析出的胶质、沥青、炭渣等污物堆积在节流缝隙处;②由于油液老化或受到挤压后产生带电的极化分子,而节流缝隙的金属表面上存在电位差,故极化分子被吸附到缝隙表面,形成牢固的边界吸附层,吸附层的厚度一般为 5～8 μm,因而影响了节流缝隙的大小,当堆积、吸附物增长到一定厚度时,会被液流冲刷掉,随后又重新吸附在阀口上,这样周而复始,就形成流量的脉动;③阀口压差较大时,因阀口温升高,液体受挤压的程度增强,金属表面也更易受摩擦作用而形成电位差,因此,压差大时容易产生堵塞现象。

减轻堵塞现象的措施有以下几点:①精密过滤(5～10 μm)并定期更换油液;②选择水力半径大的薄刃节流口;③适当选择节流口前后的压差;④采用电位差较小的金属材料、选用抗氧化稳定性好的油液、减小节流口的表面粗糙度等,都有助于缓解堵塞的产生。

节流阀能正常工作的最小流量值称为最小稳定流量。

矩形槽为 10～15 cm^3/min;轴向三角槽为 30～50 cm^3/min;针锥形及偏心槽式节流口因节流通道长,水力半径较小,故其最小稳定流量在 80 cm^3/min 以上。

4. 节流阀流量特性

由图 5-14 可以看出,节流阀的流量受压差变化影响较大;而调速阀的流量就不随调速阀前后的压差的变化而变化(当压差大于一定数值后)。当压差很小时,调速阀和节流阀的性能相同,这是因为压差不足以克服定差减压阀阀芯上的弹簧力,减压阀的阀芯处于最右端,阀口全开,不起减压作用。所以,要使调速阀正常工作,就必须保证有一最小压差(一般调速阀为 0.5 MPa,高压调速阀为 1 MPa)。

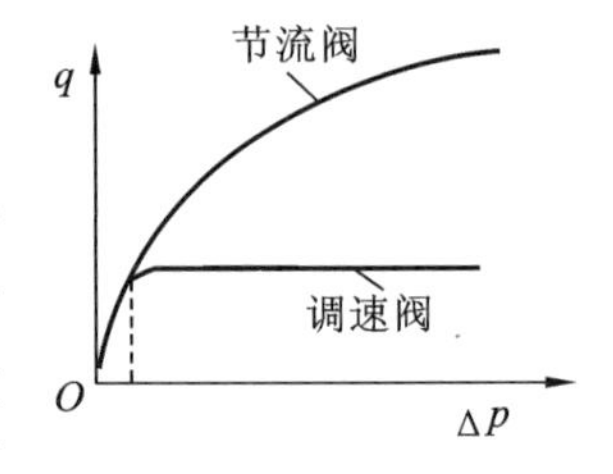

图 5-14 节流阀和调速阀的流量特性

调速阀装在进油路上、回油路上或旁油路上,都可以达到改善速度负载特性使速度稳定性提高的目的。

在结构上采取温度补偿措施的调速阀称为温度补偿调速阀,也是由减压阀和节流阀两部分组成。其特点是节流阀的芯杆(即温度补偿杆)由热膨胀系数较大的材料(如聚氯乙烯塑料)制成,当油温升高时,芯杆热膨胀使节流阀口关小,正好能抵消由于黏性降低时流量增加造成的影响。

二、节流阀

节流阀有固定式节流阀、可调式节流阀、可调式单向节流阀几种。

如图 5-15 所示,具有螺旋曲线开口的阀芯 5 与阀套 3 上的窗口匹配后,构成了具有某种形状的棱边形节流孔。转动手轮 2,螺旋曲线相对阀套窗口升高或降低,从而调节节流口面积的大小,即可实现对流量的精确控制。

由于节流阀的流量不仅取决于节流口面积的大小,还与节流口前后压差有关,节流阀的刚度小,故只适用于执行元件负载变化很小和速度稳定性要求不高的场合。

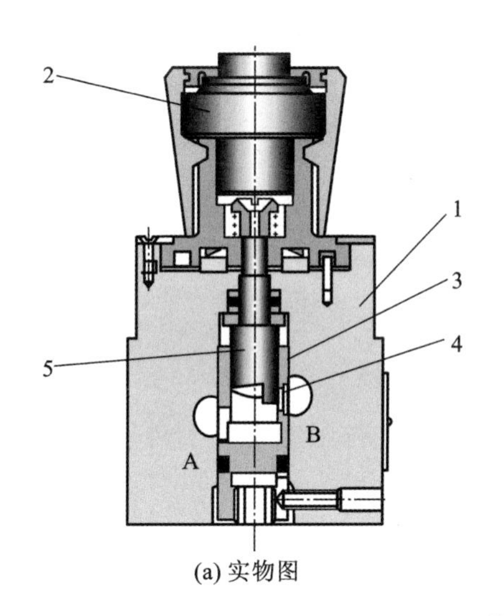

(a) 实物图

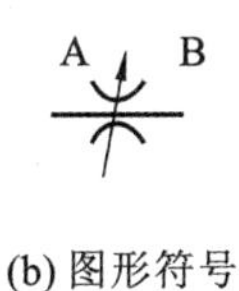

(b) 图形符号

图 5-15 节流阀

1—阀体；2—手轮；3—阀套；4—节流口；5—阀芯

三、调速阀

要求高的节流调速系统，必须进行压力补偿使流量稳定。调速阀是进行了压力补偿的节流阀。

如图 5-16 所示，调速阀由定差减压阀和节流阀串联而成。节流阀前、后的压力 p_2 和 p_3 分别引到减压阀阀芯左、右两端，负载压力 p_3 增大，于是作用在减压阀芯右端的液压力增大，阀芯左移，减压口加大，压降减小，使 p_2 也增大，从而使节流阀的压差（p_2-p_3）保持不变；反之亦然。这就是调速阀的流量恒定不变（不受负载影响）的原理。

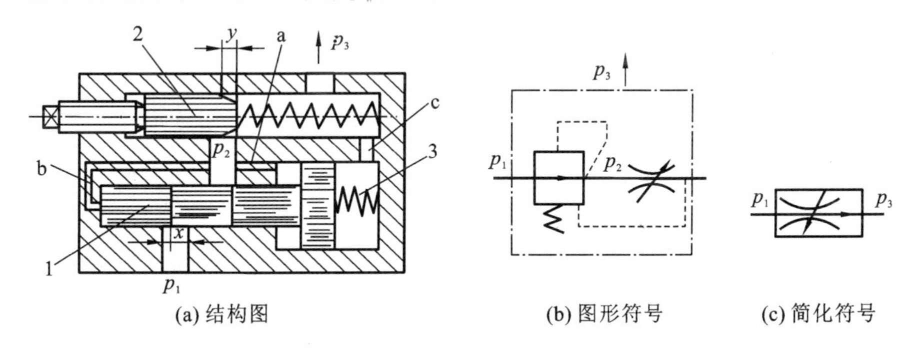

(a) 结构图 (b) 图形符号 (c) 简化符号

图 5-16 调速阀

1—定差减压阀芯；2—节流阀芯；3—弹簧；x—减压口径；y—节流口径；a、b、c—孔口

实验 4 液压阀的拆装清洗

一、实验目的

液压阀是液压系统的重要组成部分，通过拆装液压阀可加深对其结构、工作原理的认识。

(1)认识熟悉各类液压阀的各种外形和铭牌。

(2)加深对液压阀各种零件的形状和作用的理解。

(3)通过亲自拆卸安装,熟悉液压阀拆装程序和拆装技巧。

二、实验设备

(1)溢流阀、换向阀、调速阀等。

(2)卡钳、内六角扳手、固定扳手、螺丝刀、游标卡尺、清洗油。

三、实验内容

拆解各类液压阀,观察及了解各零件在液压阀中的作用,了解各种液压阀的工作原理,按一定的步骤装配各类液压阀。

1. 液压阀的原理图

34D三位四通电磁换向阀如图5-17所示,直动型溢流阀如图5-18所示。

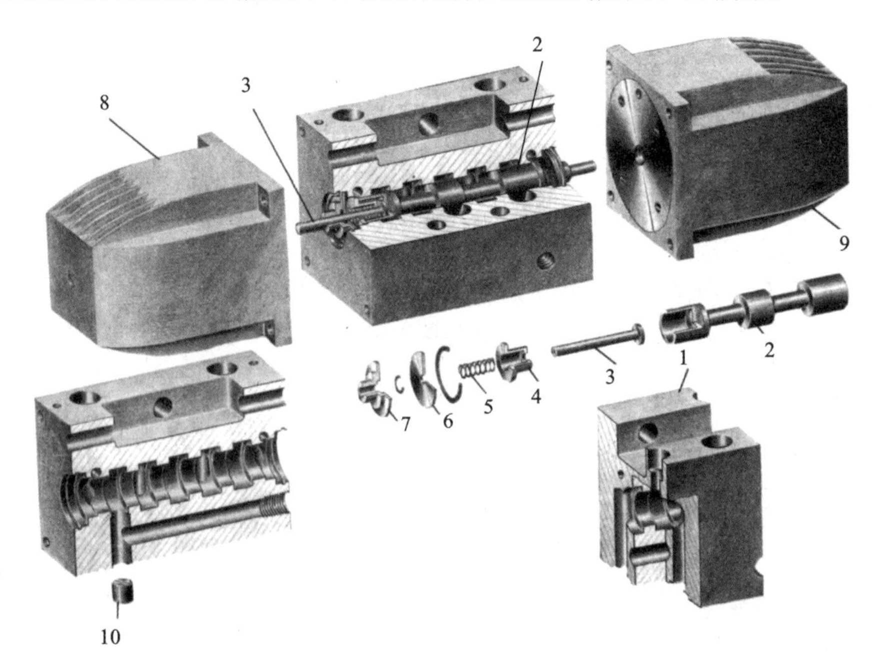

图5-17　34D三位四通电磁换向阀

1—阀体;2—阀芯;3—推杆;4—定位套;

5—弹簧;6、7—挡板;8、9—电磁铁;10—堵头

2. 液压阀的拆装步骤

液压阀的拆装步骤与液压泵拆装步骤相似。

四、练习思考

(1)测绘某一阀的阀芯。

(2)换向阀有几种工作位置?左右电磁铁都不得电时,阀芯靠什么对中?

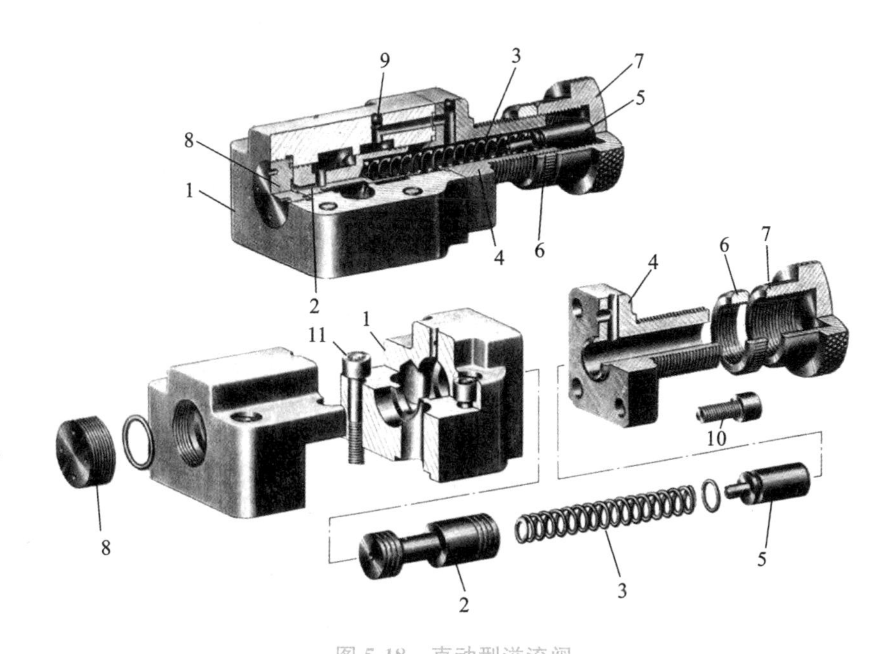

图 5-18　直动型溢流阀

1—阀体；2—阀芯；3—调压弹簧；4—阀盖；5—弹簧座；6—锁紧螺母；
7—调节手轮；8—堵盖；9—堵头；10—连接螺钉；11—螺钉

一、判断题

1. 背压阀的作用是使液压缸的回油腔具有一定的压力，保证运动部件工作平稳。（　　）
2. 与节流阀相比，调速阀的输出流量几乎不随外负载的变化而变化。（　　）
3. 因液控单向阀关闭时密封性能好，故常用在保压回路和锁紧回路中。（　　）
4. 当液控顺序阀的出油口与油箱连接时，称为卸荷阀。（　　）
5. 能使执行油缸锁闭、油泵卸荷的是 H 型三位四通换向阀。（　　）
6. 高压大流量液压系统常采用电液换向阀实现主油路换向。（　　）
7. 系统油压突然升高时，一达到其溢流阀的调定压力，阀即开启。（　　）
8. 先导式溢流阀的主阀弹簧刚度比先导阀弹簧刚度小。（　　）
9. 调速阀是节流阀和定值减压阀串联而成的组合阀。（　　）
10. 电磁溢流阀用于多级压力控制或卸荷。（　　）

二、选择题

1. 液压阀连接方式最常用的是（　　）。

A. 管式　　B. 板式　　C. 法兰式　　D. 插装式

2. 液控单向阀使油液（　　）。

A. 不能倒流　　B. 控制口 K 接通时可倒流

C. 可双向自由流通　　D. 控制口 K 接通时不可倒流

3. 广泛应用的换向阀操纵方式是(　　)式。

A. 手动　　B. 电磁　　C. 液动　　D. 电液动

4. 在下列液压阀中,(　　)不能作为背压阀使用。

A. 单向阀　　B. 溢流阀　　C. 减压阀　　D. 顺序阀

5. 操作比较安全常用于工程机械的液压系统中的是(　　)换向阀。

A. 手动　　B. 机动　　C. 电磁　　D. 电液

6. 滑阀式换向阀的换向原理是由于滑阀相对阀体作(　　)。

A. 轴向移动　　B. 径向移动　　C. 转动　　D. 旋转

7. 可使液压缸锁紧,液压泵卸荷的是(　　)型阀。

A. H　　B. M　　C. Y　　D. P

8. 大流量的系统中,主换向阀应采用(　　)换向阀。

A. 电磁　　B. 电液　　C. 手动

9. 在液压系统图中,与三位阀连接的油路一般应画在换向阀符号的(　　)位置上。

A. 左格　　B. 右格　　C. 中格

10. 压力阀都是利用作用在阀芯上的液压力与(　　)相平衡的原理来进行工作的。

A. 阀芯自重　　B. 摩擦力　　C. 负载　　D. 弹簧力

11. 溢流阀作安全阀用时,主阀芯是(　　)。

A. 全开的　　B. 常闭的　　C. 部分开启　　D. 不一定

12. 溢流阀不起(　　)作用。

A. 安全　　B. 减压　　C. 稳压　　D. 限压

13. 减压阀不用于(　　)。

A. 夹紧系统　　B. 控制油路　　C. 主调压油路　　D. 润滑油路

14. 把溢流阀出油口接入另一工作油路就成为顺序阀,这话(　　)。

A. 完全正确　　B. 完全错误

C. 再泄油口回油箱则正确　　D. 成为减压阀

15. 通常,通过节流口的流量随(　　)改变而调节。

A. 阀口形状　　B. 温度　　C. 通流面积　　D. 压力差

16. 液压系统的最大工作压力为 10 MPa,安全阀的调定压力应(　　) 10 MPa。

A. 等于　　B. 小于　　C. 大于　　D. 不一定

三、问答题

1. 液压阀按结构形式可分为哪六类?

2. 溢流阀的主要用途是什么?

3. 液控单向阀有何作用?

4. 当电液换向阀的主阀为弹簧对中液动阀时,其电磁先导阀为什么采用 Y 型中位机能?电液换向阀的液动阀为 M 型机能,当电磁铁 1YA 或 2YA 通电吸合时,液压缸并不动作,这是什么原因?

5. 画出二位、三位四通电磁换向阀的图形符号。

6. 调速阀有何特点?其工作原理是什么?

7. 比较溢流阀、减压阀、顺序阀的异同点。

8. 夹紧回路如图 5-19 所示，若溢流阀的调整压力 $p_1=3$ MPa，减压阀的调整压力 $p_2=2$ MPa，试分析活塞空载运动时 A、B 两点的压力各为多少？减压阀的阀芯处于什么状态？工件夹紧活塞停止运动后，A、B 两点的压力又各为多少？此时，减压阀芯又处于何种状态？

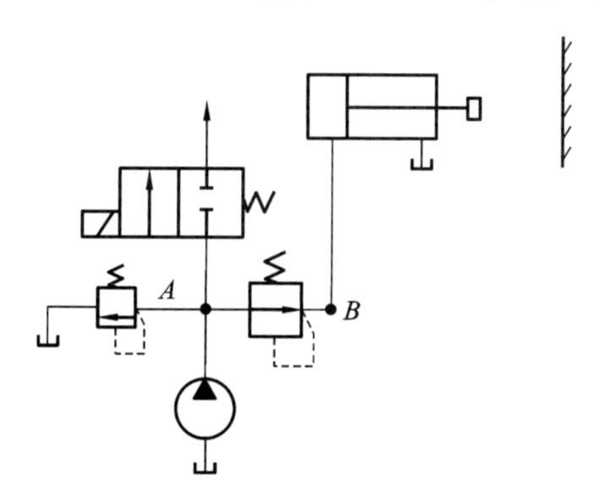

图 5-19　夹紧回路

项目 6
液压辅件

学习重点和要求

(1)掌握液压辅件的功用;

(2)熟悉各液压辅件的工作原理和性能特点;

(3)了解各液压辅件的类型结构及选用。

液压辅件是液压系统的一个重要组成部分,包括过滤器、油箱、蓄能器、压力表、压力继电器、管件、热交换器、密封装置等。液压辅件的合理设计和选用在很大程度上会影响液压系统的效率、噪声、温升和可靠性。

6.1 油 箱

油箱是用来储存液压系统工作所需油液的容器。

一、油箱的功用和型号

油箱的功用有如下几点:(1)储存系统所需的足够油液;(2)散发油液中的热量;(3)逸出溶解在油液中的空气;(4)沉淀油液中的污物。

对中小型液压系统来说,油箱顶板还用于安装泵及一些液压元件。

生产液压泵站的厂家很多,种类繁多,可根据用户的具体要求设计和制造,尚未完全系列化、标准化。目前只有油箱公称容量系列有标准 JB/T 7938—2010,单位为 L:10、25、40、60、80、100、120、160、200、250、315、400、500、600、800、1 000、1 300、1 600、2 000、3 150、4 000、5 000、6 000。油箱的型号有 YZ 型、YG 型、YZS 型、YH 型、SE 型、HYZ 型等多种。

二、油箱的容积

油箱容积 V 可取液压泵额定流量 q 的倍数来估算,即

$$V=mq \tag{6-1}$$

式中:V 的单位为 L;q 的单位为 L/min;低压系统系数 $m=2\sim4$ min,中压系统 $m=5\sim7$ min,高压系统 $m=6\sim12$ min;长、宽、高为 600 mm×500 mm×400 mm。

为使系统回油不致溢出油箱,规定油面高度不超过油箱高度的 4/5 倍。

三、油箱的材料

油箱的材料通常用 2.5~5 mm 碳钢板焊接而成,酸洗后高温喷塑、喷漆,有的油箱内壁还应涂耐油防锈涂料并经防凝水处理,也可采用不锈钢钢板。

四、油箱的典型结构

油箱的结构可分为总体式和分离式两种。前者利用设备机体空腔做油箱,散热性不好,维修不方便;后者布置灵活,维修保养方便。

油箱的形状上除了矩形结构外,还有设计成圆筒形卧式结构,可在卷制的筒体两端焊接标准的椭圆形封头,孔盖在筒体的顶部。

油箱中可设吸油过滤器(有的不设),为方便清洗过滤器,油箱结构在设计时要考虑拆卸方便。油箱箱盖上应安装空气过滤器,其通气流量不小于泵流量的 1.5 倍。油箱底部应设底脚。油箱的典型结构如图 6-1 所示。

五、油箱的设计要点

(1)放油口、清洗窗设置。油箱底部应做成适当斜度,并设置放油塞、阀,以便排油。大油箱还应在侧面设计圆形清洗窗口。

(2)油箱侧壁要安装液位液温计,以指示最高、最低油位和油温。大尺寸油箱要加焊角板、筋条,以增加刚度。

(a) 实物图

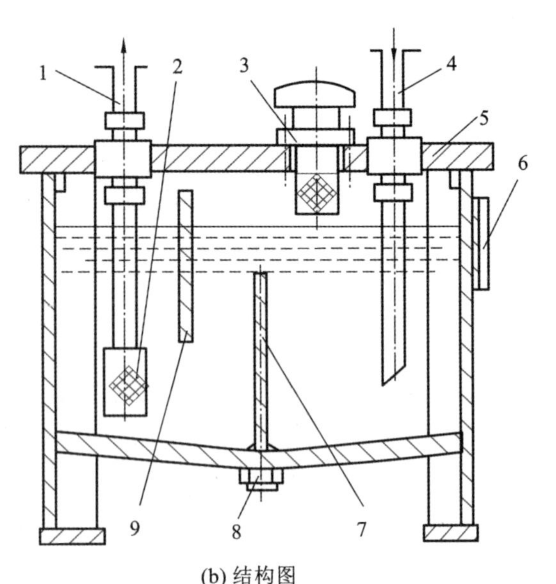

(b) 结构图

图6-1　油箱

1—吸油管；2—网式过滤器；3—空气过滤器；4—回油管；5—顶盖；
6—液位指示器；7、9—隔板；8—放油塞

(3)隔板设置。吸油管与回油管要用隔板分开，增加油液循环的距离，使其有足够的时间分离气泡、沉淀杂质。隔板高度一般取油面高度的3/4。

(4)吸、回、泄油管设置。吸油管距油箱底面距离 $H \geqslant 2D$，距箱壁不小于 $3D$。为防止带入空气，回油管应插入油面以下，距箱底的距离 $h \geqslant 2d$，且与排油口成45°角。泄油管应在油面以上。

(5)蓄能器、油温控制设置。可设蓄能器、热交换器及温度控制器，油箱正常工作温度为15～65℃。

(6)大中型油箱应设起吊钩或起吊孔。为了防止油液被污染，油箱上各盖板、管口处都要妥善密封，注油器上要加装滤油网，通气孔上要装空气过滤器。

6.2　蓄　能　器

蓄能器是液压系统中储存油液压力能的装置，它将系统中的能量转变为压缩能或位能储存起来，当系统需要时，又将压缩能或位能转变为液压或气压等能量释放出来，重新补供给系统。

一、蓄能器的分类与结构、特点

蓄能器按产生液体压力的方式可分为充气式蓄能器、重力式蓄能器和弹簧式蓄能器。

1. 充气式蓄能器

充气式蓄能器最为常用，它是利用气体的压缩和膨胀来储存、释放压力能。充气式蓄能器分为直接接触式和隔离式两种。直接接触式蓄能器，压缩空气直接与液压油接触，气体容易混

入油液，影响工作的稳定性，适用于大流量的低压回路中。常用的隔离式蓄能器有活塞式和气囊式两种。

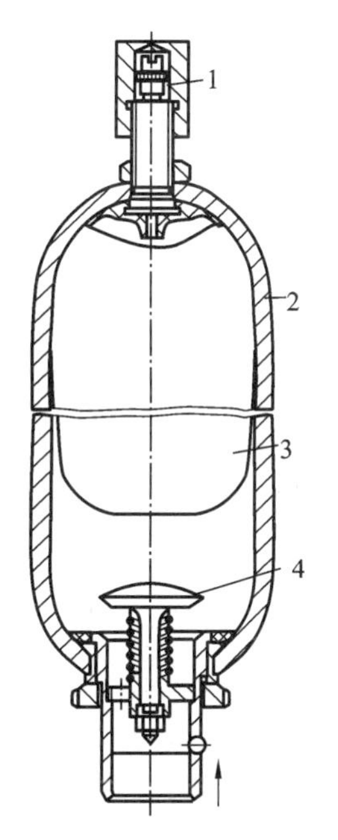

图6-2 气囊式蓄能器
1—充气阀；2—壳体；
3—气囊；4—限位阀

图6-2所示为气囊式蓄能器，气体一般用氮气。气囊3将液体和气体隔开，限位阀4允许液体进、出蓄能器，而防止气囊从油口挤出。充气阀1只在为气囊充气时打开，工作时该阀关闭。

气囊式蓄能器的特点是体积小、质量轻、反应灵敏，可吸收液压冲击和脉动。

气囊式蓄能器应垂直安装，油口向下，以保证气囊的正常收缩。

2. 重力式蓄能器

重力式蓄能器如图6-3所示，它是利用重物的垂直位置变化来储存、释放液压能，产生的压力取决于重物的质量和柱塞面积的大小。

重力式蓄能器的优点是在工作过程中，无论油液进出多少和快慢，均可获得恒定的液体压力，而且结构简单，工作可靠；缺点是体积大、惯性大、反应不灵敏，有摩擦损失。重力式蓄能器常用于固定设备(如轧钢设备)中做蓄能用。

3. 弹簧式蓄能器

弹簧式蓄能器如图6-4所示，它由弹簧、活塞和壳体组成，是利用弹簧的压缩来储存能量。这种蓄能器产生的压力取决于弹簧的刚度和压缩量。

弹簧式蓄能器的特点是结构简单、容量小。这种蓄能器一般用于小流量、低压($p\leqslant$ 1.2 MPa)、循环频率低的场合。

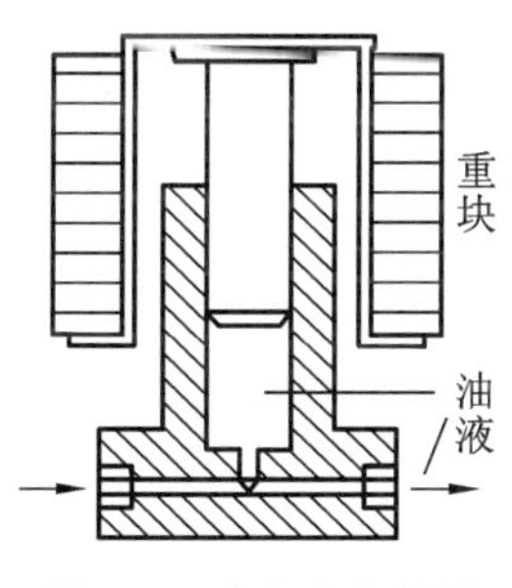

图6-3 重力式蓄能器

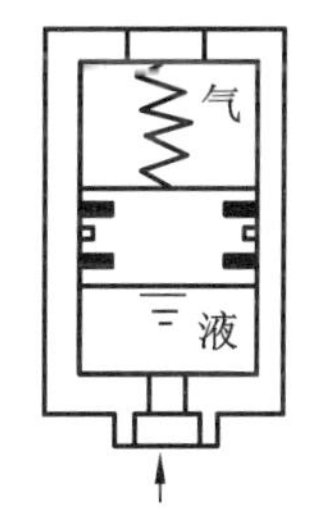

图6-4 弹簧式蓄能器

二、蓄能器的功用

泵的脉动流量会引起压力脉动，会使执行元件的运动速度不均匀，易产生振动、噪声等。在泵的出口处并联一个反应灵敏而惯性小的蓄能器，即可吸收流量和压力脉动，降低噪声。

1. 作辅助动力源

某些液压系统的执行元件是间歇动作，总的工作时间很短，有些液压系统的执行元件虽然不是间歇动作，但在一个工作循环内(或一次行程内)的速度差别很大。在这种系统中设置蓄能器后，即可采用一个功率较小的泵，以减小主传动的功率。

2. 作紧急动力源

对某些系统要求当泵发生故障或停电(对执行元件的供油突然中断)时，执行元件应继续完成必要的动作。例如，为了安全起见，液压缸的活塞杆必须缩到缸内，在这种场合下，需要有适当容量的蓄能器做紧急动力源。

3. 补充泄漏和保持恒压

如遇到执行元件相当长时间不动作，且要保持恒定压力的系统，可用蓄能器1来补偿泄漏，从而使压力恒定；通过卸荷阀2使泵卸荷。蓄能器的应用如图6-5所示。

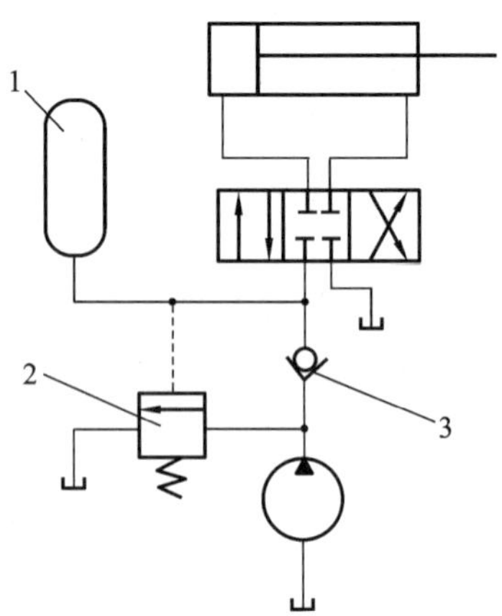

图 6-5 蓄能器的应用

1—蓄能器；2—卸荷阀；3—单向阀

4. 吸收液压冲击

由于换向阀突然换向，液压泵突然停车，执行元件的运动突然停止，甚至人为的需要执行元件紧急制动等原因，都会使管路内的液体流动发生急剧变化，而产生冲击压力(油击)。虽然系统中设有安全阀，但仍然难免产生压力的短时剧增和冲击。

这种冲击压力，往往会引起系统中的仪表、元件和密封装置发生故障甚至损坏或管道破裂，此外还会使系统产生明显的振动。若在控制阀或液压缸冲击源之前装设蓄能器，即可吸收和缓和这种冲击。

三、蓄能器的安装

蓄能器与管路之间应安装截止阀，以便充气检修；蓄能器与泵之间应安装单向阀，防止泵停车或卸载时，蓄能器的压力油倒流回泵内。安装在管路上的蓄能器必须用支架固定。

吸收冲击和压力脉动的蓄能器应尽可能安装在振源附近。

6.3 管道、管接头

一、管件

管件是用来连接液压元件、输送液压油液的连接件。它应保证有足够的强度，没有泄漏，密封性能好，压力损失小，拆装方便。它包括油管和管接头。

常用的油管有钢管、紫铜管、塑料管、尼龙管和橡胶软管等，应根据液压装置工作条件和压力大小来选择油管。油管内径 d 的选取应以降低流速、减少压力损失为前提；管壁厚 δ 不仅与工作压力有关，还与管子材料有关。

油管的内径 d 的计算公式如下：

$$d \geqslant 2\sqrt{\frac{q}{\pi v}} = 1\,130\sqrt{\frac{q}{v}} \tag{6-2}$$

式中：v 为允许流速，单位为 m/s，其中压力管取 3～6 m/s(压力高、流量大、管道短时取大值)，回油管管道取 2 m/s 左右，吸油管一般取 1～2 m/s；q 为管道使用的额定流量，单位为 m^3/s。

计算内径 d 后，查液压设计手册，确定壁厚 δ 的大小，即

$$\delta \geqslant pdn/2\sigma_b \tag{6-3}$$

式中：p 为工作压力，单位为 MPa；σ_b 为钢管抗拉强度，单位为 MPa，铜管$[\sigma] \leqslant 25$ MPa；n 为安全系数，p 为 0～7 MPa、7～17.5 MPa、大于 17.5 MPa 三段时，n 分别取 8、6、4。

油管安装时应避免有过多的弯曲，布置位置要适当，必要时要将油管加以固定，以免产生不必要的振动。另外，油管应尽可能短而直，弯曲角度应尽量小。

压力管道推荐用 15、20 号冷拔无缝钢，在 $p_n = 8$～31.5 MPa 时，选用 15 号钢；卡套式管接头采用高级精度冷拔钢管；焊接式管接头采用普通级精度的钢管。

二、管接头

管接头是油管与油管、油管与液压元件间的可拆卸的连接件。液压系统的泄漏问题大部分出现在管路的接头上。

管接头的种类很多，按与阀体连接方式可分为螺纹式和法兰式；按接头螺纹的不同可分为国家标准米制锥螺纹和普通细牙螺纹连接；按通路的不同可分为直通、角通、三通、四通；按与油管连接的不同可分为卡套式、焊接式、扩口式、快速接头等，如表 6-1 所示。

表 6-1 管接头的类型

类　型	结构名称	原理特点	标准号
扩口式管接头	1—接头体；2—接管；3—螺母；4—导套	利用管子端部或导套扩口进行密封。用于铜管、薄壁管件等，压力达 5～16 MPa	GB 5653—2008
卡套式管接头	1—接头体；2—接管；3—螺母；4—卡套；5—组合密封圈	利用卡套 4 变形卡住管子进行密封。应用广泛，压力达 31.5 MPa，用于高压冷拔钢管	GB 3765—2008

续表

类　型	结构名称	原理特点	标准号
焊接式管接头	1—接头体;2—接管;3—螺母;4—密封圈;5—组合密封圈	利用接管与管子焊接,有密封圈4、5,压力达31.5 MPa。用于高压厚壁钢管	JB/T 6386—2007
快换接头	1、9—挡圈;2、10—接头体;3、7、12—弹簧;4、11—单向阀芯;5—密封圈;6—外套;8—钢球	内带单向阀,管子拆开后可自行密封,可接头拆装,但压力损失较大。压力达31.5 MPa	GB/T 5860—2003

6.4 其他辅件

一、压力表

压力表是测量压力最常用的仪器,品种有常用的弹簧管式压力表(见图6-6)、精密压力表、点接点压力表、微压表、高压表和真空表等。

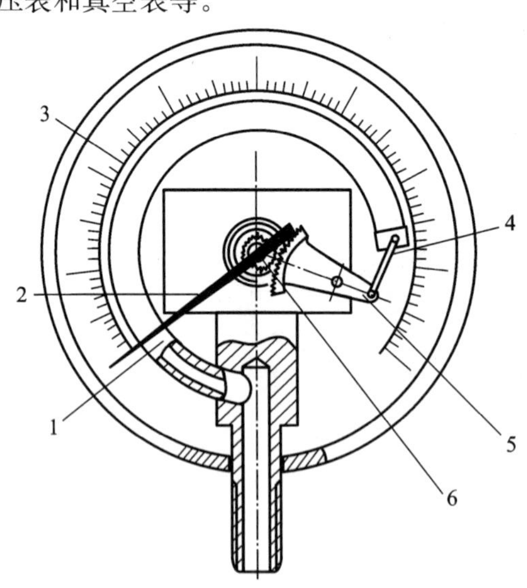

图6-6　弹簧管式压力表

1—弹簧管;2—指针;3—刻度盘;4—杠杆;5—伞齿轮;6—小齿轮

二、压力继电器

压力继电器是一种将液压系统的压力信号转换为电信号的液电转换元件。

图 6-7 所示为柱塞式压力继电器，其主要组成零件包括柱塞、顶杆、调节螺母、微动开关等。压力油作用在柱塞下端，液压力直接与弹簧力比较。当液压力大于或等于弹簧力时，柱塞向上移，压下微动开关触头，发出电信号，使电气元件（如电磁铁、电动机、时间继电器、电磁离合器等）动作，起安全保护作用等。反之，微动开关触头复位。改变弹簧的压缩量，可以调节继电器的动作压力。

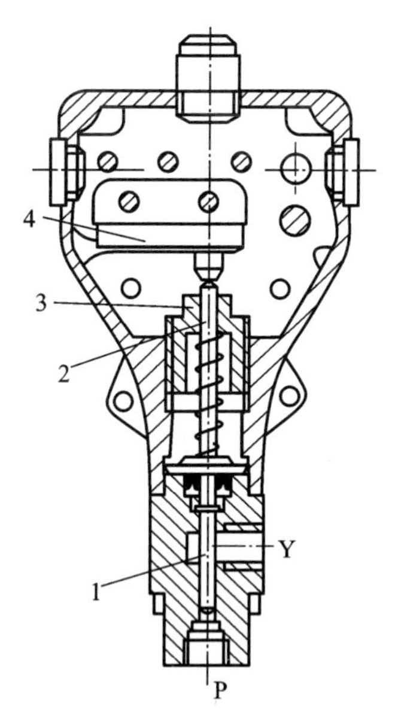

图 6-7　柱塞式压力继电器

1—柱塞；2—顶杆；3—调节螺母；4—微动开关

压力继电器用于数控机床的油压启动，泵的启闭、卸荷、安全保护，控制执行元件的顺序动作等。

注意：压力继电器必须放在压力有明显变化的压力油路才能输出电信号。

压力继电器按结构特点分为柱塞式、弹簧管式、膜片式和波纹管式四种结构形式。

三、冷却器、加热器

液压系统的能量损失转换为热量，使油液温度升高。若长时间油温过高，油液黏度会下降，泄漏增加，密封老化，油液氧化，会严重影响系统的正常工作。为保证正常工作温度在 20～65℃，需要在系统中安装冷却器。相反，油温过低，油液黏度过大，设备启动困难，压力损失加大并引起较大的振动，则应安装加热器，由温度控制器控制。

对冷却器的要求：有足够的散热面积、散热效率高、压力损失小。根据不同的冷却介质，冷却器可分为风冷式、水冷式和制冷式三种，如表 6-2 所示。

表 6-2　冷却器种类、特点、冷却效果

	种　　类	特　　点	冷却效果
水冷却式	列管式可分为固定折板式、浮头式、双重管式、U 形管式、立式、卧式等	冷却水从管内流过，油从列管间流过，中间折板使油折流，并采用双程或四程流动，强化冷却效果	散热效果好，散热系数可达 350～580 W/(m^2·C)
	波纹板式可分为人字波纹式、斜波纹式等	利用板式人字或斜波纹结构叠加排列形成的接触点，使液流在流速不高的情况下形成紊流，提高散热效果	散热效果好，散热系数可达 230～815 W/(m^2·C)
风冷却式	风冷式、间接式、固定式、浮动式、支撑式和悬挂式等	用风冷却油，结构简单，热阻小，换热面积大，使用、安装方便	散热效率高，油散热系数可达 116～175 W/(m^2·C)

续表

	种　　类	特　　点	冷却效果
制冷式	机械制冷式可分为箱式、柜式	利用氟利昂制冷原理把液压油中的热量吸收、排出	冷却效果好,冷却温度控制较方便

蛇形管水冷却式冷却器,图 6-8(a)所示为蛇形管水冷却器的结构图,图 6-8(b)所示为蛇形管水冷却器的图形符号。

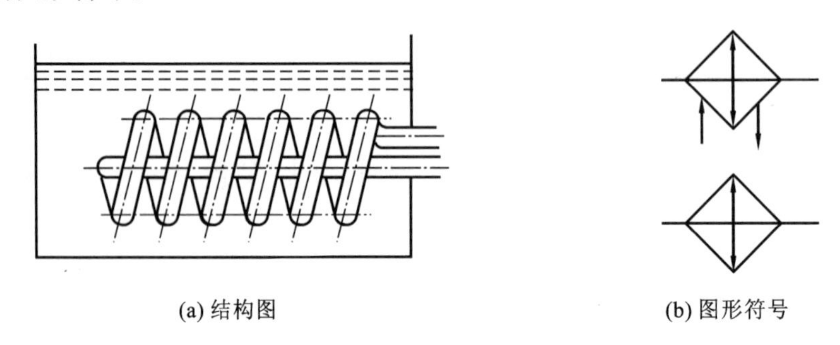

(a) 结构图　　(b) 图形符号

图 6-8　蛇形管水冷却器

图 6-9 所示为冷却器的安装示意图。

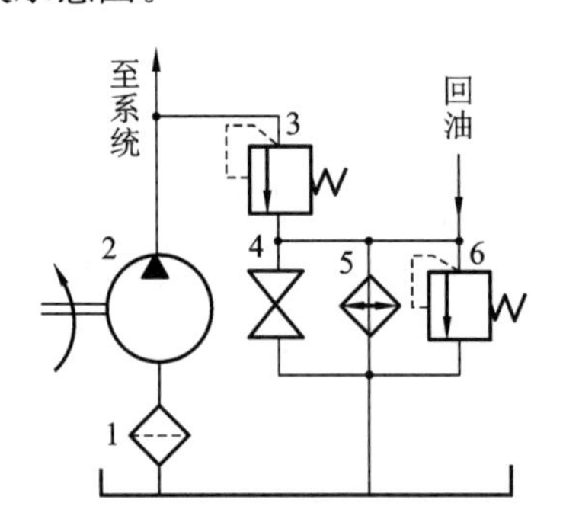

图 6-9　冷却器的安装示意图

1—过滤器;2—单向定量液压泵;3、6—直动型溢流阀;
4—截止阀;5—冷却器

加热器有用热水或蒸气加热和用电加热两种方式。电加热器的结构图如图 6-10(a)所示,电加热器的图形符号如图 6-10(b)所示。

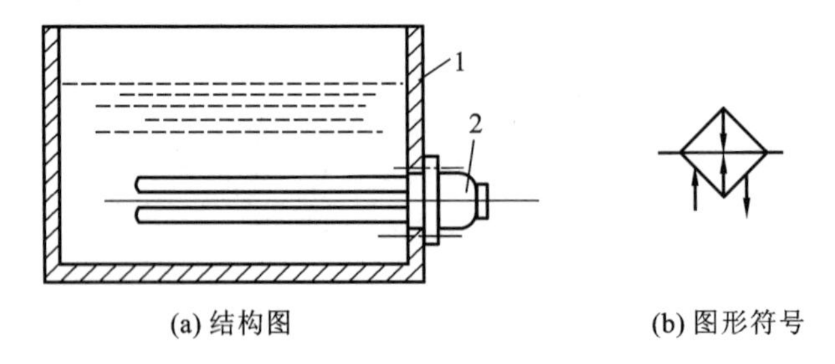

(a) 结构图　　(b) 图形符号

图 6-10　加热器

1—油箱;2—电加热器

一、选择题

1. 油箱的主要作用是(　　)。

A. 储油　　B. 散热　　C. 沉淀杂质　　D. 分离油中空气

2. 油箱中吸回油管口应切成(　　)。

A. 30°　　B. 45°　　C. 80°　　D. 60°

3. 反应灵敏应用最广泛的蓄能器是(　　)蓄能器。

A. 活塞式　　B. 气囊式　　C. 重锤式　　D. 弹簧式

4. 气囊式蓄能器中所充气体采用(　　)。

A. 氮气　　B. 空气　　C. 氧气　　D. 氢气

5. 在压力较高的管道中优先采用(　　)。

A. 焊接钢管　　B. 冷拔无缝钢管　　C. 紫铜管　　D. 高压橡胶管

6. 超高压液压系统可选用(　　)。

A. 焊管　　B. 无缝钢管　　C. 高压橡胶管　　D. 合金钢管

7. 滤去杂质直径 $d=5\sim10\ \mu m$ 的是(　　)滤油器。

A. 粗　　B. 普通　　C. 精　　D. 特精

8. 滤油器能够滤除杂质颗粒的公称尺寸称(　　)。

A. 过滤效果　　B. 过滤精度　　C. 通油能力　　D. 过滤范围

9. 不需要滤芯芯架的是(　　)过滤器。

A. 烧结式　　B. 线隙式　　C. 网式　　D. 纸芯式

10. 推广使用高精度过滤器(　　)。

A. 没有必要　　B. 仍发生"链式反应"

C. 可延长泵、马达寿命 4～10 倍　　D. 意义不大

二、问答题

1. 油箱的功用是什么?

2. 油箱的设计要点是什么?

3. 蓄能器可分为哪几种? 怎样对其进行充气?

4. 液压缸为什么要密封? 哪些部位需要密封? 常见的密封方法有哪几种?

项目 7
液压基本回路

学习重点和要求

(1)掌握液压基本回路的类型、作用和工作原理;

(2)熟悉各液压基本回路的性能特点。

设备中的任何液压系统都是由一些基本回路组成的。液压基本回路是指由一些液压元件构成的能实现某种规定功能的典型回路。液压基本回路按功能可分为方向控制回路、压力控制回路、速度控制回路、多缸控制回路。熟悉掌握基本回路是维护、管理、设计液压系统的基础。

7.1 方向控制回路

在液压系统中，通过控制进入执行元件液流的通断或变向，以便实现执行元件的启动、停止或改变运动方向的回路称为方向控制回路。常用的方向控制回路有换向回路、锁紧回路、制动回路和浮动回路等。

一、换向回路

在泵与执行元件之间采用换向阀就可以使执行元件换向。

单作用液压缸用二位三通换向阀可使其换向。

图7-1(a)所示为手动换向阀的换向回路。该回路可实现液压缸的右进、停留及后退。

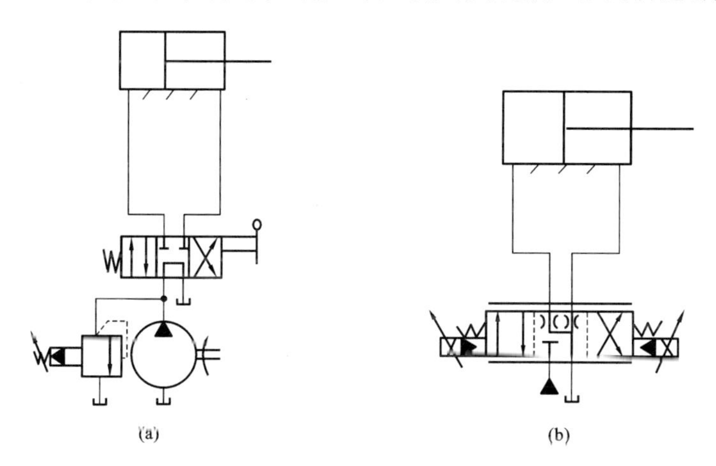

图7-1 手动、电液比例伺服方向节流阀的换向回路

图7-1(b)所示为电液比例伺服方向节流阀的换向回路。该回路可实现液压缸的换向、速度加速度控制、启动和制动，可简单地在比例放大器中调节，可靠简单，代替了复杂的开关阀组，用于热轧钢卷步进链运输机等。

二、锁紧回路

切断锁紧回路的进、出油路，使执行元件准确地停留在原定位置上的回路称为锁紧回路。O型或M型三位阀中位可实现锁紧，但锁紧精度不高。

图7-2所示为使用两个液控单向阀(又称双向液压锁)的锁紧回路，它能在缸不工作时使活塞迅速、平稳、可靠且长时间被锁住，不会因外力而移动。液控单向阀锁紧回路的动作循环表如表7-1所示。

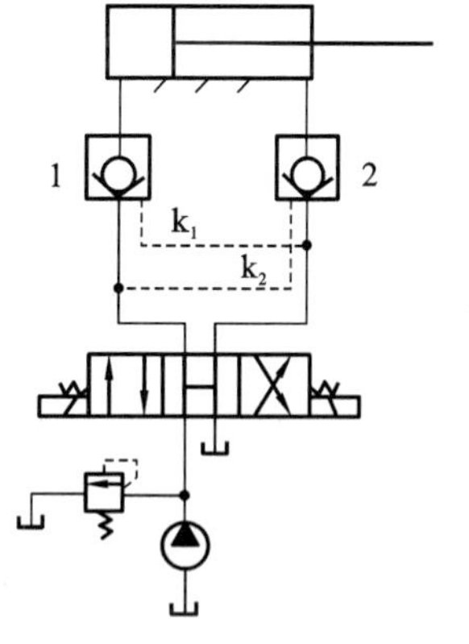

图7-2 锁紧回路

1、2—液控单向阀

表 7-1　液控单向阀锁紧回路的动作循环表

序号	动作名称	1YA	2YA	液控单向阀 1	液控单向阀 2
1	向右工进	＋	－	导通＋	导通＋
2	向左退回	－	＋	导通＋	导通＋
3	锁紧、卸荷	－	－	切断－	切断－

三、浮动回路

浮动回路是把执行元件的进、出油路连通或同时接通油箱，借助于自重或负载的惯性力，使其处于无约束地自由浮动状态。

图 7-3 所示为采用 H 型(或 P 型、Y 型)三位四通阀的浮动回路。

图 7-4 所示为采用二位二通阀 2 实现起重机吊钩马达浮动回路。当二位二通阀 2 的下位接回路时，马达浮动，起重机吊钩在自重作用下不受约束地快速下降(即“抛钩”)。若有外泄漏，单向阀 4(或 5)可自动补油，以防止空气进入。对于径向柱塞式液压马达外壳就处于浮动状态，用于起重机械，能实现抛钩，用于行走机械，可以滑行。

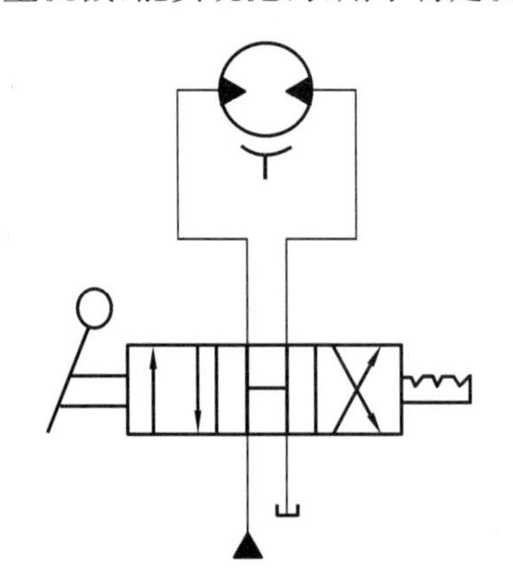

图 7-3　H 型三位四通阀的浮动回路

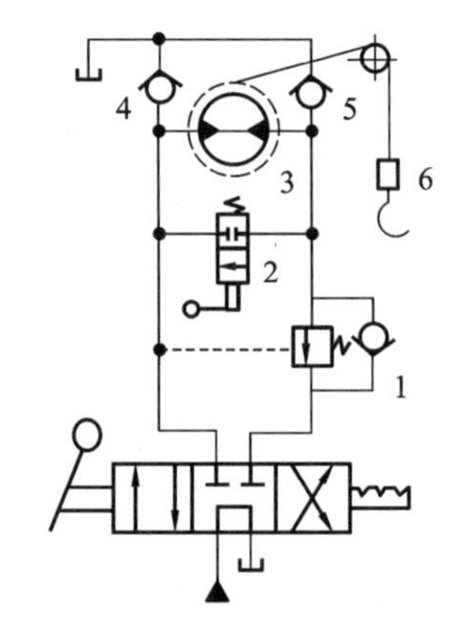

图 7-4　二位二通阀的浮动回路

1—平衡阀；2—二位二通阀；3—马达；4、5—单向阀；6—吊钩

四、制动回路

使液压执行元件平稳地由运动状态转换为静止状态的回路称为制动回路。制动回路要求制动快、冲击小，制动过程中油路出现的异常高压和负压能自动有效地被控制。

制动回路一般用溢流阀。如图 7-5 所示，在缸两侧油路上设置有反应灵敏的小型直动型溢流阀 2 和溢流阀 4，换向阀切换时，活塞在溢流阀 2 和溢流阀 4 调定压力之下实现制动。如活塞向右运动换向阀突然切换，缸右腔油液由于运动部件的惯性而突然升高，当压力超过溢流阀 4 的调定压力，溢流阀 4 打开溢流，缓和管路中的液压冲击，同时缸的左腔通过单向阀 3 进行补油。

活塞向左运动，由溢流阀 2 和单向阀 5 起缓冲和补油作用。

缓冲溢流阀 2 和溢流阀 4 的调定压力比先导型溢流阀 1 调定压力高 5%～10%。

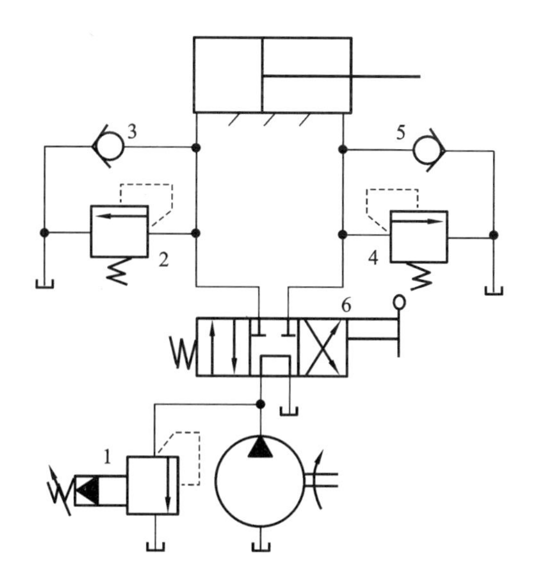

图 7-5 用溢流阀液压缸制动回路

1—先导型溢流阀；2、4—溢流阀；3、5—单向阀；6—三位四通换向阀

7.2 压力控制回路

压力控制回路是利用压力控制阀来控制整个系统或局部支路的压力，以满足执行元件对力和转矩的要求的回路。

压力控制回路包括调压回路、卸荷回路、减压回路、平衡回路、保压回路、增压回路、泄压回路等。

一、调压回路

调定和限制液压系统整体或某一部分的最高工作压力，或者使执行机构在工作过程的不同阶段实现多级压力变换的回路称为调压回路。

在泵的出口处并联溢流阀可调节系统的最高压力，为单级调压回路。如并联比例溢流阀，可通过改变输入电流来实现远距离无级或程控调压。

1. 多级调压回路

先导型溢流阀 1 的遥控口串联三位四通换向阀 4 和远程调压阀 2、3。当三位四通换向阀为中位时，系统压力由先导型溢流阀 1 调定。三位四通换向阀换向到左位或右位，系统压力由远程调压阀 2 或远程调压阀 3 决定，得到 p_2 和 p_3 两种压力，但其调定压力须符合 p_2、$p_3<p_1$。多级调压回路如图 7-6 所示。多级调压回路的动作循环表如表 7-2 所示。

2. 双向调压回路

如图 7-7 所示，当处于图示位置时，油缸左行，系统压力由压力较低的溢流阀 B 调定。油缸右行时，系统压力由溢流阀 A 调定。

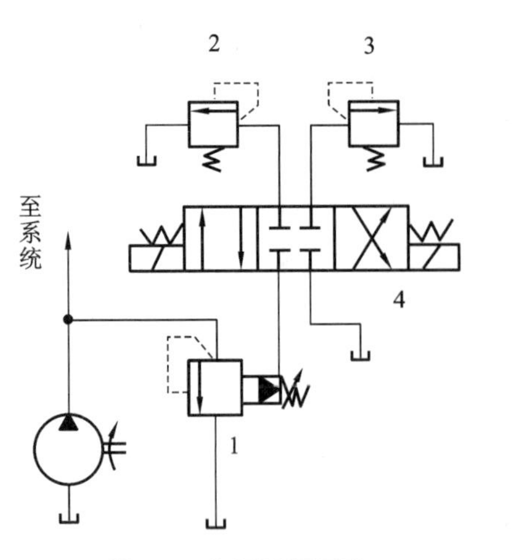

图 7-6　多级调压回路

1—先导型溢流阀；2、3—远程调压阀；

4—三位四通换向阀

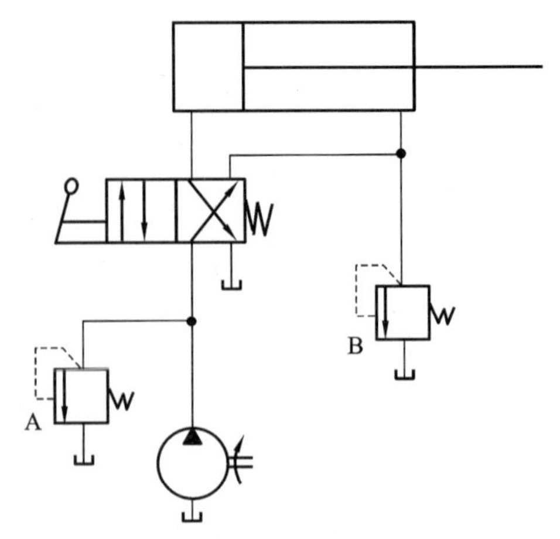

图 7-7　双向调压回路

表 7-2　多级调压回路的动作循环表

序　　号	动 作 名 称	1YA	2YA	起作用的阀
1	1 级压力	+	−	阀 2
2	2 级压力	−	+	阀 3
3	3 级压力(高)	−	−	阀 1

二、减压回路

减压回路的功用是使系统中的某一部分油路具有较低的稳定压力，如图 7-8 所示。夹紧缸压力低于主油路压力，由比例减压阀 1 和溢流阀 2(更低)调定压力；另外还采用比例减压阀来实现无级减压。

为了使减压回路工作可靠，减压阀的调定压力最高至少比系统压力小 0.5 MPa，最低不应小于 0.5 MPa。当需要调速时，调速元件应放在比例减压阀的下端，以避免比例减压阀泄漏对执行元件的速度产生影响。

三、卸荷回路

卸荷回路是液压泵输出功率近似为零的回路。卸荷回路的功用是使泵的驱动电动机不频繁启停，以减少功率损失和系统发热，延长泵和电动机的使用寿命。液压泵在压力或流量接近为零时运转。

1. 换向阀的卸荷回路

图 7-9 所示为利用二位二通换向阀使泵卸荷。在图 7-9(b)中的 M(或 H、K)型换向阀处于中位时，可使泵卸荷，但切换压力冲击大，适用于低压小流量的系统。对于高压大流量的系统，可采用 M 型(或 H 型、K 型)电液换向阀对泵进行卸荷，所以，切换时压力冲击小，但必须使系统保持0.2～0.3 MPa 的压力，供控制油路用。

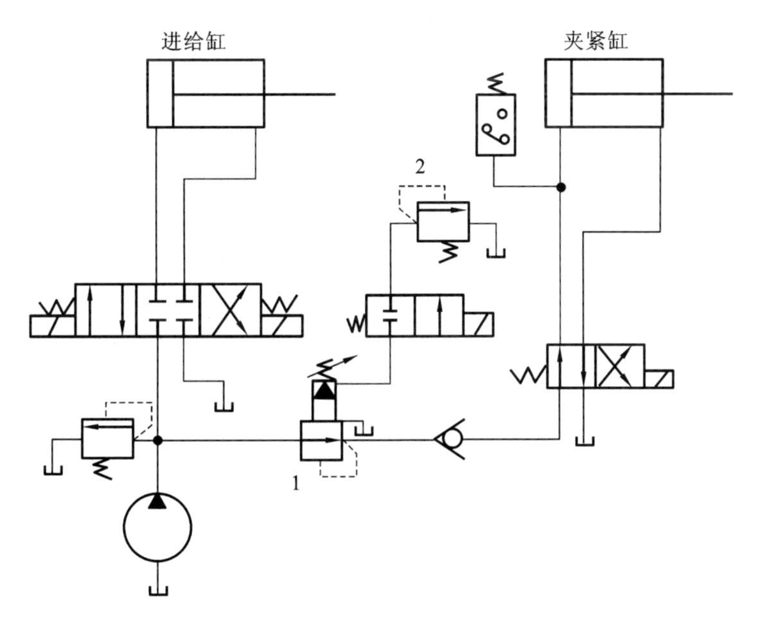

图 7-8 二级减压回路

1—比例减压阀；2—溢流阀

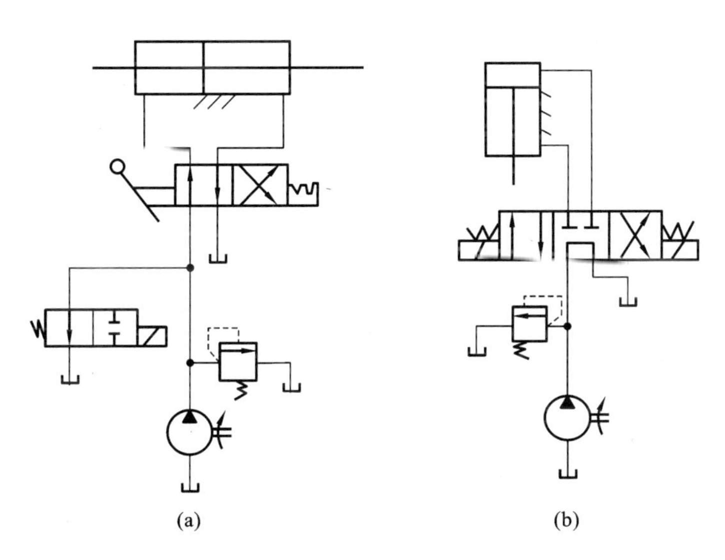

图 7-9 换向阀的卸荷回路

2. 电磁溢流阀的卸荷、保压回路

如图 7-10 所示，溢流阀的遥控口直接与二位二通电磁换向阀(称电磁溢流阀)相连，便构成卸荷回路。

这种回路的卸荷压力小，切换时冲击也小；二位二通电磁换向阀只需通过很小的流量，规格尺寸可选得小些，所以这种卸荷方式适合流量大的系统。

在双泵供油回路中，可利用顺序阀做卸荷阀的卸荷回路。

另外，大功率时还可采用变量泵的卸荷回路。

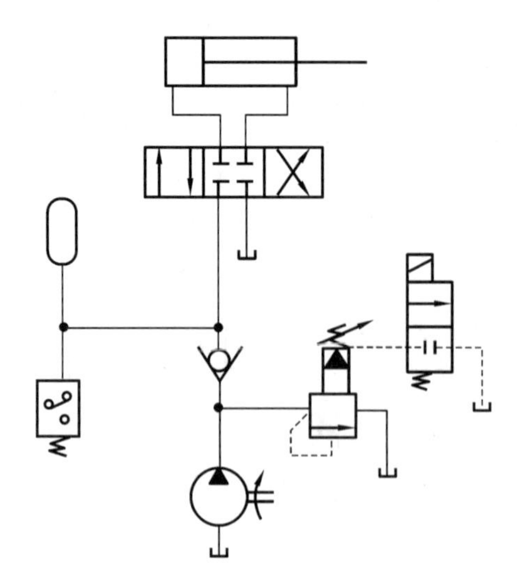

图 7-10　电磁溢流阀的卸荷、保压回路

四、平衡回路

为了防止立式液压缸及其工作部件因自重而自行下落，或者在下行运动中由于自重而造成失控失速的不稳定运动，可设置平衡回路。图 7-11 所示为用单向外控顺序阀、单向节流阀限速，用液控单向阀锁紧的平衡回路。

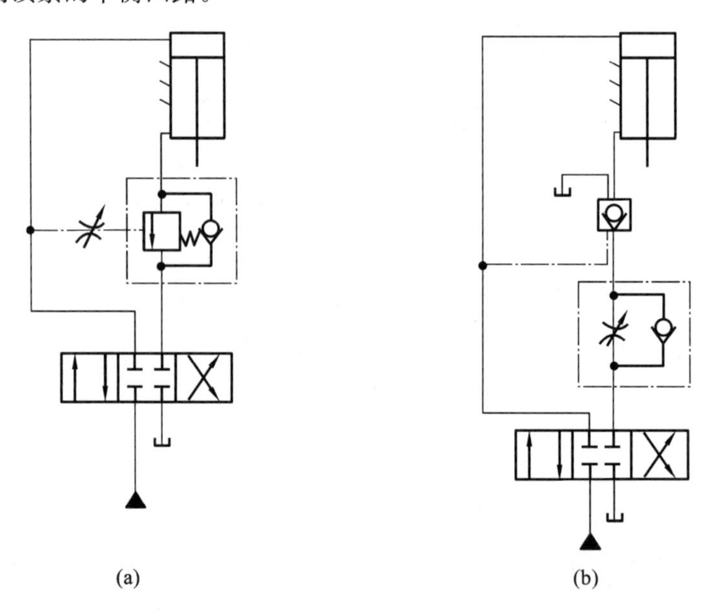

图 7-11　平衡回路

五、保压回路

执行元件在工作循环的某一阶段内，若需要保持规定的压力，就应采用保压回路。

图 7-12 所示为利用蓄能器的多缸系统保压回路，进给缸快进时，泵压下降，单向阀 3 关闭，把夹紧油路和进给油路隔开。蓄能器 5 用来给夹紧缸保压并补充泄漏油液。压力继电器 4 的

作用是夹紧缸压力达到预定值时发出信号，从而使进给缸动作。

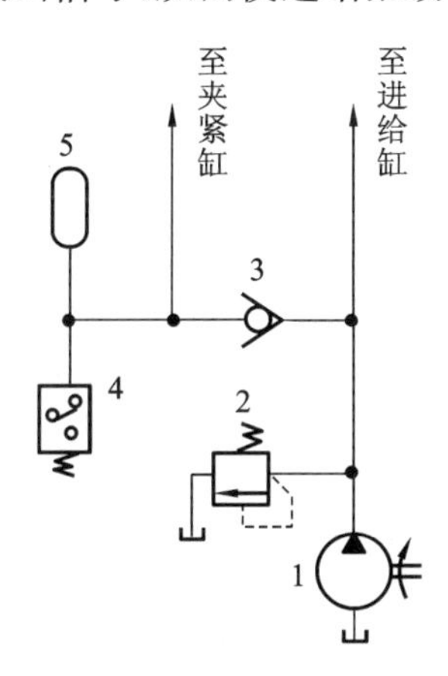

图 7-12 蓄能器的保压回路

1—单向定量液压泵；2—溢流阀；3—单向阀；4—压力继电器；5—蓄能器

7.3 速度控制回路

速度控制回路是调节和变换执行元件速度的回路。速度控制回路包括调速回路、快速回路和速度换接回路三种。调速回路是调节执行元件运动速度的回路，包括节流调速回路、容积调速回路和容积节流调速回路。快速回路是使执行元件快速运动的回路。速度换接回路是变换执行元件运动速度的回路。

液压缸的速度 $v=q/A$，液压马达的转速 $n=q/V_m$，节流调速回路是用定量泵供油系统，调节流量控制阀来改变输入或输出执行元件的流量 q 来调速的回路。

容积调速回路是改变液压泵（马达）的排量 V_m 来调速的回路。

容积节流调速回路是同时调节泵的排量和流量控制阀来调速的回路。

一、节流调速回路

节流调速回路按流量控制阀安放位置的不同，分为进油节流阀调速回路、回油节流阀调速回路和旁路节流阀调速回路三种。

1. 进油节流阀调速回路

进油节流阀调速回路将节流阀串联在泵与缸之间，即构成进油节流阀调速回路，如图 7-13(a)所示。泵输出的油液一部分经节流阀进入缸的工作腔 A_1，多余的油液经溢流阀流回油箱，泵的出口压力 p_p 保持恒定。调节节流阀的通流面积 A，即可改变通过节流阀的流量，从而调节液压缸的运动速度。

选常用的单活塞杆液压缸分析，稳定时，流量连续性方程

$$q_p=q_1+\Delta q$$

活塞缸受力平衡方程

$$p_1A_1=F$$

节流阀压力流量方程

$$q_1=CA\sqrt{\Delta p}=CA\sqrt{\left(p_p-\frac{F}{A_1}\right)}\text{(薄壁孔公式)}$$

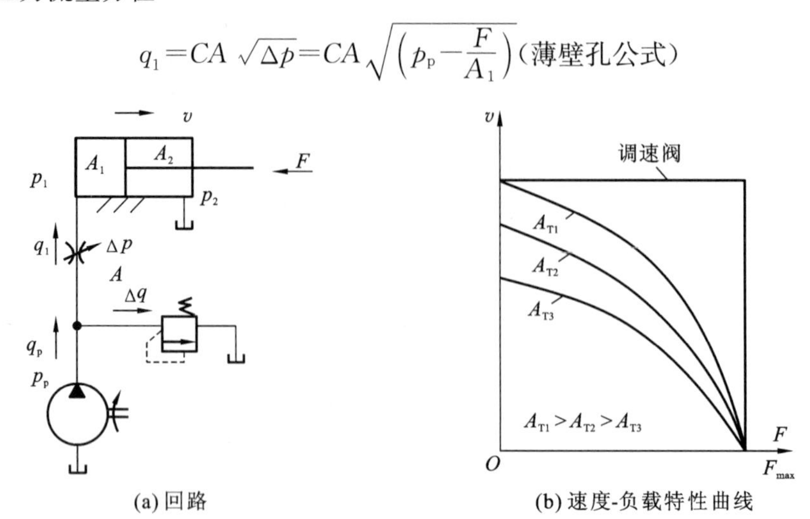

(a) 回路　　(b) 速度-负载特性曲线

图 7-13　进油节流阀调速回路

速度-负载特性方程

$$v=\frac{q_1}{A_1}=C\frac{A}{A_1}\sqrt{\left(p_p-\frac{F}{A_1}\right)} \tag{7-1}$$

式中：p_1、p_2分别为缸的进油腔和回油腔压力(由于回油通油箱，$p_2\approx 0$)；A_1、A_2分别为缸的进油腔和回油腔有效工作面积；Δp 为节流阀两端的压差$=p_p-p_1=p_p-F/A_1$；F 为缸的负载；q_1 为通过节流阀的流量；p_p为泵的出口压力；A 为节流阀孔口截面面积；C 为系数，$C=C_q\sqrt{\frac{2}{\rho}}$。

(1)按式(7-1)选用不同的 A 值，可作出一组速度-负载特性曲线〔见图 7-13(b)〕，无级调速范围大，速比可达 100。

(2)速度随负载变化的程度称为速度刚度，其值等于该点的斜率。曲线越陡，负载变化对速度的影响越大，即速度刚度越小，该点的速度稳定性差。节流阀流通面积 A 一定时，重载区比轻载区的速度刚度小；在相同负载下工作时，节流阀通流面积大的比面积小的速度刚度小，即速度高时速度刚度差。

(3)最大负载为 $F_{max}=p_pA_1$。多条特性曲线交汇于横坐标轴上的一点，该点对应的 F 值即为最大负载，此时缸停止运动($v=0$)。

(4)回路的效率 $\eta=\frac{P_1}{P_p}=\frac{p_1q_1}{p_pq_p}$较低，有溢流和节流损失，效率一般为 0.2～0.6。负载变化大时，最大效率为 0.385。

(5)进油节流阀调速回路适用于轻载、低速、负载变化不大和对速度稳定性要求不高的小功率场合。

2. 回油节流阀调速回路

如图 7-14 所示，将节流阀串联在缸的回油路上，即构成回油调速回路。

流量连续性方程

$$q_p=q_1+\Delta q$$

活塞缸受力平衡方程

$$p_p A_1 = p_2 A_2 + F$$

节流阀压力流量方程

$$q_2 = CA\sqrt{\Delta p} = CA\sqrt{p_2}$$

速度-负载特性方程

$$v = \frac{q_2}{A_2} = C\frac{A}{A_2}\sqrt{\left(\frac{A_1}{A_2}p_p - \frac{F}{A_2}\right)} \tag{7-2}$$

式中，q_2 为通过节流阀的流量；其他符号意义与式(7-1)相同。

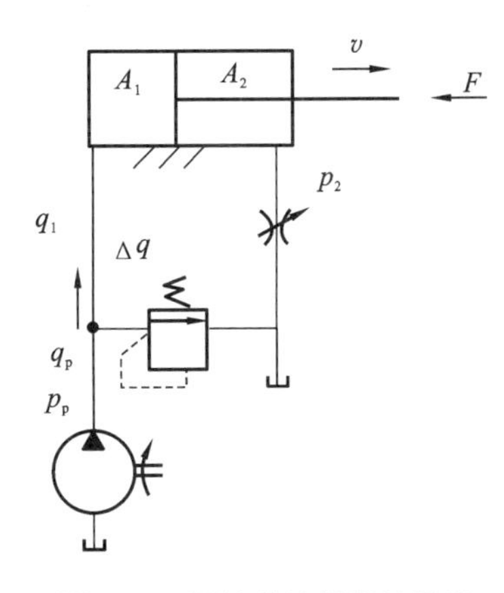

图 7-14　回油节流阀调速回路

回油与进油节流阀调速的速度-负载特性及速度刚度基本相同，若缸两腔有效面积相同(双出杆腔)，则速度-负载特性和速度刚度就完全一样。进油和回油两种调速回路不同之处如下。

(1)速度平稳性。回油调节回路的节流阀使缸的回油腔形成一定的背压($p_2 \neq 0$)，因而能承受负值负载，并提高了缸的速度平稳性。

(2)发热及泄漏。发热及泄漏对进油节流阀调速的影响均大于回油节流阀调速的影响。进油节流阀发热后的油液进入缸的进油腔，回油节流阀发热后的油液直接流回油箱冷却。

(3)低速稳定性。若回路使用单杆缸，无杆腔进油流量大于有杆腔回油流量。故在缸径、缸速相同的情况下，进油节流阀调速回路的节流阀开口较大，低速时不易堵塞，能获得更低的稳定速度。

(4)启动性能。长期停车后缸内油液会流回油箱，当泵重新向缸供油时，在回油节流阀调速回路中，由于进油路上没有节流阀控制流量，会使活塞向前冲；而在进油节流阀调速回路中，一般活塞不会前冲。

(5)压力控制。进油调速回路容易实现压力控制。当工作部件在行程终点碰到死挡铁后，缸的进油腔油压会上升到调定压力，利用这个压力变化，可使并联于此处的压力继电器发出信号，对系统的下步动作实现控制。

(6)为了提高回路的综合性能，一般采用进油节流阀调速，并在回油路上加流量阀或背压阀，使其兼具两者的优点。

3. 旁路节流阀调速回路

把节流阀接在溢流阀与执行元件并联的旁油路上可构成旁路调速回路，如图 7-15(a)所示。通过调节节流阀的通流面积 A 来控制流回油箱的流量 Δq，即可实现调速。由于溢流已由节流阀承担，故溢流阀实为安全阀，常态时关闭，过载才打开，其调定压力为最大工作压力的 1.1～1.2倍，故泵工作过程中压力随负载的变化而变化，须考虑内泄漏 Δq_p。

设泵的理论流量为 q_{pt}，泵的泄漏系数为 K_L，其他符号意义同前，则缸的运动速度为

$$v = \frac{q_1}{A_1} = \frac{q_{pt} - \Delta q_p - \Delta q}{A_1} = \frac{q_{pt} - K_L\dfrac{F}{A_1} - CA\sqrt{\dfrac{F}{A_1}}}{A_1} \tag{7-3}$$

按式(7-3)选取不同的 A 值可作出一组速度-负载特性曲线〔见图 7-15(b)〕。由速度-负载特性曲线可见，当节流阀通流面积 A 一定而负载 F 增加时，速度 v 下降较前两种回路更为严

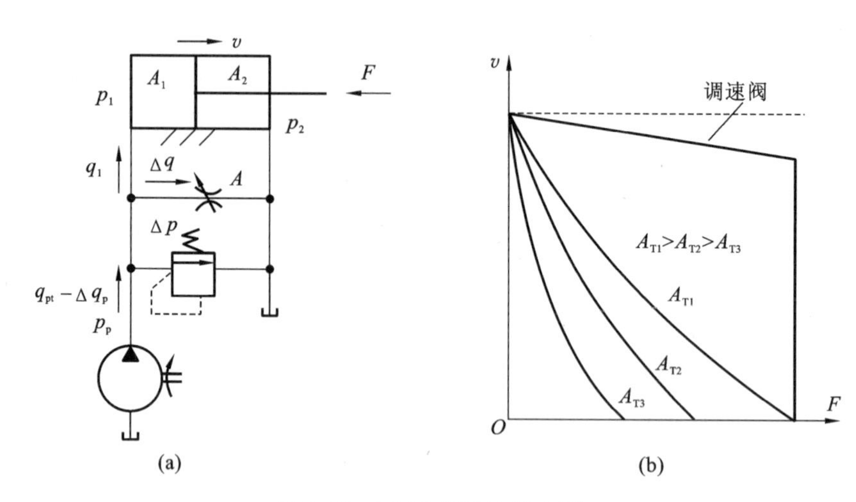

图 7-15　旁油节流阀调速回路

重，即特性很软，速度稳定性很差；在重载高速时，速度刚度较好，这与前两种回路恰好相反。其最大承载能力随节流阀通流面积 A 的增加而减小。即旁路节流调速回路的低速承载能力很差，调速范围也小。故其应用比前两种回路少，只用于高速、重载、对速度平稳性要求不高的较大功率的系统中，如牛头刨床主运动系统、输送机械液压系统等。

旁路节流阀调速回路只有节流损失而无溢流损失；泵压随负载变化，即节流损失和输入功率随负载而增减，因此，旁路节流阀调速回路比前两种回路的效率高。

4. 采用调速阀的节流调速回路

节流阀调速回路中节流阀两端的压差随负载的变化而变化，故速度刚度、速度平稳性差。

用调速阀代替节流阀，由于调速阀本身能在负载变化的条件下保证节流阀进、出油口间的压差基本不变，通过的流量也基本不变，所以，回路的速度-负载特性得到了改善，旁路节流调速回路的承载能力也不因活塞速度降低而减小，但压差应大于 0.5 MPa，如图 7-13 和图 7-15 所示。

二、容积调速回路

通过改变泵或马达的排量来进行调速的方法称为容积调速。其主要优点是没有节流损失和溢流损失，因而效率高，系统温升小，适用于高速大功率调速系统。容积调速回路根据油液的循环方式可分为开式回路和闭式回路两种。在开式回路中，从油箱吸油，执行元件的回油直接回油箱，油液能得到较好的冷却，但油箱体积大，空气和脏物容易混入回路，影响正常工作。

在闭式回路中，执行元件的回油腔直接与泵的吸油腔相连，结构紧凑，只需很小的补油箱，空气和脏物不易混入回路，但油液的散热条件差，为了补充泄漏，并进行换油和冷却，需设补油泵（其流量为主泵的 10%～15%，压力为 0.3～0.5 MPa）。

1. 变量泵-缸容积调速回路

图 7-16(a)所示为变量泵-缸容积调速回路，改变单向变量液压泵 1 的油液排量可实现对单活塞杆缸的无级调速。单向阀 3 用来防止停机时油液倒流入油箱和空气进入系统。油缸活塞速度为

$$v=\frac{q_{pt}-K_L\dfrac{F}{A_1}}{A_1} \tag{7-4}$$

各参数符号意义同前，调节单向变量液压泵的输出流量 q_{pt}，得到不同的活塞速度，如图 7-16(b)所示，由于泵泄漏量随负载 F 的增大而增大，速度刚度仍较差。

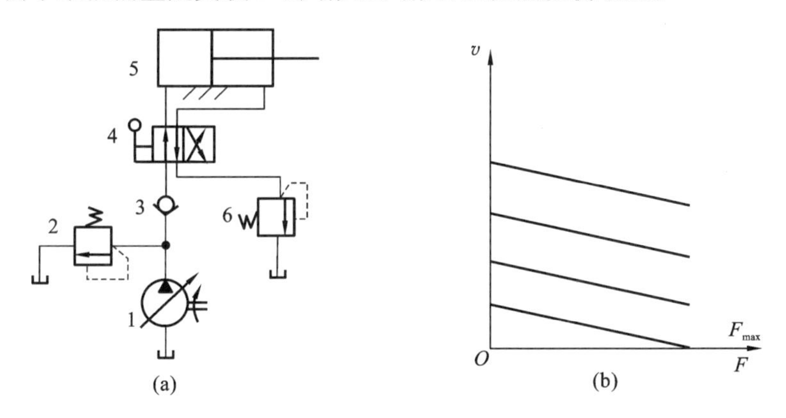

图 7-16　变量泵-缸容积调速回路

1—单向变量液压泵；2、6—溢流阀；3—单向阀；4—二位四通换向阀；5—单活塞杆缸

2. 变量泵-定量马达回路

图 7-17 所示为变量泵-定量马达容积调速回路，此回路为闭式回路。单向定量液压泵（补油泵）1 将冷油送入回路，而从溢流阀 3 流入回路为多余的热油。

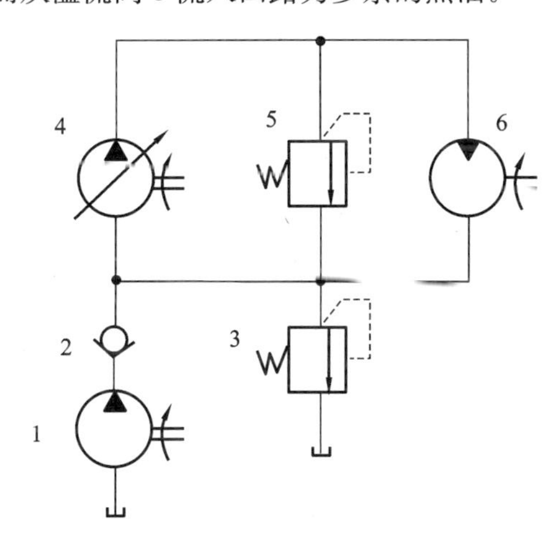

图 7-17　变量泵-马达容积调速回路

1—单向定量液压泵；2—单向阀；3、5—溢液阀；4—单向变量液压泵；6—单向定量马达

不计损失时，马达输出的转速、转矩、功率为

$$n_M = \frac{q_{pt}}{V_M} \qquad T_M = p_p V_M / 2\pi \qquad P_M = p_p V_M n_M$$

改变单向变量液压泵 4 流量 q_{pt}，可使单向定量马达 6 的转速 n_M和功率 P_M成比例变化。单向定量马达的转矩 T_M和回路的工作压力 p 都由负载转矩决定，不因调速的改变而发生变化，故称这种回路为等转矩调速回路。

由于泵和执行元件都有泄漏，速度刚度要受负载变化的影响。所以，当 q_{pt}还未调到零值时，实际的 n_M、T_M和 P_M都已为零值。这种回路若采用高质量的轴向柱塞变量泵，其调速范围 R_p可达 40，当采用变量叶片泵，R_p仅为 5～10。

3. 定量泵-变量马达回路

如图7-18所示为定量泵-变量马达容积调速回路，这种回路的 p 和 q 均为常数，改变 V_M 时，T_M 与 V_M 成正比变化，n_M 与 V_M 成反比(按双曲线规律)变化。当 V_M 减小到一定程度，T_M 不足以克服负载时，单向变量马达便停止转动。不仅不能在运转过程中用改变 V_M 的办法使单向变量马达通过 $V_M=0$ 来实现反向，而且其调速范围 R_M 也很小，即使采用了高效率的轴向柱塞马达，R_M 也只有4左右。在不考虑定量泵和变量马达效率变化的情况下，由于定量泵的最大输出功率不变，故在改变 V_M 时，变量马达的输出功率 P_M 也不变，故称这种回路为恒功率调速回路。这种回路能最大限度发挥原动机的作用，要保证输出功率为常数，变量马达的调节系统应是一个自动的恒功率装置，其原理就是保证变量马达的进、出口压差 Δp_M 为常数。

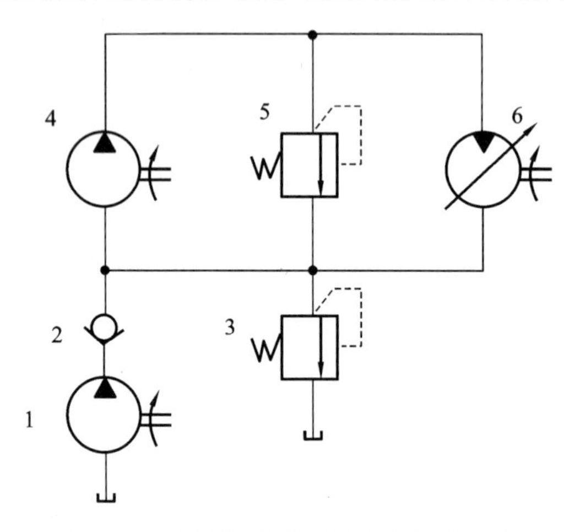

图7-18 定量泵-变量马达容积调速回路

1、4—单向定量液压泵；2—单向阀；3、5—溢流阀；6—单向变量马达

4. 变量泵-变量马达回路

图7-19所示为双向变量液压泵和双向变量马达的容积调速回路。双向变量液压泵1正、反向供油，双向变量马达6就正、反向旋转。单向阀2、3的作用是始终保证单向定量液压泵(做补油泵)8的油液只能进入双向变量液压泵的低压腔，单向阀4、5使溢流阀(做安全阀)9在两个方向都起过载保护作用。

该回路中，变量泵的排量 V_p 和变量马达的排量 V_M 都可调节，马达的调速范围得到扩大。

变量马达的转速 n_M 由低速向高速调节时，低速阶段应将 V_M 固定在最大值上，改变 V_p 使其从小到大逐渐增加，n_M 也由低向高增大，直到 V_p 达到最大值。在此过程中，变量马达最大转矩 T_M 不变，而 P_M 逐渐增大，这一阶段为等转矩调速，调速范围为 R_p。

高速阶段时，应将 V_p 固定在最大值上，V_M 由大变小，而 n_M 继续升高，直至达到变量马达允许的最高转速为止。在此过程中，T_M 由大变小，而 P_M 不变，这一阶段为恒功率调节，调节范围为 R_M。这样的调节顺序，可以满足大多数机械在低速时能保持较大转矩，高速时能输出较大功率的要求。这种调速回路，实际上是上述两种调速回路的组合，其总调速范围为上述两种回路调速范围之乘积，即 $R=R_p\times R_M$。

另有由多泵组合或由多马达组合(起重机的起升机构上，两马达轴固联)的容积式分级调速回路。

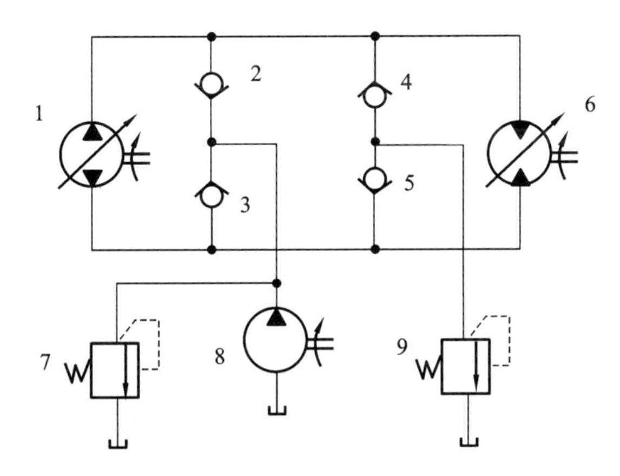

图 7-19 变量泵-变量马达容积调速回路

1—双向变量液压泵；2、3、4、5—单向阀；6—双向变量马达；7—低压溢流阀；8—单向定量泵；9—溢流阀（安全阀）

三、容积节流调速回路

容积节流调速回路是变量泵和流量控制阀组合而成的调速回路。这种调速回路没有溢流损失，效率高，发热少，速度稳定性也比单纯的容积调速回路得到提高。

图 7-20(a)所示为单向变量泵（做限压）1 与调速阀 2 组成的容积节流调速回路。为获得更低的稳定速度，调速阀常放在进油路上，空载时单向变量泵以最大流量进入缸 6 使其快进。进入工进时，二位二通换向阀 3 应通电使其所在油路断开，压力油经调速阀 2 流入缸内。缸 6 的运动速度由调速阀中节流阀的通流面积 A 来控制。单向变量泵的输出流量 q_p 和出口压力 p_p 自动与缸 6 所需流量 q_1 相适应匹配。工进结束后，压力继电器 5 发出信号，使二位二通换向阀 3 和二位四通换向阀 4 换向，调速阀再被短接，缸 6 快退。溢流阀 7 起背压作用，$\Delta p = p_p - p_1$。

图 7-20(b)中的 ABC 为限压式变量叶片泵的压力流量特性曲线，CDE 为调速阀某一开度流量 q_1 与两端压差 Δp 的关系曲线，交点 F 为回路的工作点。此回路速度刚性好，速度稳定性高，因变量泵的压力为一定值 p_p，故称此回路为定压式容积节流调速回路。

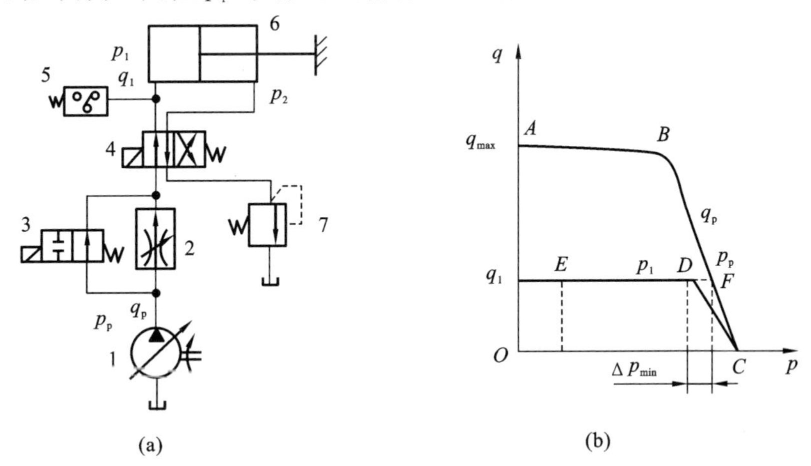

图 7-20 限压式变量泵与调速阀调速回路

1—单向变量液压泵；2—调速阀；3—二位二通换向阀；4—二位四通换向阀；
5—压力继电器；6—单活塞杆缸；7—溢流阀

四、速度换接回路

速度换接回路的功用是使执行元件在一个工作循环中,从一种运动速度变换到另一种运动速度。

1. 快速与慢速的换接回路

图 7-21 所示为用行程阀的快慢速度换接回路。在图示状态下,单活塞杆缸 7 快进,当活塞杆上的挡块压下行程阀 6 时,单活塞杆缸右腔油液经可调节流阀 4 流回油箱,活塞转为慢速工进;当二位二通换向阀 2 右位接入回路时,活塞快速返回。该回路的优点是速度换接过程比较平稳,换接点位置精度高;缺点是行程阀的安装位置不能任意布置。若将行程阀改为电磁阀,通过挡块压下电气行程开关来操纵,则其平稳性和换接精度均不如行程阀好。

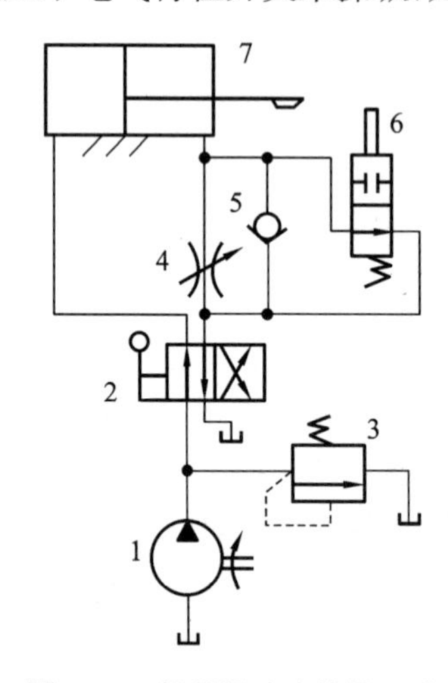

图 7-21 行程阀速度换接回路

1—单向定量液压泵;2—二位四通换向阀;3—溢流阀;4—可调节流阀;5—单向阀;6—行程阀;7—单活塞杆缸

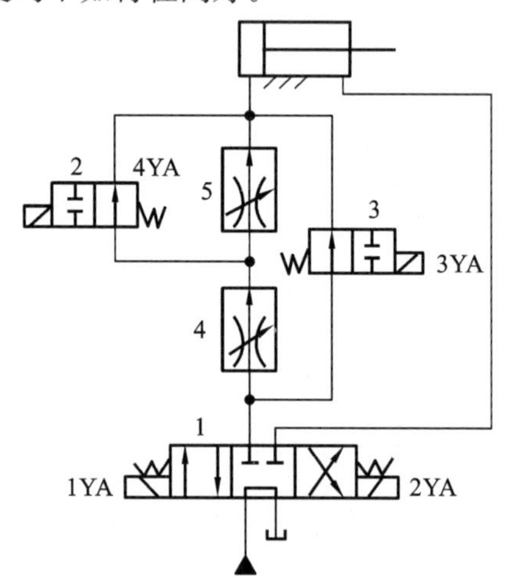

图 7-22 两调速阀串联的速度换接回路

1—三位四通电磁阀;2、3—二位电磁阀常断;4、5—调速阀

2. 两种不同慢速的换接回路

图 7-22 所示为两调速阀串联的速度换接回路,调速阀 5 调速比调速阀 4 要小。两调整阀串联的速度换接回路的动作循环表如表 7-3 所示。

表 7-3 两调整阀串联的速度换接回路的动作循环表

序号	动作名称	1YA	2YA	3YA	4YA	起作用的阀
1	缸快进	+	—	—	—	阀 3
2	缸慢进 1	+	—	+	—	阀 4、2
3	缸慢进 2	+	—	+	+	阀 5
4	缸快退	—	+	—	—	阀 3
5	缸原位	—	—	—	—	阀 1

图 7-23(a)中两调速阀并联的速度换接回路,由二位电磁阀 3 换接,两调速阀各自独立调节

流量，互不影响；但一个调速阀工作时，另一个调速阀无油液通过，其减压阀在最大开口位置，速度换接时大量油液通过该处使执行元件突然向前冲。

图 7-23(b)所示回路的速度换接平稳性较好。

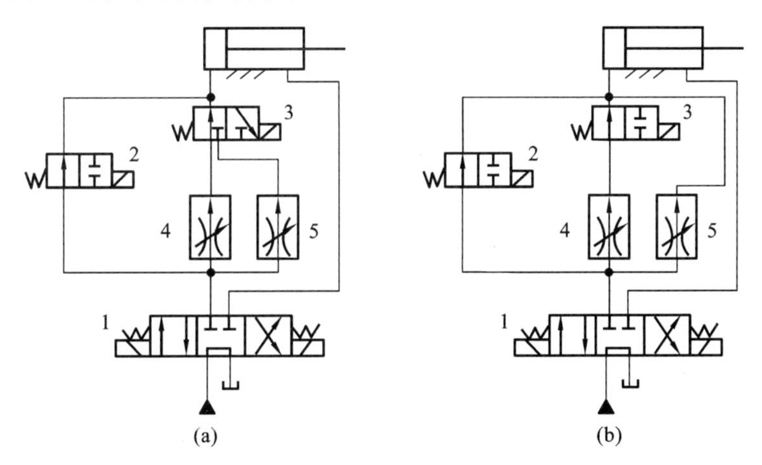

图 7-23　两调速阀并联的速度换接回路

1—三位四通电磁换向阀；2、3—二位电磁阀；4、5—调速阀

另外，快速回路的功用是加快执行元件的空载运行速度，以提高系统的工作效率，常用差动缸、蓄能器、双泵供油的方法。

7.4　多缸动作回路

一个液压源给多个执行元件供油，通过压力、流量、行程控制来实现多执行元件预定动作要求的回路称为多缸动作回路。多缸动作回路有顺序动作回路、同步回路、互不干扰回路、多路换向阀控制回路等。

一、顺序动作回路

1. 行程开关顺序动作回路

图 7-24 所示为用行程开关控制的顺序动作回路。当换向阀 1YA 得电换向时，缸 A 右行完成动作①；缸 A 触动行程开关 1S，使换向阀 2YA 得电换向，缸 B 右行完成动作②；当缸 B 右行至触动行程开关 2S，使换向阀 1YA 失电时，缸 A 左行返回，实现动作③；缸 A 触动 3S 使 2YA 断电，缸 B 返回完成动作④；缸 B 触动 4S 使泵卸荷或引起其他动作，完成一个动作循环。行程开关顺序动作回路的动作循环表如表 7-4 所示。

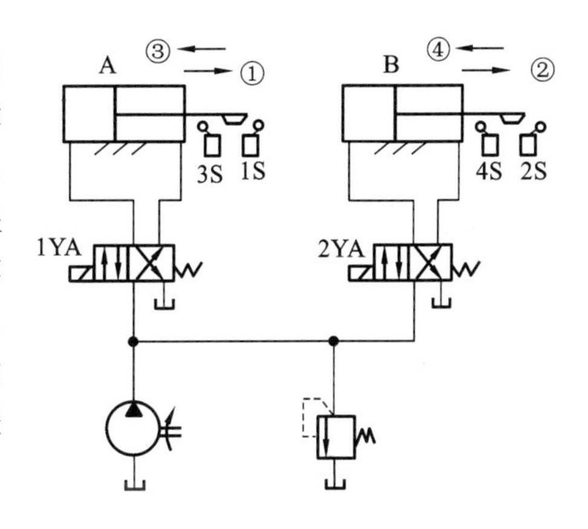

图 7-24　行程开关顺序动作回路

表 7-4　行程开关顺序动作回路的动作循环表

序号	动作名称	1YA	2YA	行程开关1	行程开关2	行程开关3	行程开关4
1	缸A工进	+	−	导通+	切断−	−	−
2	缸B工进	+	+	导通+	导通+	−	−
3	缸A退回	−	+	切断−	导通+	导通+	−
4	缸B退回停止	−	−	切断−	切断−	导通+	导通+

2. 行程阀顺序动作回路

图7-25所示为用行程阀控制的顺序动作回路，在图示状态下，A、B两缸的活塞均在左端。当YA得电换向，使换向阀C左位工作，缸A右行，完成动作①；挡块压下行程阀D后换向，缸B左行，完成动作②；YA失电换向后，缸A先运动，实现动作③；随着挡块后移，行程阀D复位，缸B退回实现动作④，完成一个动作循环。

3. 压力继电器顺序动作回路

图7-26所示为压力继电器(或顺序阀)的压力控制顺序动作回路。当1YA得电，换向阀左位接入回路，缸A实现动作①；缸A行至终点后压力上升，压力继电器J_1发出信号使3YA得电，缸B实现动作②。

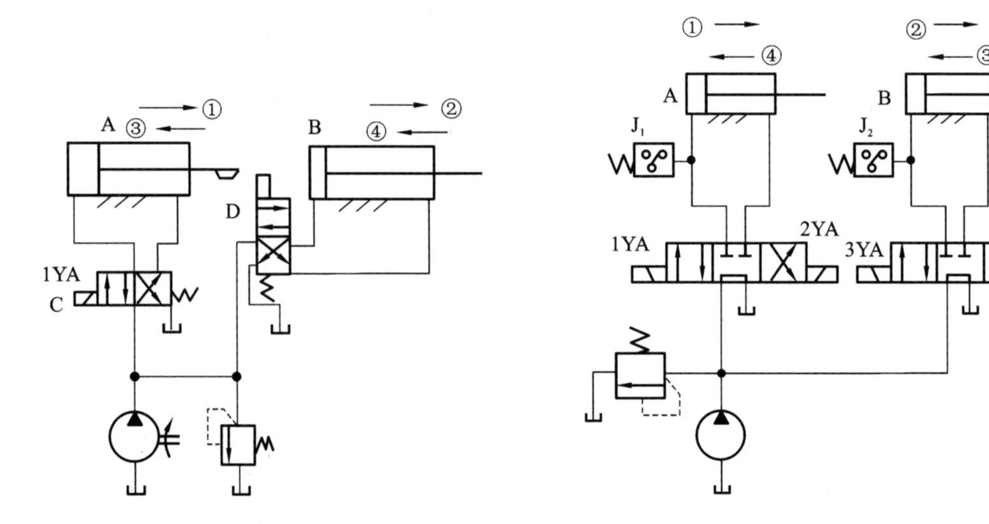

图7-25　行程阀的顺序动作回路　　图7-26　压力继电器的压力控制顺序动作回路

缸B行至终点后压力上升，压力继电器J_2发出信号使4YA、2YA得电，两缸按③和④的动作返回完成一个动作循环。

压力继电器可与延时元件(如延时阀、时间继电器等)配合工件。

4. 顺序阀的顺序回路

图7-27所示为顺序阀控制的顺序回路，当换向阀左位工作时，缸1实现动作①，移动到位后，压力上升，打开右边的单向顺序阀4，缸2实现动作②。当换向阀切换到右位后，过程与上述相同，先后完成动作③和④。顺序阀的调定压力一般应比前一个动作的工作压力高1 MPa左右。这种回路动作灵敏，安装连接较方便，但可靠性不高，位置精度较低。

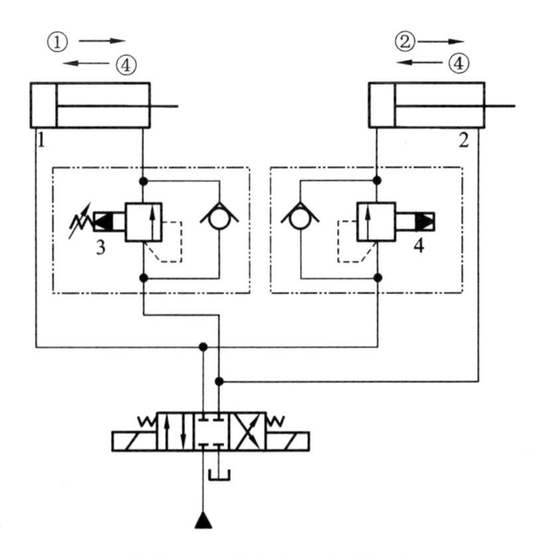

图 7-27　顺序阀的顺序回路

二、同步回路

保证系统中的两个或多个缸（马达）在运动中以相同的位移或相同的速度（或固定的速比）运动的回路称为同步回路。

在多缸系统中，影响同步精度的因素很多，如缸的外负载、泄漏、摩擦阻力、制造精度、结构弹性变形及油液中的空气含量，都会使运动不同步，所以须采用同步回路。

1. 多个调速阀的同步回路

图 7-28 所示为使用两个单向普通调速阀 3 和 4 的双调速阀的同步回路，分别调节调速阀，可以控制缸 5 和缸 6 的工进速度，以实现同步，单向阀用于快速回程。

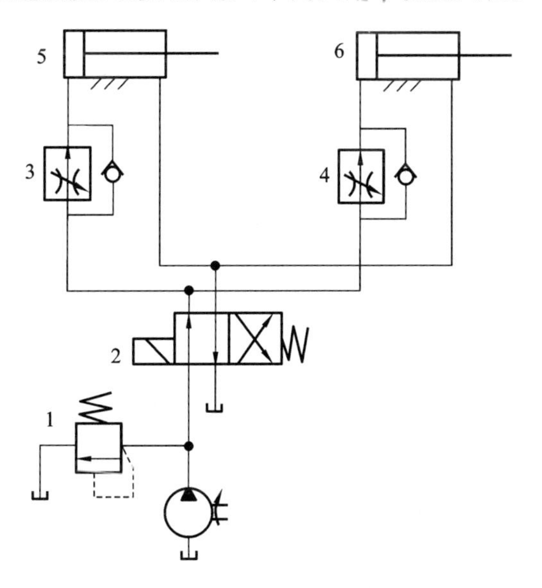

图 7-28　多个调速阀的同步回路

2. 带补偿装置的串联缸同步回路

如图7-29所示，缸5有杆腔的有效面积与缸4无杆腔的面积相等，油缸得到同步。补偿装置可使同步误差在每一次下行运动中消除。当三位四通换向阀1右位工作时，两缸下行，若缸5活塞先运动到底，将触动行程开关2S使3YA得电，三位四通换向阀2左位接通，压力油经三位四通换向阀2和液控单向阀3向缸4的上腔补油，使活塞4继续下降到底。若缸4活塞先到底，则触动行程开关1S，使4YA得电，压力油经三位四通换向阀2进入液控单向阀3的控制腔而开启，缸5下腔油液经液控单向阀3及三位四通换向阀2流回油箱，其活塞继续下降到底，从而消除累积误差。

3. 分流集流阀的同步回路

如图7-30所示，当换向阀1左位接回路时，压力油经分流集流阀2分成两股等量的油液进入缸5和缸6，使两缸活塞同步上升；当换向阀右位接回路时，分流集流阀2起集流作用，控制两缸活塞同步下降。回路中单向阀3、4用来消除积累误差，使各缸都到达终点。

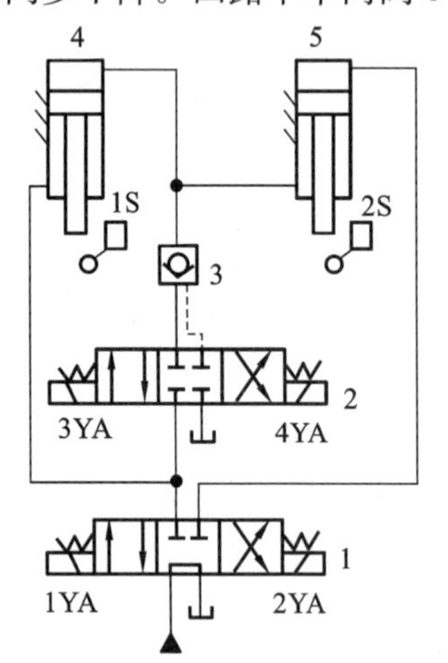

图7-29 带补偿装置的串联缸同步回路

1、2—三位四通换向阀；3—液控单向阀；4、5—单活塞杆缸；1S、2S—行程开关

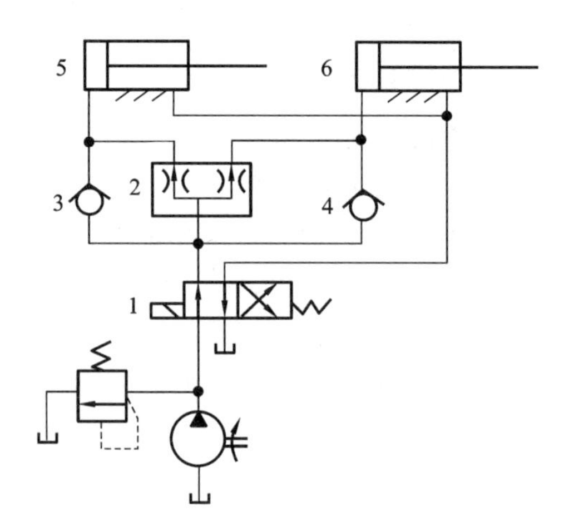

图7-30 分流集流阀同步回路

1—换向阀；2—分流集流阀；3、4—单向阀；5、6—单活塞杆缸

分流集流阀的速度同步精度一般为2%～5%，回路经济可靠，可承受不同负载。

4. 采用电液比例调速阀的同步回路

图7-31所示回路中使用一个普通调速阀3和一个电液比例调速阀4(各自装在由单向阀组成的桥式节流油路中)，分别控制缸5和缸6的运动，当两活塞出现位置误差时，检测装置就会发出信号，调节比例调速阀的开度，修正误差，使两活塞运动实现同步。

5. 用电液伺服阀的同步回路

图7-32中根据两个位移传感器1S和2S的反馈信号，可持续不断地控制其伺服阀2阀口的开度，使两缸通过伺服阀阀口的回流量相同，两缸同步运动。

回路可使两缸活塞在任何时刻的位置误差都不超过0.2 mm，但因伺服阀2必须通过与三位四通换向阀1同样大的流量，因此规格尺寸大，价格贵。电液伺服阀的同步回路适用于两缸相距较远而同步精度要求很高的场合。

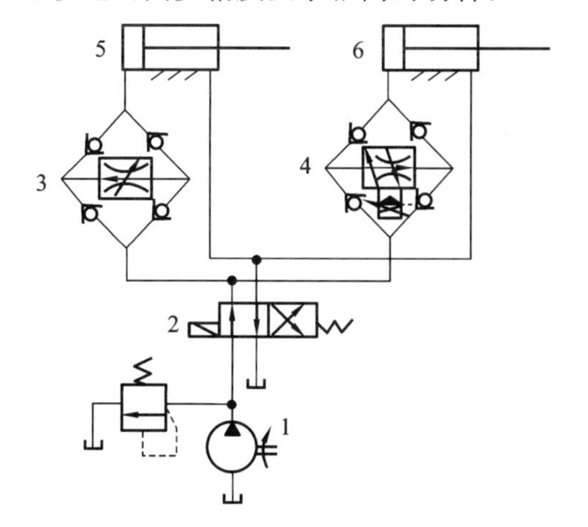

图 7-31 电液比例调速阀同步回路

1—单向定量液压泵；2—换向阀；3—桥式节流；

4—电液比例调速阀；5、6—单活塞杆缸

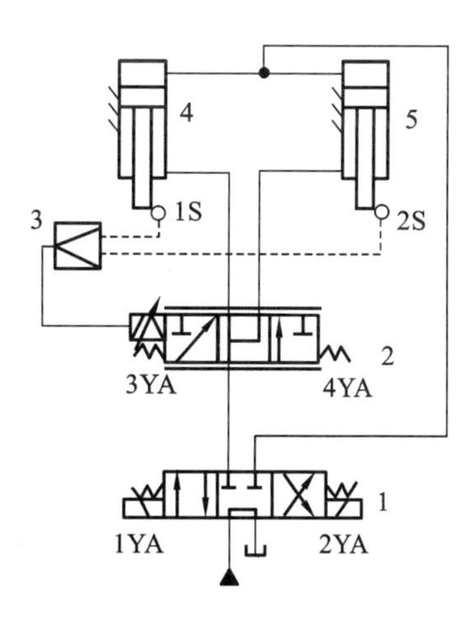

图 7-32 电液伺服阀的同步回路

1—三位四通换向阀；2—伺服阀；3—伺服放大器；

4、5—单活塞杆缸；1S、2S—移位传感器

一、判断题

1. 当溢流阀的远控口通油箱时，液压系统卸荷。 (　　)

2. 双液控单向阀组成的锁紧回路必须选用 II 或 Y 机能换向阀。 (　　)

3. 节流调速与容积调速相比，设备成本低、油液发热轻、效率低。 (　　)

4. 容积调速效率高、温升小，用于小功率系统。 (　　)

5. 采用双泵供油的液压系统，高压时大流量泵可卸荷，因此其效率比单泵供油系统的效率低得多。 (　　)

二、选择题

1. 顺序运动回路中夹紧缸采用失电夹紧主要原因是(　　)。

A. 得电夹紧也可但少用　　B. 节省电源

C. 延长阀寿命　　D. 万一停电仍可夹紧

2. 双向锁紧效果好的回路常采用(　　)。

A. 单向阀　　B. O 型阀　　C. 双向泵　　D. 液压锁

3. 卸荷回路能使(　　)。

A. 泵输出功率最大　　B. 驱动电动机耗能大

C. 增加系统发热　　D. 液压泵寿命延长

4. 功率大、速度稳定性好时采用回路(　　)调速回路。

A. 节流　　B. 容积　　C. 容积节流　　D. 调速阀

5. 位置调节方便、工作可靠的是(　　)顺序回路。

A. 顺序阀　　B. 压力继电器　　C. 行程开关　　D. 行程阀

二、问答题

1. 在液压系统中,当工作部件停止运动后,使用泵卸荷有什么好处? 有哪些卸荷方法?

2. 锁紧回路中三位换向阀的中位机能是否可任意选择? 为什么?

3. 将图7-6回路中的阀1的外控油路(包含阀2、阀3和阀4)改接到泵的出口,是否可以同样实现三级调压?

4. 各种同步回路有何特点? 简单实用的是哪一种回路?

5. 图7-9(a)和图7-10所示的卸荷回路中二位二通电磁换向阀有何区别?

6. 在图7-8所示的回路中,试说明:①所接的压力继电器起什么作用? ②夹紧油路中的二位四通电磁换向阀若由失电夹紧改接为带电夹紧,是否可以?

7. 图7-11(a)、(b)两平衡回路中都接有节流阀,它们各起什么作用?

8. 图7-33中各缸完全相同,负载 $F_A > F_B$,节流阀能调速并不计压力损失。试分别判断图7-33(a)和图7-33(b)中,哪一个缸先动? 哪一个缸速度快? 说明道理。

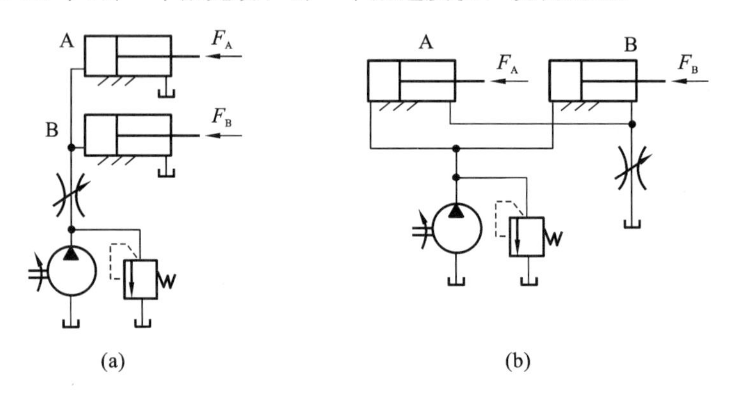

图7-33 节流阀调速回路

四、计算题

1. 三个溢流阀的调定压力如图7-34所示,问泵的供油压力有几级? 数值各为多少?

2. 减压回路如图7-35所示,液压缸有效面积 $A_1 = 100\ cm^2$,$A_2 = 50\ cm^2$。当负载 $F_1 = 28 \times 10^3$ N,$F_2 = 8.4 \times 10^3$ N,背压阀背压 $p_2 = 0.2$ MPa,节流阀压差 $\Delta p = 0.3$ MPa,不计其他损失,求 A、B、C 三点的压力。

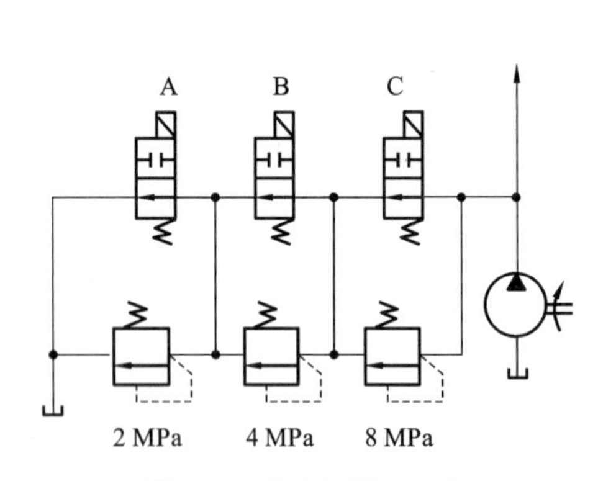

图7-34 溢流阀调压回路

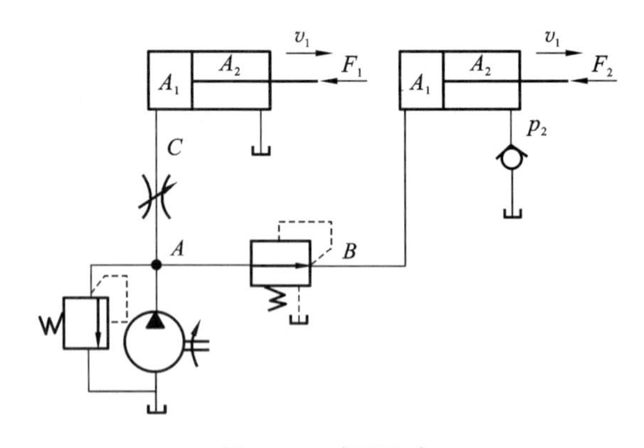

图7-35 减压回路

项目 8
液压系统实例分析

学习重点和要求

(1)熟悉典型液压系统中包含哪些元件和基本回路;

(2)掌握阅读简单液压系统图的能力。

(3)了解液压系统的设计步骤。

本项目介绍怎样阅读液压系统图,分析了 YT4543 型组合机床动力滑台液压系统、数控车床液压系统、汽车起重机液压系统等,并介绍了液压系统的设计步骤与技巧及液压系统设计举例。

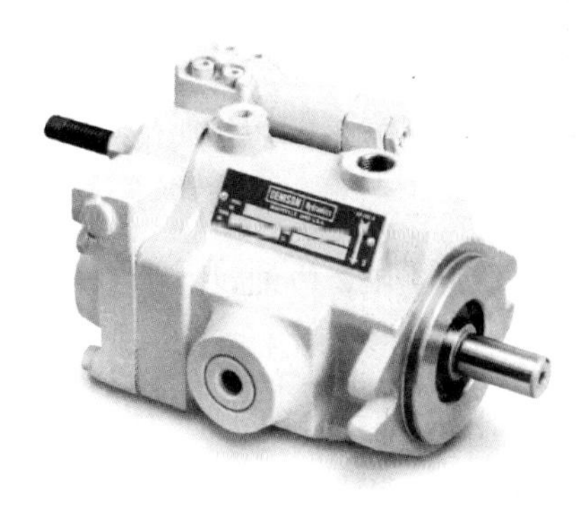

8.1 阅读液压系统图的步骤与技巧

现在进口设备多,大都没有中文说明,有些液压系统比较复杂,甚至有些符号图都没见过,阅读液压系统图的一般步骤与技巧如表8-1所示。

表8-1 阅读液压系统图的一般步骤与技巧

序号	步骤	阅读技巧
1	了解设备	完成任务
		动作要求
		工作循环
2	初步浏览	认识所有元件
		认识各功能模块,泵、阀等
		所有元件、模块编号
3	简化油路	缩短油路连线,简化去除某些元件重新绘制
4	划分子系统	以各个执行元件为中心,分解为多个子系统,命名、编号,可重新绘制子系统
5	分析各子系统	分析各子系统的工作原理,有哪些典型回路
6	分析各子系统的联系	分析各子系统的先后顺序、同步等联系,了解系统工作是怎样实现的
7	归纳系统特点	列出动作循环表以便加深对系统的理解

8.2 YT4543型组合机床动力滑台液压系统

组合机床是由通用部件和部分专用部件组成的高效、专用、自动化程度较高的机床。它能完成铣、镗、钻、扩、铰、攻丝等工序和工作台定位、转位、夹紧、输送等辅助动作。动力滑台上常安装着各种刀具,其液压系统的功用是使这些刀具做轴向进给运动,并完成一定的动作循环。

一、液压系统的组成及动作循环

图8-1所示为YT4543型组合机床动力滑台,这个系统用限压式变量泵2供油,用电液换向阀4换向,用行程阀6实现快进速度和工进速度的切换,用电磁换向阀9实现两种工进速度的切换,用调速阀10、11使进给速度稳定。在机械和电气的配合下,能够实现“快进→一工进→二工进→死挡铁停留→快退→原位停止”的半自动循环。

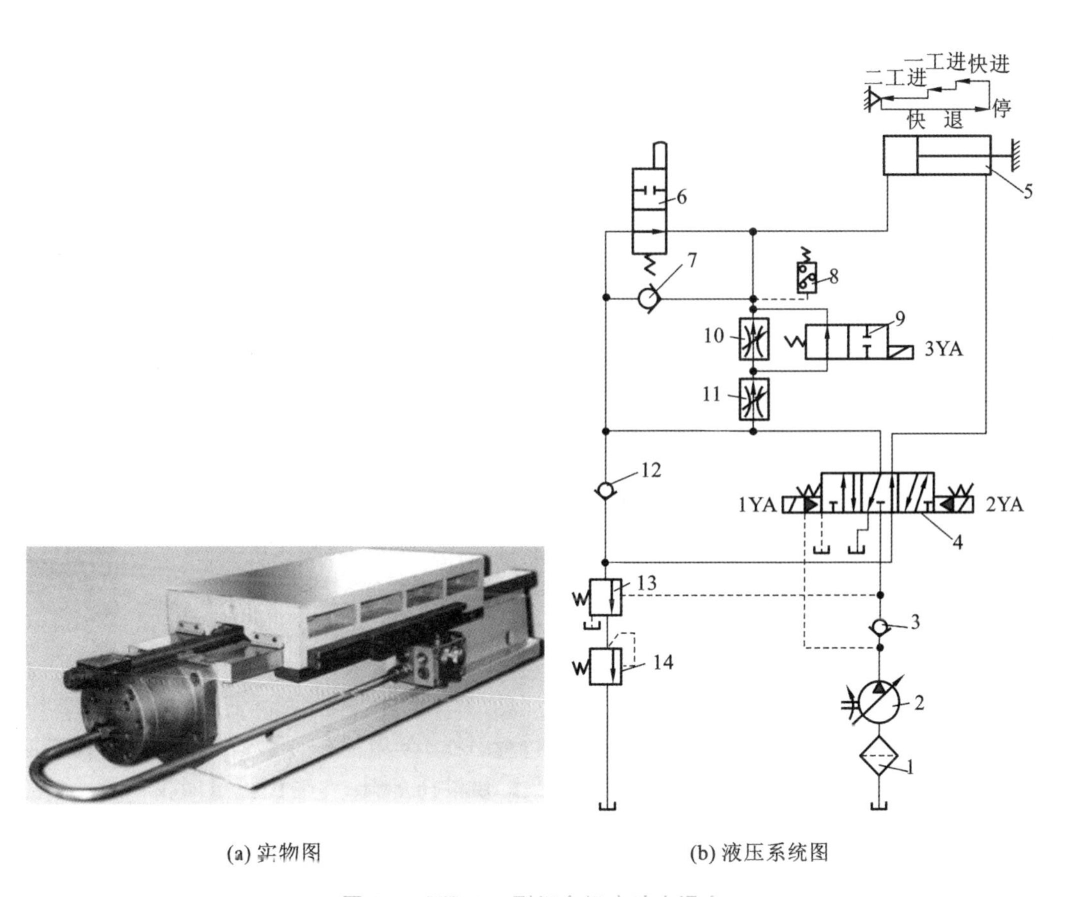

(a) 实物图　　(b) 液压系统图

图 8-1　YT4543 型组合机床动力滑台

1—过滤器；2—限压式变量泵；3、7、12—单向阀；4—电液换向阀；5—单活塞杆缸；
6—行程阀；8—压力继电器；9—电磁换向阀；10、11—调速阀；13—液控顺序阀；14—背压阀

二、液压系统的工作原理

1. 快进

按下启动按钮，电磁铁 1YA 通电，变量泵 2 的压力油经单向阀 3、电液换向阀 4 左位、行程阀 6 进入油缸左腔（无杆腔），由于动力滑台空载，系统压力低，液控顺序阀 13 关闭，油缸右腔的回油经电液换向阀 4 的左位形成差动连接。此时变量泵有最大的输出流量，滑台向左快进（活塞杆固定，滑台随缸体向左运动）。

进油路的循环路线　泵 2→单向阀 3→电液换向阀 4 左位→行程阀 6→缸 5 左腔。

回油路的循环路线　缸右腔→电液换向阀 4 左位→单向阀 12→行程阀 6→缸 5 左腔。

2. 一工进

快进到一定位置时，滑台上的行程挡块压下行程阀 6，油路切断，此时电磁铁 3YA 处于断电状态，调速阀 11 接入系统进油路，系统压力升高。压力的升高，一方面使液控顺序阀 13 打开，另一方面使限压式变量泵的流量减小。进入缸 5 无杆腔的流量由调速阀 11 的开口大小决定。缸 5 有杆腔的油液则通过电液换向阀 4 后经液控顺序阀 13、背压阀 14 回油箱（两侧的压力差使单向阀 12 关闭）。缸 5 以第一种工进速度向左运动。

3. 二工进

当滑台以一工进速度行进到一定位置时，挡块压下原位一行程开关，使电磁铁3YA通电。此时油液需经调速阀11与10才能进入缸5无杆腔。由于调速阀10的开口比调速阀11的小，滑台的速度再减小，速度大小由调速阀10的开口来决定。

4. 死挡铁停留

当滑台以二工进速度行进碰上死挡铁后，滑台停止运动。缸5无杆腔的压力升高，压力继电器8发出信号给时间继电器(图中未画)，使滑台停留一段时间，主要是为了满足加工端面或台肩孔的需要，使其轴向尺寸精度和表面粗糙度达到一定的要求。然后泵的供油压力升高，流量减少，直到限压式变量泵流量减少到仅能满足补偿泵和系统的泄漏量为止，系统处于保压的流量卸荷状态。

5. 快退

随后，时间继电器发出信号，电磁铁1YA断电，2YA通电，电液换向阀4处于右位。

进油路的循环路线　泵2→单向阀3→电液换向阀4右位→缸5右腔。

回油路的循环路线　缸5左腔→单向阀7→电液换向阀4右位→油箱。

此时为空载，系统压力低，泵2输出的流量大，滑台向右快退。

6. 原位停止

当滑台快退到原位时，挡块压下原位另一行程开关，使电磁铁1YA、2YA和3YA都断电，电液换向阀4处于中位，滑台原位停止运动。泵的供油压力升高，输出流量减少到最小，这时系统处于压力卸荷状态。

YT4543型组合机床动力滑台液压系统的动作循环表如表8-2所示。

表8-2　YT4543型组合机床动力滑台液压系统的动作循环表

序号	动作名称	1YA	2YA	3YA	压力继电器8	行程阀6
1	快进(差动)	+	−	−	−	导通−
2	一工进	+	−	−	−	切断+
3	二工进	+	−	+	−	切断+
4	死挡铁停留	+	−	+	+	切断+
5	快退	−	+	−	−	切断→导通
6	原位停止	−	−	−	−	导通−

三、液压系统的特点

YT4543型组合机床动力滑台液压系统包括以下一些基本回路：由限压式变量泵和调速阀组成的容积节流调速回路；差动连接快速运动回路；电液换向阀的换向回路；由行程阀、电磁换向阀和液控顺序阀等联合控制的速度切换回路；用限压式变量泵卸荷回路等。

YT4543型组合机床动力滑台液压系统有以下几个特点。

1. 采用了由限压式变量泵和调速阀组成的容积节流调速回路

该回路既能满足系统调速范围大、低速稳定性好的要求，又提高了系统的效率。进给时，在回油路上增加了一个背压阀,这样做一方面是为了改善速度稳定性(避免空气混入系统,提高传动刚度),另一方面是为了使滑台能承受一定的与运动方向一致的切削力。

2. 采用限压式变量泵和差动连接两个措施实现快进

这样既能得到较高的快进速度,又不会致使系统效率过低。动力滑台快进和快退速度均为最大进给速度的10倍,泵的流量自动变化,即在快速行程时输出最大流量,工进时只输出与液压缸需要相适应的流量,遇死挡铁停留时只输出补偿系统泄漏所需的流量。系统无溢流损失,效率高。

3. 采用行程阀和液控顺序阀使快进转换为工进

这样动作平稳可靠,转换的位置精度比较高。至于两个工进之间的换接则由于两者速度都较低,采用电磁换向阀就能保证其换接精度且转换平稳。

8.3 数控车床液压系统

数控机床容易实现柔性自动化,近年来得到了高速的发展和应用。数控机床对控制的自动化程度要求很高,液压与气动能方便地实现电气控制与自动化,在数控机床中被广为应用。

数控机床控制的自动化程度要求较高,它对动作的顺序要求较严格,并有一定的速度要求。液压系统一般由数控系统的PLC或CNC来控制,所以动作顺序直接用电磁换向阀切换来实现的较多。

由于数控机床的主运动已趋于直接用伺服电动机驱动,所以,液压系统的执行元件主要承担各种辅助功能,虽其负载变化幅度不是很大,但要求稳定。因此,常采用减压阀来保证各支油路油压的恒定。

数控车床如图8-2所示。

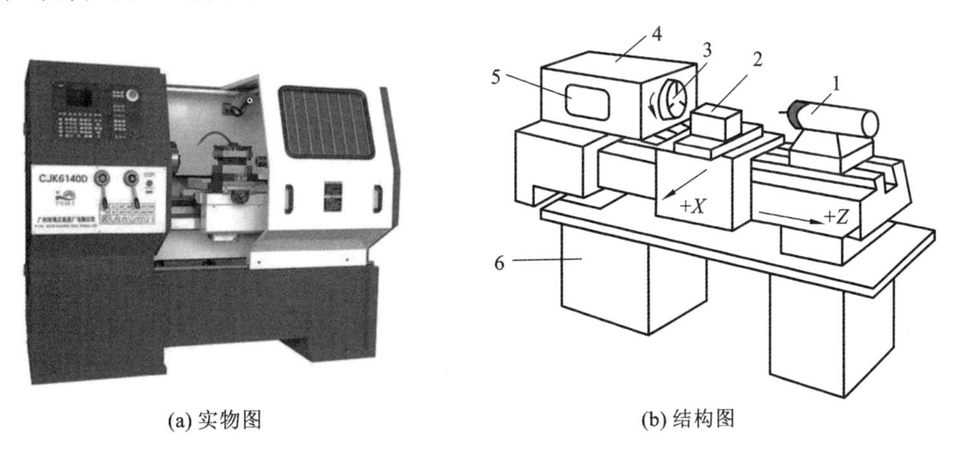

(a) 实物图　　(b) 结构图

图8-2　数控车床

1—尾架套筒;2—自动回转刀架刀盘;3—主轴卡盘;4—主轴箱;5—数控系统操作面;6—床身

一、数控车床液压系统原理图

图8-3所示为MJ-50数控车床液压系统原理图。该系统主要承担卡盘、回转刀盘及尾架套

筒的驱动与控制。它能实现卡盘的夹紧与放松及两种夹紧力(高与低)之间的转换;回转刀盘的正反转及刀盘的松开与夹紧;尾架套筒的伸缩。液压系统的所有电磁铁的通、断均由数控系统用PLC来控制。整个系统由卡盘、回转刀盘及尾架套筒三个分系统组成,并以一变量液压泵为动力源。系统的压力值调定为4MPa。

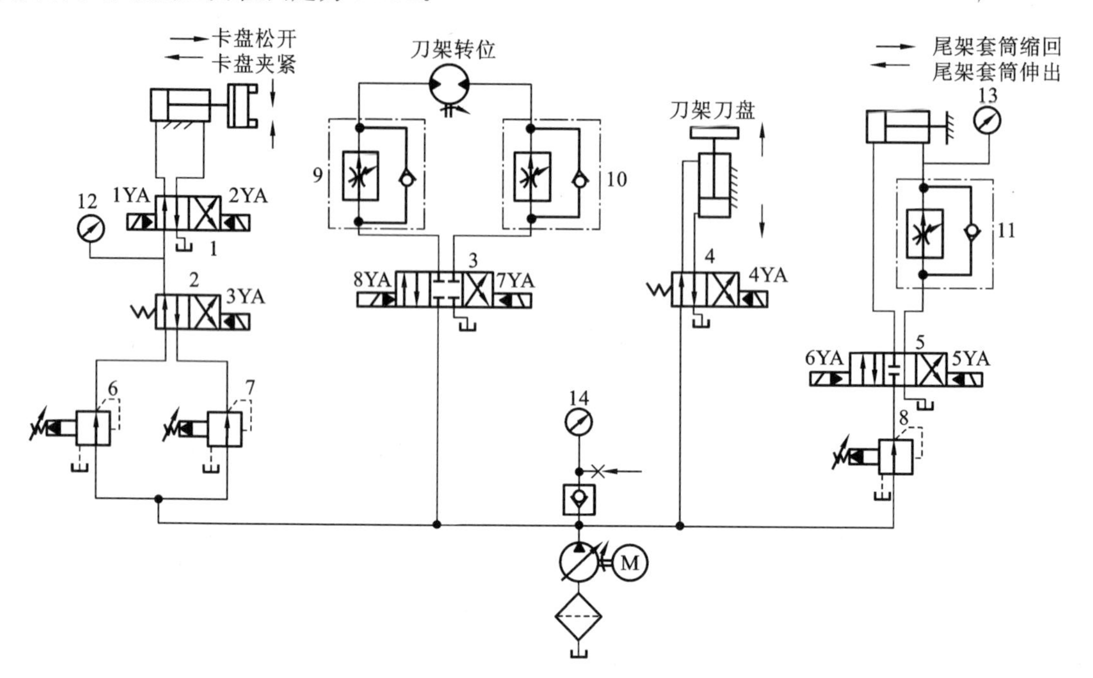

图 8-3　MJ-50 数控车床液压系统原理图

1—二位四通电液换向阀(带两个电磁铁);2、4—二位四通电液换向阀;3、5—三位四通电液换向阀;6、7、8—减压阀;9、10、11—单向调速阀;12、13、14—压力表

1. 卡盘分系统

卡盘分系统由一个二位四通电液换向阀1(带两个电磁铁)、一个二位四通电液换向阀2、两个减压阀6、7和一个液压缸组成。

(1)高压夹紧。1YA得电、3YA失电,电液换向阀1和换向阀2均位于左位。夹紧力的大小可通过减压阀6调节。这时液压缸活塞左移使卡盘夹紧(称正卡或外卡),减压阀6的调定值高于减压阀7,卡盘处于高压夹紧状态。松夹时,使1YA失电、2YA得电,电液换向阀1切换至右位。活塞右移,卡盘松开。

(2)低压夹紧。这时3YA得电而使电液换向阀2切换至右位,压力油经减压阀7进入。通过调节阀7便能改变低夹紧状态下的夹紧力。

2. 自动换刀(回转刀盘)分系统

自动回转刀盘分系统有两个执行元件,刀盘的松开与夹紧由液压缸执行,而液压马达则驱动刀盘回转。

控制刀盘的放松与夹紧是通过电液换向阀4的切换来实现的。

液压马达即刀盘正、反转通过三位四通电液换向阀3的切换控制,单向调速阀9和单向调速阀10使液压马达在正、反转时都能通过进油路容积节流调速来调节旋转速度。自动换刀完整过程是刀盘松开→刀盘通过左转或右转就近到达指定刀位→刀盘夹紧。因此，电磁铁的动作顺序是4YA得电（刀盘松开）→8YA（刀盘正转）或7YA（刀盘反转）得电（刀盘旋转）→8YA或7YA失电（刀盘停止转动）→4YA失电（刀盘夹紧）。

3. 尾架套筒分系统

尾架套筒通过液压缸实现伸出与缩回。控制回路由减压阀8、三位四通电液换向阀5和单向调速阀11组成。减压阀8将系统压力降为尾架套筒伸出所需的压力。单向调速阀11用于在尾架套筒伸出时实现回油节流调速控制伸出速度。6YA得电，尾架套筒伸出。5YA得电，尾架套筒缩回。

二、数控车床液压系统包含的基本回路

数控车床液压系统包含的基本回路有：变量泵容积节流调速回路，二级减压切换回路，电液换向回路，O型换向阀锁紧回路，减压回路等基本回路。

8.4 汽车起重机液压系统

液压技术已广泛应用于起重机、挖掘机、推土机、装载机、筑路机、压路机、打桩机、混凝土泵车、叉车、消防车、撒盐车等工程机械。

Q2-8型汽车起重机如图8-4所示，它的最大起重质量为8 t（幅度为3 m），最大起重高度为11.5 m，承载能力大，行走速度较高，机动性能较好，可与运输车队编队行驶，可在有冲击、振动、温度变化较大的不利环境下作业，用途广泛。

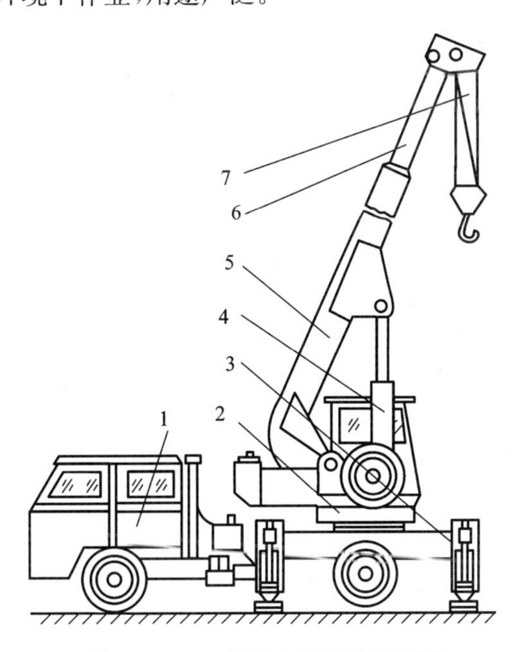

图8-4 Q2-8型汽车起重机外形图

1—载重汽车；2—转台；3—支腿；4—吊臂变幅液压缸；5—基本臂；6—吊臂伸缩液压缸；7—起升机构

这种起重机执行动作较简单,位置精度较低,所以一般采用中高压手动控制,以确保系统的安全性和可靠性。

一、汽车起重机液压系统图

图8-5所示为Q2-8型汽车起重机液压系统图。液压系统中除液压泵、过滤器、安全阀、阀组1及支腿部分外,其他液压元件都装在可回转的上车部分。油箱也在上车部分,兼作配重。上车部分和下车部分的油路通过中心回转接头9连通。汽车发动机通过装在汽车底盘变速箱上的传动装置(取力箱)驱动一个轴向柱塞液压泵,泵额定压力为21 MPa,排量为40 mL/r,转速为1500 r/min。泵通过中心回转接头9、开关10和过滤器11,从油箱吸油,溢流阀3用做安全阀,用以防止系统过载,调整压力为19 MPa,其实际工作压力可由压力表12读取。

Q2-8型汽车起重机液压系统是一个单泵、开式、串联(串联式多路阀)液压系统。整个系统由支腿收放、转台回转、吊臂伸缩、吊臂变幅和吊重起升五个工作支路所组成,各部分都有相对的独立性。其中前、后支腿收放支路的三位四通手动换向阀A、B组成一个双联多路阀组1,其余四支路的换向阀C、D、E、F组成一个四联阀组2。各换向阀均为M型中位机能三位四通手动换向阀,相互串联组合,可实现多缸卸荷。根据起重工作的具体要求,操纵各阀不仅可以分别控制各执行元件的运动方向,还可以通过控制阀芯的位移量来实现节流调速。

1. 支腿收放回路

汽车轮胎的支承能力有限,且为弹性变形体,故汽车起重机必须采用液压支腿。起重作业时必须放下支腿,使汽车轮胎架空,汽车行驶时则必须收起支腿。

前后各有两条支腿,每一条支腿配有一个液压缸。两条前支腿用一个三位四通手动换向阀A控制其收放,而两条后支腿则用另一个三位四通手动换向阀B来控制,都采用M型中位机能的换向阀,油路上是串联的。每一个油缸上都配有一个双向液压锁,以保证支腿可靠地锁住,防止在起重作业过程中发生“软腿”现象(液压缸上腔油路泄漏引起)或行车过程中液压支腿自行下落的现象(液压缸下腔油路泄漏引起)。

2. 转台回转回路

转台回转回路中采用了一个低速大扭矩液压马达。液压马达通过齿轮、蜗轮减速箱和开式小齿轮(与转盘上的大内齿轮啮合)来驱动转盘。转盘回转速度较低,一般为1~3 r/min。驱动转盘的液压马达转速也不高,故不必设置马达制动回路。手动换向阀C可使马达获得左转、停转、右转三种工况。其机构比较简洁。

3. 吊臂伸缩回路

由基本臂和伸缩臂组成吊臂,伸缩臂套在基本臂之中。吊臂的伸缩是由一伸缩液压缸控制。为防止吊臂在自重作用下下落,伸缩回路中装有平衡阀5。

4. 吊臂变幅回路

变幅就是用一液压缸改变起重臂的起落角度。变幅作业要求平稳可靠,因此吊臂变幅回路上装有平衡阀6。

5. 吊重起升回路

吊重起升是起重机的主要执行机构,它是一个由大扭矩液压马达带动的卷扬机。马达的正

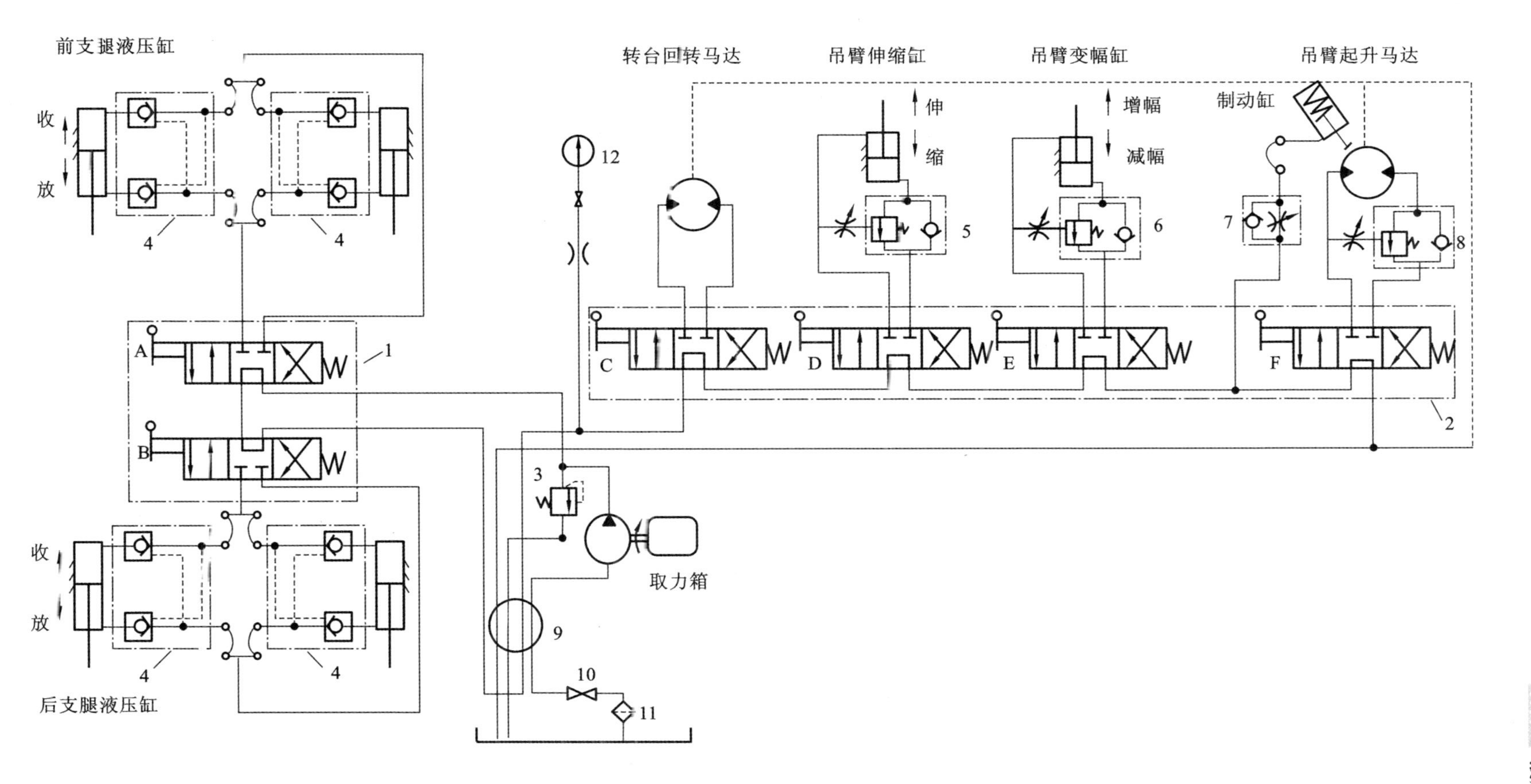

图 8-5　Q2-8型汽车起重机液压系统图

1、2—手动换向阀组；3—溢流阀（用做安全阀）；4—液压锁；5、6、8—平衡阀；7—单向节流阀；9—中心回转接头；10—开关；11—过滤器；12—压力表

转和反转由一个三位四通手动换向阀F来控制。马达的转速，即起吊速度可通过改变发动机的转速来调节。

在下降的回路上有平衡阀8，用以防止重物的自由下落。由于设置了平衡阀，使得液压马达只有在进油路上有一定压力时才能旋转，改进后的平衡阀使重物下降时不会产生“点头”现象。由于液压马达的泄漏比液压缸大得多，当负载吊在空中时，尽管油路中设有平衡阀，仍有可能产生“溜车”现象。为此，在大液压马达上设有制动缸，以便在马达停转时，用制动缸自动锁住起升液压马达。单向节流阀7的作用是使制动器上闸快、松闸慢。前者是为使马达迅速制动，重物迅速停止下降；而后者则是避免当负载在半空中再次起升时，将液压马达拖动反转而产生“滑降”现象。

Q2-8型汽车起重机是一种中小型起重机，常用一个液压泵，在执行元件不满载的情况下，各串联的元件可任意组合，使一个或几个执行元件同时运动，如使起升和变幅或起升和回转同时动作。对于大型汽车起重机则多数采用多泵供油。

二、汽车起重机液压系统的主要特点

Q2-8型汽车起重机液压系统的主要具有以下特点。

(1)系统中采用了平衡回路、锁紧回路和制动回路，能保证起重机工作时的可靠安全。

(2)采用三位四通手动换向阀，不仅可以灵活方便地控制换向动作，还可通过手柄操纵来控制流量，以实现节流调速。在起升工作中，将此节流调速方法与控制发动机转速的方法结合使用，可以实现各工作部件微速动作。

(3)换向阀串联组合，各机构的动作既可独立进行，又可在轻载作业时，实现起升和回转复合动作，以提高工作效率。

(4)各换向阀处于中位时系统即卸荷，能减少功率损耗，适于间歇性工作。

8.5 挖掘机液压系统

图8-6所示为国产1 m^3 履带式双泵双回路单斗WY-100液压挖掘机的液压系统图。该挖掘机的铲斗容量为1 m^3，发动机功率为110 kw，液压系统的工作压力为28 MPa。挖掘机的液压系统采用双泵供油方式，液压泵1、2在通常情况下分别向控制阀组Ⅰ、Ⅱ供油，两个阀组相互独立，因此互相之间没有干扰。两个控制阀组分别由三个手动换向阀串联组成，可实现两个机构同时动作。当挖掘机的动臂或斗杆机构需要快速动作时，可将合流阀13推人左位工作。合流阀13左位时，液压泵1和2，同时向动臂缸16和斗杆缸15供油，实现快速动作。行走马达5、6由各自独立的阀组Ⅰ、Ⅱ分别控制，这样，即使左右行走阻力不同也可保持挖掘机行走的直线性。行走马达采用双排柱塞式内曲线液压马达，变速阀7可使液压马达的两排柱塞在串联和并联之间转换，串联时排量较小转速较高，而并联时扭矩较大转速较低，这样可以适应行走时轻载高速和重载低速的需要。液压泵1、2的最高工作压力用溢流阀11、18来调整。

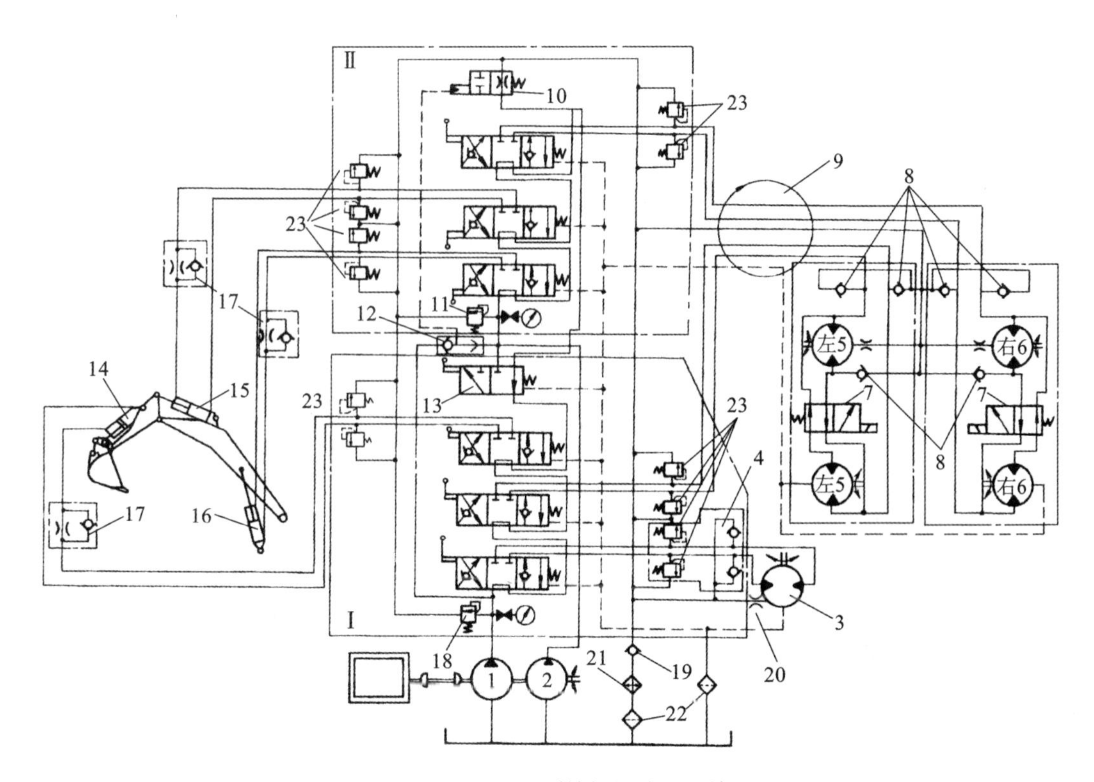

图 8-6 WY-100 型挖掘机液压系统

1、2—液压泵；3—回转马达；4、8—补油单向阀；5、6—行走马达；7—行走马达变速阀；9—中心回转接头；10—限速阀；11、18—溢流阀；12—梭阀；13—合流阀；14—铲斗缸；15—斗杆缸；16—动臂缸；17—单向节流阀；19—背压阀；20—节流阀；21—冷却器；22—过滤器；23—缓冲阀

各执行机构管路上的缓冲阀 23 的功能是对液压缸或马达进行缓冲，同时也有安全阀的作用。行走机构和回转机构的惯性较大，因此，为避免冲击，在各个液压马达的油口附近都安装了补油单向阀 4、8，这些阀和缓冲阀 23 共同构成了液压马达的缓冲回路。背压阀 19 的开启压力是 0.7 MPa，作用是保证对液压马达的补油更加可靠。

单向节流阀 17 设置在动臂、斗杆和铲斗机构液压缸回路中，用来限制这些液压缸的运动速度，以防止这些机构在自重作用下超速下降。限速阀 10 用以防止挖掘机下坡时超速溜坡。所有手动控制阀的中位机能都是 M 型的，一方面有卸荷作用，另一方面也能在中位时使被控执行机构短时锁紧。

系统中设置了风冷式冷却器 21，可保证液压系统的油温不超过 80℃。

进入液压马达工作容腔和马达壳体内的液压介质的温度是不同的，在此温差的作用下，可能导致液压马达机械卡死。为避免这一情况，液压马达上引出两个泄漏油口，其中一个直接通油箱，另外一个和有一定背压的回油路相连，这样，马达壳体内的油液就会流动，使马达内各零件的温度内外一致，同时还有冲洗马达壳体内磨损物的功能。

8.6 液压机液压系统

液压机是最早应用液压传动的机械,用于打包、锻压、冲压、弯曲、粉末冶金、钣金、校直等,可分为油压机和水压机两种,典型的四柱式液压机为三梁四柱式结构,上滑块由四柱导向、上液压缸驱动,实现“快速下行、慢速加压、保压延时、快速回程、原位停止”的动作循环。下滑块由布置在工作台中间的下液压缸驱动,实现“向上顶出、向下退回、浮动压边、停止”的动作循环。液压机以压力控制为主,功率大,要防止液压冲击。

一、四柱万能液压机液压系统组成原理

图8-7所示为YA32-200型四柱万能液压机液压系统。

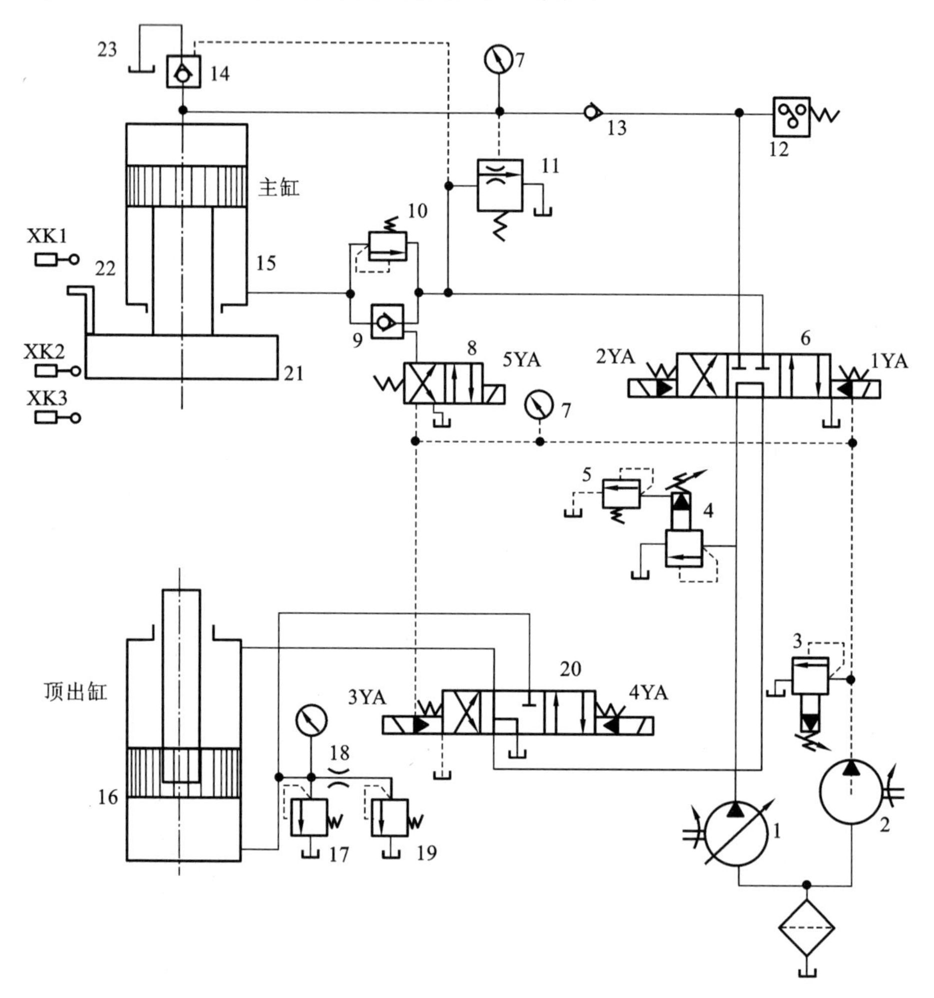

图8-7 YA32-200型四柱万能液压机液压系统

1—单向变量液压泵;2—单向定量液压泵;3、4—先导型顺序阀;5、17、19—溢流阀;6、20—三位四通电液换向阀;7—压力表;8—二位四通换向阀;9—液控单向阀;10—背压阀(平衡阀);11—卸荷阀(带阻尼孔);12—压力继电器;13—单向阀;14—液控单向阀;15—主缸;16—顶出缸;18—不可调节流阀;21—主缸滑块;22—挡铁;23—充液箱

该液压机主缸最大压制力为2000 kN，主泵1是一个高压大流量的恒功率(压力补偿)变量液压泵，压力由主溢流阀4的远程溢流阀5调定，辅泵2专用于提供控制油液。动作顺序参考表8-3所示液压机电磁铁动作顺序表。

表8-3 YA32-200型四柱万能液压机电磁铁动作顺序表

动作		1 YA	2 YA	3 YA	4 YA	5 YA
主缸	快速下行	+				+
	慢速加压	+				
	保压延时					
	泄压回程		+			
	停　止					
顶出缸	向上顶出			+		
	退　回				+	
	浮动压边	+				

(1)启动。按下启动按钮，电磁铁全部失电，主泵1经换向阀6、21中位回油箱卸荷。

(2)上缸快速下行。电磁铁1Y、5Y得电，阀6换到右位，液控单向阀9打开。快速下降时，泵1虽处于最大流量，仍不能满足需要，此时油箱15的油液进入缸16上腔。

(3)慢速加压。当上滑块触动行程开关2S时，电磁铁5Y失电，液控单向阀9关闭，上缸下腔油液经背压阀10、阀6、21回油箱。

当上滑块接触工件后，负载阻力急剧增加，上腔压力急剧提高，泵1流量自动减少。

(4)保压延时。当上腔压力提高到预定值，压力继电器7发出信号，使电磁铁1Y失电，换向阀6回中位，使上缸上腔封闭保压，保压时间由时间继电器控制。

(5)泄压回程。保压时间到，时间继电器发出信号，使电磁铁2Y电，阀6换到左位。由于上缸上腔压力很高，泄压阀11开启泄压，此时泵1输出油液经泄压阀11回油箱。泵1在低压下工作，此压力不足以打开充液阀14(液控单向阀)的主阀芯，但可以先打开阀14中的卸载阀芯，使上缸上腔油液经此卸载阀阀口泄回上部油箱15，压力逐渐降低。

当上缸上腔压力泄到一定值后，泄压阀11回到下位关闭，泵1输出油液压力升高，阀14完全打开，上缸上升，退回原位。

(6)上缸停止。当上滑块触动行程开关1S时，电磁铁2Y失电，阀6换到中位，液控单向阀9将主缸下腔封闭，上缸原位停止不动，泵1卸荷。

(7)下缸顶出。使电磁铁3Y得电，换向阀21换到左位，下缸活塞上升，顶出。

(8)退回。使电磁铁3Y失电4Y得电，换向阀21换到右位，下缸活塞下行退回。

(9)浮动压边。当薄板拉伸压边时，要求下缸活塞上升到一定位置时，既保持一定的压力，又能随上缸滑块的下压而下降。此时,换向阀21处于中位,下缸下腔油液经节流阀19和背压阀(即溢流阀)20回油箱,调节背压阀20的压力即可改变压边力。下缸上腔可经阀21的中位从油箱补油,溢流阀18作下缸的安全阀用。

二、液压机液压系统包含的基本回路

液压机液压系统包含的基本回路有:变量泵容积调速回路和快速运动回路,平衡回路,电液换向回路,M、K型换向阀卸荷回路,速度换接回路等基本回路。

1. 阅读液压系统图的一般步骤是什么?
2. 试写出Q2-8型汽车起重机液压系统的电磁铁动作顺序表。

项目 9
液压系统创新设计

学习重点和要求

(1)掌握液压系统的设计方法;

(2)通过阅读液压系统图,学会画液压系统图;

(3)能够初步设计液压系统。

液压系统创新设计,需要充分发挥设计者的创造力,利用已学的知识和技能进行创新构思,设计出具有科学性、创造性、成果性的液压系统。

本项目介绍液压系统的设计方法、液压系统的设计实例等内容。

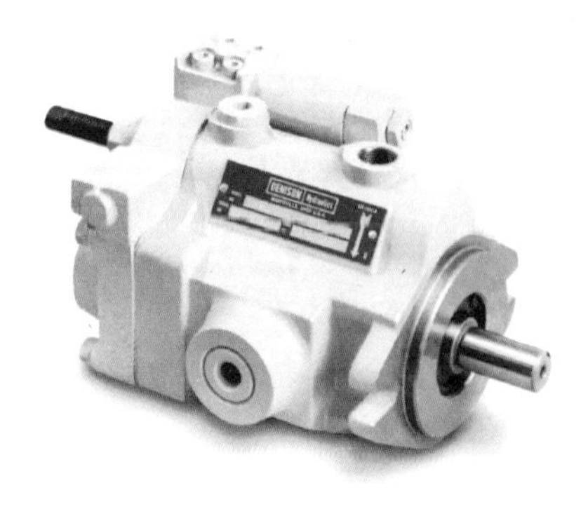

9.1 液压系统的设计方法

液压系统是液压机械的一个组成部分,液压系统的设计要与主机的总体设计同时进行。开始设计时,必须从实际情况出发,有机地结合各种传动形式,充分发挥液压传动的优点,力求设计出结构简单、工作可靠、成本低、效率高、操作简单、维修方便的液压系统。

一、液压系统的设计原则

液压系统的设计原则主要有以下几点:

(1)满足主机的功能和性能要求;

(2)质量轻;

(3)体积小;

(4)成本低;

(5)结构简单;

(6)工作可靠;

(7)使用维护方便;

(8)国产元件优先采用。

二、液压系统设计中的注意事项

在进行液压系统设计时,应注意以下几个事项:

(1)大都用于系统改造、改善性维修;

(2)复杂液压设计交给设计院;

(3)国产液压元件不宜用于高压;

(4)进口液压元件的价格比国产的高5～10倍,注意是否为合资产品或假的进口产品;

(5)最好找专家审核。

三、液压系统的设计步骤

液压系统的设计步骤并无严格的顺序,各步骤间往往要相互穿插进行。一般来说,在明确设计要求之后,大致可按如下步骤进行:

(1)确定液压执行元件的形式;

(2)进行工况分析,确定系统的主要参数;

(3)制定基本方案,拟定液压系统原理图;

(4)选择液压元件;

(5)液压系统的性能验算;

(6)绘制工作图,编制技术文件。

四、液压系统的设计要求

液压系统的设计要求是进行每项工程设计的依据。在制定基本方案并进一步着手液压系统各部分设计之前，必须把设计要求及与该设计内容有关的其他方面了解清楚，具体包含以下几个方面：

(1)主机的概况，如用途、性能、工艺流程、作业环境、总体布局等；

(2)液压系统要完成的动作，动作顺序及彼此连锁关系；

(3)液压驱动机构的运动形式及运动速度；

(4)各动作机构的载荷大小及其性质；

(5)对调速范围、运动平稳性、转换精度等性能方面的要求；

(6)自动化程度、操作控制方式的要求；

(7)对防尘、防爆、防寒、噪声、安全可靠性的要求；

(8)对效率、成本等方面的要求。

1. 计算确定液压系统的主要参数

通过工况分析，可以看出液压执行元件在工作过程中速度和载荷的变化情况，为确定系统及各执行元件的参数提供依据。

液压系统的主要参数是压力和流量，它们是设计液压系统、选择液压元件的主要依据。压力取决于外载荷，流量取决于液压执行元件的运动速度和结构尺寸。

1)液压缸的载荷组成与计算

图9-1所示为以液压缸为执行元件的液压系统计算简图。各有关参数标注在图上，其中 F_w 是作用在活塞杆上的外部载荷，F_m 是活塞与缸壁以及活塞杆与导向套之间的密封阻力。

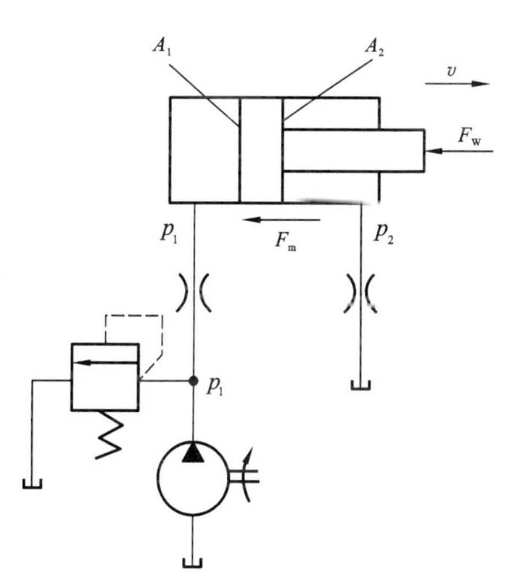

图9-1 液压系统计算简图

作用在活塞杆上的外部载荷包括工作载荷 F_g、导轨的摩擦力 F_f 和由于速度变化而产生的惯性力 F_a。

(1)工作载荷 F_g。常见的工作载荷有作用于活塞杆轴线上的重力、切削力、挤压力等。这些作用力的方向如与活塞运动方向相同则为负，相反则为正。

(2)导轨摩擦载荷 F_f。对于平导轨有

$$F_f = \mu(G + F_N) \tag{9-1}$$

对于V形导轨有

$$F_f = \mu(G + F_N)/(\sin\alpha/2) \tag{9-2}$$

式中：G 为运动部件所受的重力，单位为N；F_N 为外载荷作用于导轨上的正压力，单位为N；μ 为摩擦系数，如表9-1所示；α 为V形导轨的夹角，一般为90°。

表 9-1 摩擦系数

导轨类型	导轨材料	运动状态	摩擦系数
滑动导轨	铸铁对铸铁	启动时	0.15～0.20
		低速(v<0.16m/s)	0.1～0.12
		高速(v>0.16m/s)	0.05～0.08
滚动导轨	铸铁对滚柱(珠)	—	0.005～0.02
	淬火钢导轨对滚柱	—	0.003～0.006
静压导轨	铸铁	—	0.005

(3)惯性载荷 F_a。

$$F_a=\frac{G}{g}\frac{\Delta v}{\Delta t} \tag{9-3}$$

式中:g 为重力加速度,$g=9.81\ m/s^2$;Δv 为速度变化量,单位为 m/s;Δt 为启动或制动时间,单位为 s。

一般机械 $\Delta t=0.1\sim0.5$ s,对轻载低速运动部件取小值,对重载高速运动部件取大值。行走机械一般取 $\Delta t=0.5\sim1.5$ s。

以上三种载荷之和称为液压缸的外载荷 F_w。

启动加速时有

$$F_w=F_g+F_f+F_a \tag{9-4}$$

稳态运动时有

$$F_w=F_g+F_f \tag{9-5}$$

减速制动时有

$$F_w=F_g+F_f-F_a \tag{9-6}$$

工作载荷 F_g 并非每阶段都存在,如该阶段没有工作,则 $F_g=0$。

除外载荷 F_w 外,作用于活塞上的载荷 F 还包括液压缸密封处的摩擦阻力 F_m,由于各种缸的密封材质和密封形成原理不同,密封阻力难以精确计算,一般估算为

$$F_m=(1-\eta_m)F \tag{9-7}$$

式中:η_m 为液压缸的机械效率,一般取 0.90～0.95。

$$F=F_w/\eta_m \tag{9-8}$$

2)液压马达载荷力矩的组成与计算

(1)工作载荷力矩 T_g。常见的载荷力矩有被驱动轮的阻力矩、液压卷筒的阻力矩等。

(2)轴颈摩擦力矩 T_f。轴颈摩擦力矩 T_f 为

$$T_f=\mu Gr \tag{9-9}$$

式中:G 为旋转部件施加于轴颈上的径向力,单位为 N;μ 为摩擦系数;r 为旋转轴的半径,单位为 m。

(3)惯性力矩 T_a。惯性力矩 T_a 为

$$T_a = J\varepsilon = J\Delta\omega/\Delta t \tag{9-10}$$

式中:J 为回转部件的转动惯量,单位为 kg·m^2;ε 为角加速度,单位为 rad/s^2;$\Delta\omega$ 为角速度变化量,单位为 rad/s;Δt 为启动或制动时间,单位为 s。

启动加速时有

$$T_w = T_g + T_f + T_a \tag{9-11}$$

稳定运行时有

$$T_w = T_g + T_f \tag{9-12}$$

减速制动时有

$$T_w = T_g + T_f - T_a \tag{9-13}$$

计算液压马达载荷转矩 T 时还要考虑液压马达的机械效率 η_m(η_m=0.9~0.99)。

$$T = T_w/\eta_m \tag{9-14}$$

2. 绘制液压系统负载、速度循环工况图

根据液压缸或液压马达各阶段的载荷,绘制出执行元件的载荷循环图,以便进一步选择系统工作压力和确定其他有关参数。

3. 计算液压缸的主要结构尺寸和液压马达的排量

1)初选系统工作压力

压力的选择要根据载荷大小和设备类型而定,还要考虑执行元件的装配空间、经济条件及元件供应情况等的限制。在载荷一定的情况下,工作压力低,势必要加大各执行元件的结构尺寸,对某些设备来说,尺寸要受到限制,从材料消耗角度看也不经济;反之,压力选得太高,对泵、缸、阀等元件的材质、密封、制造精度也要求很高,必然要提高设备成本。一般来说,对于固定的尺寸不太受限的设备,压力可以选低一些,行走机械重载设备,压力要选得高一些,具体选择可参考表 9-2 和表 9-3。

表 9-2 按载荷选择工作压力

载荷/kN	<5	5~10	10~20	20~30	30~50	50~500	500~1 000
工作压力/MPa	1	1~2	2~3	3~4	4~5	5~10	10~20

表 9-3 按各种机械选择工作压力

机械类型	磨床	组合机床	龙门刨床	拉床	农业机械、小型工程机械、建筑机械、液压凿岩机	液压机、大中型挖掘机、重型机械、起重运输机械
工作压力/MPa	1~2	3~5	2~8	8~10	10~18	20~32

2)计算液压缸的主要结构尺寸

液压缸主要设计参数如图 9-2 所示,图 9-2(a)所示为液压缸活塞杆工作在受压状态,图 9-2(b)所示为活塞杆工作在受拉状态。

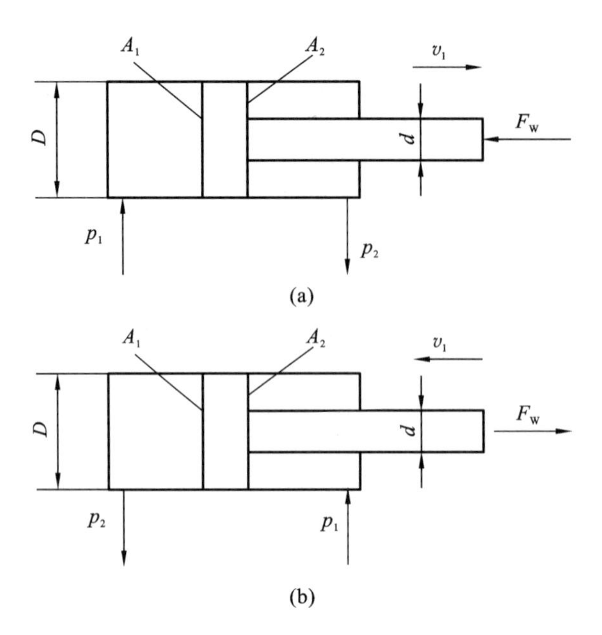

图 9-2 液压缸主要设计参数

活塞杆受压时有

$$F=F_{w}/\eta_{m}=p_{1}A_{1}-p_{2}A_{2} \tag{9-15}$$

活塞杆受拉时有

$$F=F_{w}/\eta_{m}=p_{1}A_{2}-p_{2}A_{1} \tag{9-16}$$

式中：$A_1=D^2\pi/4$ 为无杆腔活塞有效作用面积，单位为 m^2；$A_2=(D^2-d^2)\pi/4$ 为有杆腔活塞有效作用面积，单位为 m^2；p_1 为液压缸工作腔压力，单位为 MPa；p_2 为液压缸回油腔压力，单位为 MPa，即背压力，其值根据回路的具体情况而定，初算时可参照表 9-4 取值，差动连接时要另行考虑；D 为活塞直径，单位为 m；d 为活塞杆直径，单位为 m。

表 9-4 执行元件背压力

系统类型	背压力/MPa	系统类型	背压力/MPa
回油路较短，且直接回油箱	可忽略	回油路设置有背压阀的系统	0.5～1.5
简单系统或轻载节流调速系统	0.2～0.5	用补油泵的闭式回路	0.8～1.5
回油路带调速阀的系统	0.4～0.6	回油路较复杂的工程机械	1.2～3

一般来说，液压缸在受压状态下工作，其活塞面积为

$$A_{1}=(F+A_{2}p_{2})/p_{1} \tag{9-17}$$

运用式(9-17)须事先确定 A_1 与 A_2 的关系，或确定活塞杆径 d 与活塞直径 D 的关系，杆径比$=d/D$，其比值可按表 9-5 和表 9-6 选取。

表 9-5 按工作压力要求选取 d/D

工作压力/MPa	≤5.0	5.0～7.0	≥7.0
d/D	0.5～0.55	0.62～0.70	0.7

表 9-6 按速比要求确定 d/D

v_2/v_1	1.15	1.25	1.33	1.46	1.61	2
d/D	0.3	0.4	0.5	0.55	0.62	0.71

注：v_1 为无杆腔进油时活塞运动速度；v_2 为有杆腔进油时活塞运动速度。

采用差动连接时，$v_1/v_2=(D^2-d^2)/d^2$，如要求往返速度相同时，应取 $d=0.71D$。对行程与活塞杆直径之比 $l/d>10$ 的受压活塞或活塞杆，还要进行压杆稳定性验算。当工作速度很低时，还须按最低速度要求来验算液压缸尺寸，要求

$$A \geqslant q_{\min}/v_{\min} \tag{9-18}$$

式中：A 为液压缸有效工作面积；$q_{\min}$ 为系统最小稳定流量，在节流调速中取决于回路中所设调速阀或节流阀的最小稳定流量，在容积调速中取决于变量泵的最小稳定流量；$v_{\min}$ 为运动机构要求的最小工作速度。

如果液压缸的有效工作面积 A 不能满足最低稳定速度的要求，则应按最低稳定速度来确定液压缸的结构尺寸。

另外，如果执行元件的安装尺寸受到限制，液压缸的直径及活塞杆的直径需要事先确定时，可按载荷的要求和液压缸的结构尺寸来确定系统的工作压力。

液压缸直径 D 和活塞杆直径 d 的计算值要按国标规定的液压缸的有关标准进行圆整。若与标准液压缸的参数相近，最好选用国产标准液压缸，免于自行设计加工。常用液压缸直径 D 及活塞杆直径 d 如表 9-7 和表 9-8 所示。

表 9-7 常用液压缸内径 D 单位：mm

40	50	63	80	90	100	110
125	140	160	180	200	220	250

表 9-8 活塞杆直径 d 单位：mm

速比	缸径					
	40	50	63	80	90	100	110
1.46	22	28	35	45	50	55	63
2			45	50	60	70	80
速比	缸径						
	125	140	160	180	200	220	250
1.46	70	80	90	100	110	125	140
2	90	100	110	125	140	—	—

3)计算液压马达的排量

液压马达的排量

$$V=\frac{2\pi T}{\Delta p} \tag{9-19}$$

式中:T 为液压马达的载荷转矩,单位为 $N \cdot m$;$\Delta p=p_1-p_2$ 为液压马达的进、出口压差,单位为 MPa。

液压马达的排量应满足最低转速要求,即

$$V \geqslant \frac{q_{\min}}{n_{\min}} \tag{9-20}$$

式中:$q_{\min}$ 为通过液压马达的最小流量;$n_{\min}$ 为液压马达工作时的最低转速。

4)计算液压缸或液压马达的所需流量

(1)液压缸工作时所需流量为

$$q=Av \tag{9-21}$$

式中:A 为液压缸的有效工作面积,单位为 m^2;v 为活塞与缸体的相对速度,单位为 m/s。

(2)液压马达的流量为

$$q=Vn \tag{9-22}$$

式中:V 为液压马达的排量,单位为 m^3/r;n 为液压马达的转速,单位为 r/s。

5)绘制液压系统工况图(可略)

液压系统工况图包括压力循环图、流量循环图和功率循环图。它们是调整系统参数,选择液压泵、阀等元件的依据。

(1)压力循环图——(p-t)图。通过最后确定的液压执行元件的结构尺寸,再根据实际载荷的大小,求出液压执行元件在其动作循环各阶段的工作压力,然后把它们绘制成(p-t)图。

(2)流量循环图——(q-t)图。根据已确定的液压缸有效工作面积或液压马达的排量,结合其运动速度算出它们在工作循环中每一阶段的实际流量,把它们绘制成(q-t)图。若系统中有多个液压执行元件同时工作,则要把各自的流量图叠加起来绘出总的流量循环图。

(3)功率循环图——(P-t)图。绘出压力循环图和总流量循环图后,根据 $P=pq$,即可绘出系统的功率循环图。

4. 绘制液压系统图(制定基本方案)

1)制定调速方案

液压执行元件确定之后,其运动方向和运动速度的控制是拟定液压回路的核心问题。

方向控制用换向阀或逻辑控制单元来实现。对于一般中小流量的液压系统,大多通过换向阀的有机组合实现所要求的动作。对高压大流量的液压系统,现多采用插装阀与先导控制阀的逻辑组合来实现。

速度控制通过改变液压执行元件输入或输出的流量,或者利用密封空间的容积变化来实现,相应的调速方式有节流调速、容积调速以及两者的结合——容积节流调速。

节流调速一般采用定量泵供油,用流量控制阀改变输入或输出液压执行元件的流量来调节速度。此种调速方式结构简单,由于这种系统必须用溢流阀,故效率低,发热量大,多用于功率不大的场合。

容积调速是靠改变液压泵或液压马达的排量来达到调速的目的。其优点是没有溢流损失和节流损失,效率较高。但为了散热和补充泄漏,需要配有辅助泵。此种调速方式适用于功率大、运动速度高的液压系统。

容积节流调速一般是用变量泵供油,用流量控制阀调节输入或输出液压执行元件的流量,并使其供油量与需油量相适应。此种调速回路效率较高，速度稳定性也较好，但其结构比较复杂。

节流调速又分别有进油节流、回油节流和旁路节流三种形式。进油节流启动冲击较小，回油节流常用于有载荷的场合，旁路节流多用于高速场合。

调速回路一经确定，回路的循环形式也就随之确定了。

节流调速一般采用开式循环形式。在开式系统中，液压泵从油箱吸油，压力油流经系统释放能量后，再排回油箱。开式回路结构简单、散热性好，但油箱体积大，容易混入空气。

容积调速大多采用闭式循环形式。在闭式系统中，液压泵的吸油口直接与执行元件的排油口相通，形成一个封闭的循环回路，其结构紧凑，但散热条件差。

2)制定压力控制方案

液压执行元件工作时，要求系统保持一定的工作压力或在一定压力范围内工作，也有的需要多级或无级连续地调节压力，一般在节流调速系统中，通常由定量泵供油，用溢流阀调节所需压力，并保持恒定。在容积调速系统中，用变量泵供油，用安全阀起安全保护作用。

在有些液压系统中，有时需要流量不大的高压油，这时可考虑用增压回路得到高压，而不用单设高压泵。液压执行元件在工作循环中，某段时间不需要供油，而又不便停泵的情况下，需考虑选择卸荷回路。

在系统的某个局部，工作压力需低于主油源压力时，要考虑采用减压回路来获得所需的工作压力。

3)制定顺序动作方案

根据设备类型不同，主机各执行机构的顺序动作，有的按固定程序运行，有的则是随机的或人为的。

工程机械的操纵机构多为手动，一般用手动的多路换向阀控制。

加工机械的各执行机构的顺序动作多采用行程控制，当工作部件移动到一定位置时，通过电气行程开关发出电信号给电磁铁推动电磁阀或直接压下行程阀来控制连续的动作。行程开关安装比较方便，而用行程阀需连接相应的油路，因此只适用于管路连接比较方便的场合。

另外，还有时间控制、压力控制等。例如，液压泵无载启动，经过一段时间，当泵正常运转后，延时继电器发出电信号使卸荷阀关闭，建立起正常的工作压力。压力控制多用在带有液压夹具的机床中，如挤压机、压力机等。当某一执行元件完成预定动作时，回路中的压力达到一定的数值，通过压力继电器发出电信号或打开顺序阀使压力油通过，来启动下一个动作。

4)选择液压动力源

液压系统的工作介质完全由液压源来提供，液压源的核心是液压泵。节流调速系统一般用定量泵供油，在无其他辅助油源的情况下，液压泵的供油量要大于系统的需油量，多余的油经溢流阀流回油箱，溢流阀同时起到控制并稳定油源压力的作用。容积调速系统多数是用变量泵供油，用安全阀限定系统的最高压力。

为节省能源提高效率，液压泵的供油量要尽量与系统的所需量相匹配。对在工作循环各阶段中系统所需油量相差较大的情况，一般采用多泵供油或变量泵供油。对长时间所需流量较小的情况，可增设蓄能器来作为辅助油源。

油液的净化装置是液压源中不可缺少的。一般泵的入口要装有粗过滤器，进入系统的油液根据被保护元件的要求,通过相应的精过滤器再次过滤。为防止系统中杂质流回油箱,可在回油路上设置磁性过滤器或其他形式的过滤器。根据液压设备所处环境及对温升的要求,还要考虑加热、冷却等措施。

5)绘制液压系统图

整机的液压系统图由拟定好的控制回路及液压源组合而成。各回路相互组合时要去掉重复多余的元件,力求系统结构简单。还应注意各元件间的连锁关系,避免误动作发生,要尽量减少能量损失环节,提高系统的工作效率。

为了便于液压系统的维护和监测,在系统中的主要路段要装设必要的检测元件,如压力表、温度计等。

在大型设备的关键部位,要附设备用件,以便意外事件发生时能迅速更换损坏的元件,保证主机连续工作。

各液压元件尽量采用国产标准件,在图中要按国家标准规定的液压元件职能符号的常态位置绘制。对于自行设计的非标准元件可用结构原理图绘制。

系统图中应注明各液压执行元件的名称和动作,注明各液压元件的序号以及各电磁铁的代号,并附有电磁铁、行程阀及其他控制元件的动作表。

5. 液压元件的选择与专用件设计

1)液压泵的选择

(1)确定液压泵的最大工作压力 p_p

$$p_p \geqslant p_1 + \sum \Delta p$$

式中:p_1为液压缸或液压马达的最大工作压力;$\sum \Delta p$ 为从液压泵出口到液压缸或液压马达入口之间总的管路损失。$\sum \Delta p$ 的准确计算要待元件选定并绘出管路图时才能进行。

初算时 $\sum \Delta p$ 可按经验数据选取:管路简单、流速不大的,取 $\sum \Delta p=0.2 \sim 0.5$ MPa;管路复杂、进口有调速阀的,取 $\sum \Delta p=0.5 \sim 1.5$ MPa。

(2)确定液压泵的流量 q_p。多液压缸或液压马达同时工作时,液压泵的输出流量应为

$$q_p \geqslant K \sum q_{max}$$

式中:K 为系统泄漏系数,一般取 $K=1.1 \sim 1.3$;$\sum q_{max}$为同时动作的液压缸或液压马达的最大总流量,可从(q-t)图上查得,对于在工作过程中有节流调速的系统,还需要加上溢流阀的最小溢流量,常取 0.5×10^{-4} m^3/s。

系统使用蓄能器做辅助动力源时

$$q_p \geqslant \sum_{i=1}^{z} \frac{V_i K}{T_i}$$

式中:K 为系统泄漏系数,一般取 $K=1.2$;V_i为每一个液压缸或液压马达在工作周期内的总耗油量,单位为 m^3;T_i为液压设备工作周期,单位为 s;z 为液压缸或液压马达的个数。

(3)选择液压泵的规格。根据以上求得的 p_p和 q_p值,按系统中拟定的液压泵的形式,从产品样本或手册中选择相应的液压泵。为使液压泵有一定的压力储备,所选泵的额定压力一般要比最大工作压力大 25%~60%。

(4)确定液压泵的驱动功率。在工作循环中,如果液压泵的压力和流量比较恒定,即(p-t)、(q-t)图曲线变化较平缓,则

$$P=p_p q_p/\eta_p$$

式中:p_p为液压泵的最大工作压力,单位为 MPa;q_p为液压泵的流量,单位为 m^3/s;η_p为液压泵的总效率,如表 9-9 所示。

表 9-9 液压泵的总效率

液压泵类型	齿轮泵	叶片泵	柱塞泵	螺杆泵
总效率	0.6～0.85	0.60～0.90	0.80～0.95	0.65～0.80

限压式变量叶片泵的驱动功率可按流量特性曲线拐点处的流量、压力值计算。一般情况下,可取 $q_p=0.8q_{pmax}$,$q_p=q_n$,则

$$P=0.8q_{pmax}q_n/\eta_p$$

式中:q_{pmax}为液压泵的最大工作压力,单位为 MPa;q_n为液压泵的额定流量,单位为 m^3/s。

在工作循环中,如果液压泵的流量和压力变化较大,即(q-t)、(p-t)曲线起伏变化较大,则需要分别计算出各个动作阶段内所需功率,驱动功率取其平均功率,则

$$P_{PC}=\sqrt{\frac{P_1^2t_1+P_2^2t_2+\cdots+P_n^2t_n}{t_1+t_2+\cdots+t_n}}$$

式中:t_1、t_2……t_n为一个循环中每一动作阶段内所需的时间,单位为 s;P_1、P_2……P_n为一个循环中每一动作阶段内所需的功率,单位为 W。

按平均功率选出电动机功率后,还要验算每一阶段内电动机超载量是否都在允许范围内。电动机允许的短时间超载量一般为 25%。

2)液压阀的选择

(1)液压阀的规格,根据系统的工作压力和实际通过该阀的最大流量,选择有定型产品的阀件。溢流阀按液压泵的最大流量选取;选择节流阀和调速阀时,要考虑最小稳定流量应满足执行机构最低稳定速度的要求。控制阀的流量一般要选得比实际通过的流量大一些,必要时也允许有 20%以内的短时间过流量。

(2)阀的形式,按安装和操作方式选择。

3)蓄能器的选择

根据蓄能器在液压系统中的功用,确定其类型和主要参数。

(1)液压执行元件短时间快速运动,由蓄能器来补充供油,其有效工作容积为

$$\Delta V=\sum A_i l_i K-q_p t$$

式中:A 为液压缸有效工作面积,单位为 m^2;l 为液压缸行程,单位为 m;K 为油液损失系数,一般取 $K=1.2$;q_p为液压泵流量,单位为 m^3/s;t 为动作时间,单位为 s。

(2)做应急能源,其有效工作容积为

$$\Delta V=\sum A_i l_i K$$

式中:$\sum A_i l_i$为应急动作液压缸总的工作容积,单位为 m^3。

有效工作容积算出后,根据有关蓄能器的相应计算公式,求出蓄能器的容积,再根据其他性

能要求，即可确定所需蓄能器。

4)管道尺寸的确定

(1)管道内径计算。

$$d=\sqrt{\frac{4q}{\pi v}}$$

式中：q 为通过管道内的流量，单位为 m^3/s；v 为管内允许流速，单位为 m/s，如表 9-10 所示。

表 9-10　允许流速推荐值

管　道	泵吸油管道	压 油 管 道	回 油 管 道
推荐流速/(m/s)	0.5～1.5	3～6 压力高，管道短，黏度小，取大值	1.5～2.6

计算出管道内径 d 后，按标准系列选取相应的管子，如表 9-11 所示。

表 9-11　管道公称通径、外径、壁厚、连接螺纹及推荐流量表

公称通径		钢管外径/mm	管接头连接螺纹/mm	公称压力/MPa					推荐管路通过流量/(L/min)
				≤2.5	≤8	≤16	≤25	≤31.5	
				管子壁厚/mm					
mm	in								
3	—	6	—	1	1	1	1	1.4	0.63
4	—	8	—	1	1	1	1	1.4	2.5
5,6	1/8	10	M10×1	1	1	1	1.6	1.6	6.3
8	1/4	14	M14 ×1.5	1	1	1.6	2	2	25
10,12	3/8	18	M18×1.5	1	1.6	1.6	2	2.5	40
15	1.2	22	M22×1.5	1.6	1.6	2	2.5	3	63
20	3/4	28	M27×2	1.6	2	2.5	3.5	4	100
25	1	34	M33×2	2	2	3	4.5	5	160
32	1¼	42	M42×2	2	2.5	4	5	6	250
40	1½	50	M48×2	2.5	3	4.5	5.5	7	400
50	2	63	M60×2	3	3.5	5	6.5	8.5	630
65	2½	75	—	3.5	4	6	8	10	1000
80	3	90	—	4	5	7	10	12	1250
100	4	120	—	5	6	8.5	—	—	2500

注：压力管道推荐用10号、15号冷拔无缝钢管；对卡套式管接头用管，采用高精度冷拔钢管；对焊接式管接头用管，采用普通精度的钢管。

(2)管道壁厚的计算。

$$\delta=\frac{pd}{2[\sigma]}$$

式中：p 为管道内最高工作压力，单位 MPa；d 为管道内径，单位为 m；$[\sigma]$为管道材料的许用应

力，单位为 MPa，$[\sigma]=\sigma_b/n$；σ_b 为管道材料的抗拉强度，单位为 MPa；n 为安全系数。

对钢管来说，$p<7$ MPa 时，取 $n=8$；$p<17.5$ MPa 时，取 $n=6$；$p>17.5$ MPa 时，取 $n=4$。

5）油箱容量的确定

初始设计时，先按油箱容量的经验公式确定油箱的容量，待系统确定后，再按散热的要求进行校核。油箱容量的经验公式为

$$V=\alpha\times q_p$$

式中：q_p 为液压泵每分钟排出压力油的容积，单位为 m^3；α 为经验系数，如表 9-12 所示。

表 9-12 经验系数

系统类型	行走机械	低压系统	中压系统	锻压机械	冶金机械
α	1～2	2～4	5～7	6～12	10

最后按液压泵站的油箱公称容量系列（JB/T 7938—1995）选取，如表 9-13 所示。

表 9-13 油箱容量（JB/T 7938—1995） 单位：L

4	6.3	10	25	40	63	100	160
250	315	400	500	630	800	1 000	1 250
1 600	2 000	3 150	4 000	5 000	6 300	—	—

在确定油箱尺寸时，一方面要满足系统供油的要求，另一方面还要保证执行元件全部排油时，油不能溢出油箱，以及系统中最大可能充满油时，油箱的油位不能低于最低限度。

6. 液压系统性能验算

液压系统初步设计是在某些估计参数情况下进行的，当各回路形式、液压元件及连接管路等完全确定后，针对实际情况对所设计的系统进行各项性能分析。对一般液压传动系统来说，主要是进一步确切地计算液压回路各段压力损失、容积损失和系统效率，以及压力冲击和发热温升等。根据分析计算发现问题，对某些不合理的设计要进行重新调整，或者采取其他必要的措施。

1）液压系统压力损失

压力损失包括管路的沿程损失 Δp_1，管路的局部压力损失 Δp_2，阀类元件的局部损失为 Δp_3，则总的压力损失为

$$\Delta p=\Delta p_1+\Delta p_2+\Delta p_3$$

$$\Delta p_1=\lambda\frac{l}{d}\frac{v^2}{2}\rho$$

$$\Delta p_2=\zeta\frac{v^2}{2}\rho$$

式中：l 为管道的长度，单位为 m；d 为管道内径，单位为 m；v 为液流平均速度，单位为 s；ρ 为液压油密度，单位为 kg/m^3；λ 为沿程阻力系数；ζ 为局部阻力系数。λ、ζ 的具体值可参考流体力学有关内容。

$$\Delta p_3-\Delta p_n(q/q_n)^2$$

式中：q_n为阀的额定流量，单位为 m^3/s；q 为通过阀的实际流量，单位为 m^3/s；Δp_n为阀的额定压力损失，单位为 Pa(可从产品样本中查到)。

对于泵到执行元件间的压力损失，如果算出 Δp 比选泵时估计的管路损失大得多时，应该重新调整泵及其他有关元件的规格尺寸等参数。

系统的调整压力为

$$p_T \geqslant p_{1T} + \Delta p$$

式中：p_{1T}为液压泵的工作压力或支路的调整压力。

2)液压系统的发热功率与温升计算

(1)计算液压系统的发热功率。液压系统工作时，除执行元件驱动外载荷输出有效功率外，其余功率损失全部转化为热量，使油温升高。液压系统的功率损失主要有以下几种形式。

①液压泵的功率损失

$$P_{h1} = \frac{1}{T_i}\sum_{i=1}^{z} P_{ri}(1-\eta_i)t_i$$

式中：T_i为第 i 台液压泵的工作循环周期，单位为 s；z 为投入工作的液压泵的台数；P_{ri}为第 i 台液压泵的输入功率，单位为 W；η_i为第 i 台液压泵的效率；t_i为第 i 台液压泵的工作时间，单位为 s。

②液压执行元件的功率损失

$$P_{h2} = \frac{1}{T_i}\sum_{j=1}^{m} P_{rj}(1-\eta_j)t_j$$

式中：m 为液压执行元件的数量；P_{rj}为第 j 个液压执行元件的输入功率，单位为 W；η_j为第 j 个液压执行元件的效率；t_j为第 j 个执行元件工作时间，单位为 s。

③溢流阀的功率损失

$$P_{h3} = p_y q_y$$

式中：p_y为溢流阀的调整压力，单位为 MPa；q_y为经溢流阀流回油箱的流量，单位为 m^3/s。

④油液流经阀或管路的功率损失

$$P_{h4} = \Delta p q$$

式中：Δp 为通过阀或管路的压力损失，单位为 MPa；q 为通过阀或管路的流量，单位为 m^3/s。

由以上各种损失构成了整个系统总的功率损失，即液压系统的发热功率

$$P_{hr} = P_{h1} + P_{h2} + P_{h3} + P_{h4}$$

上式适用于回路比较简单的液压系统，对于复杂系统，由于功率损失的环节太多，一一计算比较麻烦，通常用下式计算液压系统的发热功率

$$P_{hr} = P_r - P_c$$

式中：P_r 为液压系统的总输入功率；P_c为输出的有效功率。

$$P_r = \frac{1}{T_i}\sum_{i=1}^{z}\frac{p_i q_i t_i}{\eta_i}$$

$$P_c = \frac{1}{T_i}\left(\sum_{i=1}^{n} F_{W_i} s_i + \sum_{j=1}^{m} T_{W_j}\omega_j t_j\right)$$

式中：T_i为第 i 台液压泵的工作周期，单位为 s；z、n、m 分别为液压泵、液压缸、液压马达的数量；p_i、q_i、η_i分别为第 i 台液压泵的实际输出压力、流量、效率；t_i为第 i 台液压泵的工作时间，单位

为 s；T_{W_j}、ω_j、t_j分别为第 j 台液压马达的外载转矩、转速、工作时间，单位分别为 N·m、rad/s、s；F_{W_i}、s_i分别为液压缸外载荷及驱动载荷的行程，单位分别为 N、m。

(2)计算液压系统的散热功率。液压系统的散热渠道主要是油箱表面，但如果系统外接管路较长，而且计算发热功率时，也应考虑管路表面散热。

$$P_{hc}=(K_1A_1+K_2A_2)\times\Delta T$$

式中：K_1为油箱散热系数，如表 9-14 所示；K_2为管路散热系数，如表 9-15 所示；A_1、A_2分别为油箱、管道的散热面积，单位为 m^2；ΔT 为油温与环境温度之差，单位为℃。

表 9-14 油箱散热系数 K_1 单位：W/(m²·℃)

冷却条件	K_1
通风条件很差	8～9
通风条件良好	15～17
用风扇冷却	23
循环水强制冷却	110～170

表 9-15 管道散热系数 K_2 单位：W/(m²·℃)

风速/(m·s⁻¹)	管道外径/m		
	0.01	0.05	0.1
0	8	6	5
1	25	14	10
5	69	40	23

若系统达到热平衡，则 $P_{hr}=P_{hc}$，油温不再升高，此时，最大温差为

$$\Delta T=P_{hr}/(K_1A_1+K_2A_2)$$

环境温度为 T_0，则油温 $T=T_0+\Delta T$。如果计算出的油温超过该液压设备允许的最高油温(各种机械允许油温见表 9-16)，就要设法增大散热面积，如果油箱的散热面积不能加大，或者加大一些也无济于事时，就需要装设冷却器。冷却器的散热面积为

$$A=(P_{hr}-P_{hc})/K\Delta t_m$$

式中：K 为冷却器的散热系数；Δt_m为平均温升，单位为℃。

$$\Delta t_m=(T_1-T_2)/2-(t_1-t_2)/2$$

式中：T_1、T_2分别为液压油入口和出口温度；t_1、t_2分别为冷却水或风的入口和出口温度。

表 9-16 各种机械允许油温

液压设备类型	正常工作温度/℃	最高允许温度/℃
数控机床	30～50	55～70
一般机床	30～55	55～70

续表

液压设备类型	正常工作温度/℃	最高允许温度/℃
机车车辆	40～60	70～80
船舶	30～60	80～90
冶金机械、液压机	40～70	60～90
工程机械、矿山机械	50～80	70～90

(3)根据散热要求计算油箱容量。

在初步确定油箱容积的情况下，可以依据最大温差 ΔT 验算其散热面积是否满足要求。当系统的发热量求出之后，可根据散热的要求确定油箱的容量。

由 ΔT 的计算公式可得出油箱的散热面积为

$$A_1=\left(\frac{P_{\mathrm{hr}}}{\Delta T}-K_2A_2\right)\Big/K_1$$

如不考虑管路的散热，上式可简化为

$$A_1=P_{\mathrm{hr}}/(\Delta TK_1)$$

油箱主要设计参数如图9-3所示。一般地，油面的高度为油箱高 h 的0.8倍，与油直接接触的表面算全散热面，与油不直接接触的表面算半散热面，图9-3所示油箱的有效容积和散热面积分别为

$$V=0.8abh$$

$$A_1=1.8h(a+b)+1.5ab$$

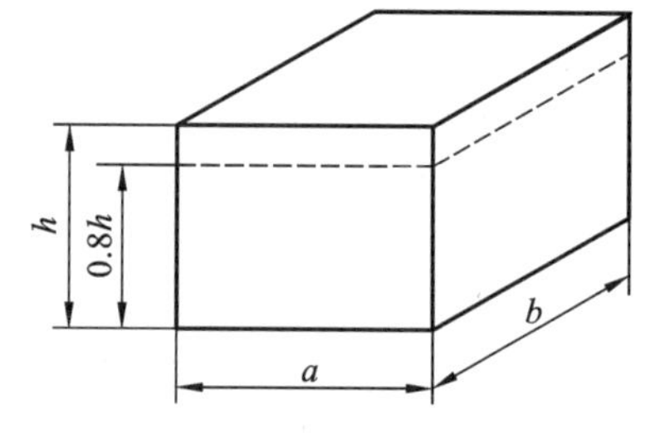

图9-3 油箱结构尺寸

若 A_1 求出，再根据结构要求确定 a、b、h 的比例关系，即可确定油箱的主要结构尺寸。

如按散热要求求出的油箱容积过大，远超出用油量的需要，且又受空间尺寸的限制，则应适当缩小油箱尺寸，增设其他散热措施。

3)计算液压系统冲击压力

压力冲击是由于管道液流速度急剧改变而形成的。例如，液压执行元件在高速运动中突然停止，换向阀的迅速开启和关闭，都会产生高于静态值的冲击压力。它不仅会伴随产生振动和噪声，而且会因过高的冲击压力而使管路、液压元件遭到破坏。对系统影响较大的压力冲击通常为以下两种形式。

(1)当迅速打开或关闭液流通路时，在系统中产生的冲击压力。

直接冲击(即 $t<\tau$)时，管道内压力增大值为

$$\Delta p=a_c\rho\Delta v$$

间接冲击(即 $t>\tau$)时，管道内压力增大值为

$$\Delta p=a_c\rho\Delta v\tau/t$$

式中：ρ 为液体密度，单位为 $\mathrm{kg/m^3}$；Δv 为关闭或开启液流通道前后管道内流速之差，单位为 m/s；t 为关闭或打开液流通道的时间，单位为 s；$\tau=2l/a_c$，为管道长度 l 时，冲击波往返所需的

时间，单位为 s；a_c为管道内液流中冲击波的传播速度，单位为 m/s。

若不考虑黏性和管径变化的影响，冲击波在管内的传播速度为

$$a_c=\frac{\sqrt{\frac{E_0}{\rho}}}{\sqrt{1+\frac{E_0 d}{E\delta}}}$$

式中：E_0为液压油的体积弹性模量，单位为 Pa，其推荐值为 $E_0=700$ MPa；δ、d 分别为管道的壁厚和内径，单位均为 m；E 为管道材料的弹性模量，单位为 Pa。常用管道材料弹性模量：钢 $E=2.1\times10^{11}$ Pa，紫铜 $E=1.18\times10^{11}$ Pa。

(2)急剧改变液压缸运动速度时，由于液体及运动机构的惯性作用而引起的压力冲击，其压力的增大值为

$$\Delta p=\left(\sum l_i\rho\frac{A}{A_i}+\frac{m}{A}\right)\frac{\Delta v}{t}$$

式中：l_i为液流第 i 段管道的长度，单位为 m；A_i为第 i 段管道的横截面积，单位为 m^2；A 为液压缸活塞的面积，单位为 m^2；m 为与活塞连动的运动部件质量，单位为 kg；Δv 为液压缸的速度变化量，单位为 m/s；t 为液压缸速度变化 Δv 所需时间，单位为 s。

计算出冲击压力后，此压力与管道的静态压力之和即为此时管道的实际压力。实际压力若比初始设计压力大得多时，要重新校核一下相应部位管道的强度及阀件的承压能力，如不满足要求，则要重新调整。

7. 设计液压装置，编制技术文件

1)液压装置总体布局

液压系统总体布局有集中式结构和分散式结构两种。

集中式结构是将整个设备液压系统的油源、控制阀部分独立设置于主机之外或安装在地下，组成液压站。如冷轧机、锻压机、电弧炉等有强烈热源和烟尘污染的冶金设备，一般都是采用集中供油方式。

分散式结构是把液压系统中液压泵、控制调节装置分别安装在设备上适当的地方。如机床、工程机械等可移动式设备一般都采用这种结构。

2)液压阀的配置形式

(1)板式配置。板式配置是把板式液压元件用螺钉固定在底板上，板上钻有与阀口对应的孔，通过管接头连接油管而将各阀按系统图接通。这种配置可根据需要灵活地改变回路形式，液压实验台等普遍采用这种配置。

(2)集成式配置。目前液压系统大多数都采用集成形式。它是将液压阀件安装在集成块上，集成块一方面起安装底板作用，另一方面起内部油路作用。这种配置结构紧凑、安装方便。

3)集成块设计

(1)块体结构。集成块的材料一般为铸铁或锻钢，低压固定设备可用铸铁，高压强振场合要用锻钢。块体加工成正方体或长方体。

对于较简单的液压系统，其阀件较少，可安装在同一个集成块上。如果液压系统复杂，控制阀较多，就要采取多个集成块叠积的形式。相互叠积的集成块，上下面一般为叠积接合面，钻有

公共压力油孔 P,公用回油孔 T,泄漏油孔 L 和 4 个用以叠积紧固的螺栓孔。

P 孔,液压泵输出的压力油经调压后进入公用压力油孔 P,作为供给各单元回路压力油的公用油源。

T 孔,各单元回路的回油均通到公用回油孔 T,流回到油箱。

L 孔,各液压阀的泄漏油,统一通过公用泄漏油孔流回油箱。

集成块的其余四个表面,一般后面接通液压执行元件的油管,另三个面用以安装液压阀。块体内部按系统图的要求,钻有沟通各阀的孔道。

(2)集成块结构尺寸的确定。外形尺寸要满足阀件的安装、孔道布置及其他工艺要求。为减少工艺孔,缩短孔道长度,阀的安装位置要仔细考虑,使相通油孔尽量在同一水平面或是同一竖直面上。对于复杂的液压系统,需要多个集成块叠积时,一定要保证三个公用油孔的坐标相同,使之叠积起来后形成三个主通道。

各通油孔的内径要满足允许流速的要求,一般来说,与阀直接相通的孔径应等于所装阀的油孔通径。

油孔之间的壁厚 δ 不能太小:一方面防止在使用过程中,由于油的压力过大而击穿孔壁;另一方面避免加工时,因油孔的偏斜而误通。对于中低压系统,δ 不得小于 5mm,高压系统应更大些。

4)绘制正式工作图,编写技术文件

液压系统完全确定后,要正规地绘出液压系统图。除用元件图形符号表示的原理图外,还包括动作循环表和元件的规格型号表。图中各元件一般按系统停止位置表示,如有特殊需要,也可以按某时刻运动状态画出,但要加以说明。

装配图包括泵站装配图,管路布置图,操纵机构装配图,电气系统图等。

技术文件包括设计任务书,设计说明书,设备的使用、维护说明书等。

9.2 液压系统设计实例

试设计一台立式板料折弯机液压系统,其滑块(压头)的上下运动都采用液压传动,要求通过电液控制实现的工作循环为快速下降→慢速加载→快速回程(上升)。

最大折弯力 $F_{max}=10^6$ N,滑块重力 $G=15\ 000$ N。

快速下降的速度 $v_1=23$ mm/s,慢速加压(折弯)的速度 $v_2=12$ mm/s,快速上升的速度 $v_3=53$ mm/s。

快速下降行程 $L_1=180$ mm,慢速加压(折弯)的行程 $L_2=20$ mm,快速上升的回行程 $L_3=200$ mm;启动、制动时间 $\Delta t=0.2$ s。

要求用液压方式平衡滑块质量,以防自重下滑,滑块导轨之间的摩擦力可忽略不计。

一、计算分析负载和运动

折弯机滑块做上下直线往复运动,且行程较小(只有 200 mm),故可选单杆液压缸(取缸的机械效率 $\eta_{cm}=0.91$),折弯机各工况情况如表 9-17 所示。

表 9-17 折弯机各工况情况

工况	时间/s	行程/mm	速度/(mm/s)	说　明
启动	0.2	180	0	0～23 mm/s
快进	7.826		23	—
工进	初压 1.25	15	12	折弯时分为两个阶段，初压阶段的行程为 15 mm；终压阶段行程为 5 mm
	终压 0.417	5		
快退	3.774	200	53	—

根据技术要求和已知参数对液压缸各工况外负载进行计算，结果如表 9-18 所示。

表 9-18 液压缸外负载力分析计算结果

工况		计算公式	外负载/N	说　明
快进	启动	$F_{i1}=\frac{G}{g}\cdot\frac{\Delta v_1}{\Delta t}$	176	(1) $F_{i1}=\frac{G}{g}\cdot\frac{\Delta v_1}{\Delta t}=\frac{15\ 000}{9.81}\times\frac{0.023}{0.2}=176$ N，$\frac{\Delta v_1}{\Delta t}$ 为下行平均加速度 0.115 m/s^2。 (2)由于忽略滑块导轨摩擦力，故快速下降等速时外负载为 0。 (3)折弯时压头上的工作负载可分为两个阶段：初压阶段，负载力缓慢线性增加，约达到最大弯力的 5%，其行程为 15 mm；终压阶段，负载力急剧增加到最大弯力，上升规律近似于线性，行程为 5 mm。 (4) $F_{i2}=\frac{G}{g}\cdot\frac{\Delta v_2}{\Delta t}=\frac{15\ 000}{9.81}\times\frac{0.053}{0.2}=405$ N；$\frac{\Delta v_2}{\Delta t}$ 为回程平均加速度 0.265 m/s^2
	等速	—	0	
工进	加载一	$F_{e1}=F_{max}\times 5\%$	50 000	
	加载二	$F_{e2}=F_{max}$	1 000 000	
快退	启动	$F_{i2}+G=\frac{G}{g}\cdot\frac{\Delta v_2}{\Delta t}+G$	15 405	
	匀速	$F=G$	15 000	
	制动	$G-F_{i2}=G-\frac{G}{g}\cdot\frac{\Delta v_2}{\Delta t}$	14 595	

二、绘制工况图

利用以上数据，并在负载和速度过渡段做粗略的线性处理后，便得到如图 9-4 所示的折弯机液压缸负载循环图和速度循环图。

三、计算确定液压缸参数

根据表 9-3 预选液压缸的设计压力 $p_1=24$ MPa。将液压缸的无杆腔作为主工作腔，考虑到液压缸下行时，滑块自重采用液压式平衡，则可计算出液压缸无杆腔的有效面积。

液压缸无杆腔的有效面积为

$$A_1=\frac{10^6}{0.91\times 24\times 10^6}\ m^2=0.046\ m^2$$

液压缸内径为

$$D=\sqrt{\frac{4A_1}{\pi}}=\sqrt{\frac{4\times 0.046}{\pi}}=0.242\ m=242\ mm$$

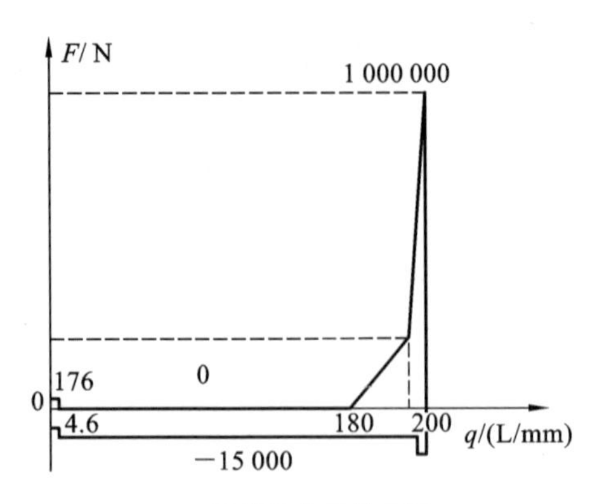

(a) 折弯机负载循环图

(b) 折弯机液压缸速度循环图

图 9-4 折弯机液压缸的工况图

按 GB/T 2348—1993 的要求,取标准值 $D=250\ \text{mm}=25\ \text{cm}$。

根据快速下行和快速上升的速度比确定活塞杆直径 d,即

$$\frac{V_3}{V_1}=\frac{D^2}{D^2-d^2}=\frac{53}{23}=2.3$$

$d=0.751D=(0.751\times250)\text{mm}=187.75\ \text{mm}$,取标准值 $d=180\ \text{mm}$。

液压缸的实际有效面积为

$$A_1=\frac{\pi}{4}D^2=\frac{\pi}{4}\times25^2=490.625\ \text{cm}^2$$

$$A_2=\frac{\pi}{4}(D^2-d^2)=\frac{\pi}{4}(25^2-18^2)=236.285\ \text{cm}^2$$

液压缸在工作循环中各阶段的压力和流量计算如表 9-19 所示。

表 9-19 液压缸工作循环中各阶段的压力和流量

工况		计算公式	负载 F/N	工作腔压力 p/MPa	输入流量 q /(L/min)	输入功率 P/kW
快速	启动	$p_1=\frac{F}{A_1\eta_{cm}}$;$q=A_1v_1$	176	0.039 42	67	0.004
	匀速		0	0	—	0
工进	加载一	$p=\frac{F}{A_1\eta_{cm}}$;$q=A_1v_2$	5×10^4	1.12	35.325	0.659
	加载二		10^6	22.4	35.325→0	3.472
快退	启动	$p=\frac{F}{A_2\eta_m}$;$q=A_2v_3$	15 405	0.71	—	0.889
	匀速		15 000	0.69	75.138	0.864
	制动		14 595	0.67	—	0.839

循环中各阶段的功率计算如下(可略)。

快进(启动)阶段:

$$P_1=p_1q_1=3\,942\times1\,128.43\times10^{-6}\ \text{W}=4.45\ \text{W}=0.004\ \text{kW}$$

快进(匀速)阶段:

$$P'_1=0$$

工进(加载一)阶段：

$$P_2 = p_2 q_2 = 1.12 \times 10^6 \times 588.75 \times 10^{-6}\ \text{W} = 659.4\ \text{W} = 0.659\ \text{kW}$$

工进(加载二)在行程只有 5 mm，持续时间仅 $t_3 = 0.417$ s，压力和流量的变化情况较复杂，为此做如下处理。

压力由 1.12 MPa 增至 22.4 MPa，其变化规律可近似用一线性函数 $p(t)$ 表示，即

$$p = 1.12 + \frac{22.4 - 1.12}{0.417}t = 1.12 + 51.03t \tag{a}$$

流量由 588.75 cm^3/s 减小为零，其变化规律可近似用一线性函数 $q(t)$ 表示，即

$$q = 588.75\left(1 - \frac{t}{0.417}\right) \tag{b}$$

式(a)、式(b)中，t 为终压阶段持续时间，取值范围为 0～0.417 s。

从而得此阶段功率方程

$$P = pq = 588.75 \times (1.12 + 51.03t) \times \left(1 - \frac{t}{0.417}\right) \tag{c}$$

这是一个开口向下的抛物线方程，令 $\frac{\partial P}{\partial t} = 0$，可求得极值点 $t = 0.197$ s 以及此处的最大功率值为

$$p_3 = p_{\max} = 588.75 \times (1.12 + 51.03 \times 0.197) \times \left(1 - \frac{0.197}{0.417}\right)\text{W} = 3\ 472.31\ \text{W} = 3.472\ \text{kW}$$

而 $t = 0.197$ s 处的压力和流量可由式(a)和式(b)算得，即

$$P = (1.12 + 51.03 \times 0.197)\ \text{MPa} = 11.17\ \text{MPa}$$

$$q = 588.75 \times \left(1 - \frac{0.197}{0.417}\right)\text{cm}^3/\text{s} = 310.86\ \text{cm}^3/\text{s} = 18.65\ \text{L/min}$$

快速度回程阶段可分为启动、恒速和制动三部分。

启动有

$$P_4 = p_4 q_4 = 0.71 \times 10^6 \times 1\ 252.3 \times 10^{-6}\ \text{W} = 889\ \text{W} = 0.889\ \text{kW}$$

恒速有

$$P_5 = p_5 q_5 = 0.69 \times 10^6 \times 1\ 252.3 \times 10^{-6}\ \text{W} = 864\ \text{W} = 0.864\ \text{kW}$$

制动有

$$P_6 = p_6 q_6 = 0.67 \times 10^6 \times 1\ 252.3 \times 10^{-6}\ \text{W} = 839\ \text{W} = 0.839\ \text{kW}$$

根据以上分析与计算数据可绘出液压缸的工况图(压力、流量、功率曲线)。

四、绘制拟定液压系统图

考虑到折弯机工作时所需功率较大，故采用容积调速方式。

为满足速度的有级变化，采用压力补偿变量液压泵供油，即在快速下降时，液压泵以全流量供油，当转换成慢速加压折弯时，泵的流量减小，在最后 5 mm 内，使泵流量减到零。当液压缸反向回程时，泵恢复到全流量供油。

液压缸的运动方向采用三位四通 M 型电液换向阀控制，停机时换向阀处于中位，使液压泵卸荷。

为防止压头在下降过程中由于自重而出现速度失控现象，在液压缸有杆腔回油路上设置一个内控单向顺序阀。

本机采用行程控制，利用行程开关来切换电液换向阀，以实现自动循环。

故拟定的折弯机液压系统原理图如图 9-5 所示。

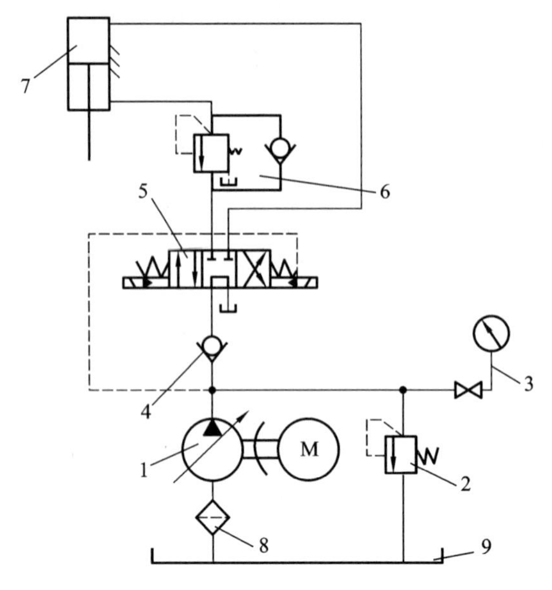

图 9-5　折弯机液压系统原理图

1—变量泵；2—溢流阀；3—压力表及其开关；4—单向阀；
5—三位四通电液换向阀；6—单向顺序阀；7—液压缸；8—过滤器；9—油箱

五、选择液压元辅件、电动机

由液压缸的工况图，可以看到液压缸的最高工作压力出现在加压折弯阶段结束时，$p_1=22.4$ MPa。此时缸的输入流量极小，且进油路元件较小，故泵至缸的进油路压力损失估取为 $\Delta p=0.5$ MPa。所以，泵的最高工作压力 $p_p=(22.4+0.5)\text{MPa}=22.9$ MPa

1. 液压泵

液压泵的最大供油流量 q_p 按液压缸的最大输入流量(75.138 L/min)进行估算。取泄漏系数 $K=1.1$，则 $q_p=1.1\times75.138$ L/min$=82.65$ L/min。

根据以上计算结果查阅手册或产品样本，选用规格相近的选取 63YCY14-1B 压力补偿变量型斜盘式轴向柱塞泵，其额定压力 32 MPa，排量为 63 mL/r，额定转速 1 500 r/min。

最大功率出现在终压阶段 $t=0.197$s 时，可算得此时液压泵的最大理论功率为

$$P_t=(p+\Delta p)Kq=(11.17+0.5)\times1.1\times341.67\ \text{W}=4\ 386.018\ \text{W}=4.386\ \text{kW}$$

2. 电动机

取泵的总效率为 $\eta_p=0.85$，则液压泵的实际功率即所需电机功率为

$$p_p=\frac{p_t}{\eta_p}=\frac{4.386}{0.85}\text{kW}=5.16\ \text{kW}$$

查有关手册，选用规格相近的 Y132S-4 型封闭式三相异步电动机，其额定功率 5.5 kW，额定转速为 1 440 r/min。

按所选电动机转速和液压泵的排量，液压泵的最大理论流量为 $q_t=nV=1\ 440\times63$ L/min $=90.72$ L/min，大于计算所需流量 82.65 L/min，满足使用要求。

3. 液压阀

根据所选择的液压泵规格及系统工作情况，容易选择系统的其他液压元件，一并列入表9-20。其他元件的选择及液压系统性能计算此处从略。

表 9-20 折弯机液压系统液压元件型号规格

序号	元件名称	额定压力/MPa	额定流量/(L/min)	型号规格	说　明
1	变量泵	32	94.5	63YCY14-1B	额定转速 1 500 r/min，驱动电动机功率 5.5 kW
2	溢流阀	35	250	DB10	通径为 10 mm
3	单向阀	31.5	120	S15P	通径为 15 mm
4	三位四通电液换向阀	28	160	4WEH10G	通径为 10 mm
5	单向顺序阀	31.5	150	DZ10	通径为 10 mm
6	液压缸	—	—	自行设计	—
7	压力表及其开关	16	160	AF3-Ea20B	通径为 20 mm，最低控制压力 0.6 MPa
8	过滤器	<0.02 压力损失	100	XU-100×80J	通径为 32 mm

4. 油管

各元件间连接管道的规格按液压元件接口处的尺寸决定，液压缸进、出油管则按输入、排出的最大流量计算。液压泵选定之后，由于液压缸在各个工作阶段的进、出流量已与原定数值不同，所以要重新计算如表 9-21 所示。

表 9-21 液压缸的输入、排出流量

项　目	快　进	工　进	快　退
输入流量/(L/min)	$q_1=67$	$q_1=35.325$	$q_1=q_p=82.65$
排出流量/(L/min)	$q_2=(A_2q_1)/A_1=32.267$	$q_2=(A_2q_1)/A_1=17.013$	$q_2=(A_1q_1)/A_2=171.62$

由表 9-21 可以看出，液压缸在各个工作阶段的实际速度符合设计要求。

根据表 9-21 中的数值，按推荐液在压油管的流速 v=5m/s，所以与液压缸无杆腔相连的油管内径分别为

$$d=2\times\sqrt{q/(\pi v)}=2\times\sqrt{(82.65\times10^5/60)/(\pi\times5\times10^3)}\ \text{mm}=18.73\ \text{mm}$$

$$d=2\times\sqrt{q/(\pi v)}=2\times\sqrt{(171.62\times10^5/60)/(\pi\times5\times10^3)}\ \text{mm}=26.99\ \text{mm}$$

这两根油管都按 GB/T 2351—2005 选用内径 ϕ25 mm、外径 ϕ32 mm 的冷拔无缝钢管。

5. 油箱

油箱容积估算，取经验数据 $\zeta=11$，故其容积为

$$V=\zeta q_p=11\times82.65\ \text{L}=909.15\ \text{L}$$

按 JB/T 7938—2010 规定,取最靠近的标准值 $V=1\ 000$ L。

六、计验算验算液压系统性能(压力、温升)

1. 验算系统压力损失,并确定压力阀的调整值

由于系统的管路布局尚未具体确定,整个系统的压力损失无法全面估算,故只能先估算阀类元件的压力损失,待设计好管路布局图后,加上管路的沿程损失和局部损失。

(1)快进。快进时,进油路上油液通过单向阀 4 的流量是 67 L/min,通过电液换向阀 5 的流量是 67 L/min,因此进油路上的总压降为

$$\sum \Delta p_V=[0.2\times(\frac{67}{120})^2+0.5\times(\frac{67}{160})^2]\ \text{MPa}=0.15\ \text{MPa}$$

此值不大,不会使压力阀开启,故能确保两个泵的流量全部进入液压缸。

回油路上,液压缸有杆腔中的油液通过三位四通换向阀的流量是 32.3 L/min,然后流回油箱,由此便得出有杆腔压力与无杆腔压力之差为

$$\Delta p=0.5\times\left(\frac{32.3}{160}\right)^2\ \text{MPa}=0.020\ 4\ \text{MPa}$$

(2)工进。工进时,油液在进油路上通过电液换向阀 5 的流量是 35.325 L/min 。进油路上的总压降为

$$\Delta p_1=0.5\times\left(\frac{35.325}{160}\right)^2\ \text{MPa}=0.024\ \text{MPa}$$

故溢流阀 2 的调压 p_{p1A} 应为

$$p_{p1A}>p_1+\sum \Delta p_1=(22.4+0.024)\text{MPa}=22.424\ \text{MPa}$$

(3)快退。快退时,油液在进油路上通过单向阀 4,换向阀 5 和单向阀 6 的流量为 86.65 L/min。油液在回油路上通过换向阀 5 的流量是 171.62 L/min,因此进油路上的总压降为

$$\sum \Delta p_{V1}=\left[0.2\times\left(\frac{82.65}{120}\right)^2+0.5\times\left(\frac{82.65}{160}\right)^2+0.2\times(\frac{82.65}{150})^2\right]\ \text{MPa}=0.289\ \text{MPa}$$

此值较小,所以液压泵驱动电动机的功率是足够的。回油路上的总压降为

$$\sum \Delta p_{V2}=0.5\times\left(\frac{171.62}{160}\right)^2\ \text{MPa}=0.575\ \text{MPa}$$

此值较小,不必重算,快退时液压泵的工作压力 p_p 应为

$$p_p=p_1+\Delta p_{V1}=(0.71+0.289)\ \text{MPa}=0.999\ \text{MPa}$$

溢流阀的调整压力定大于此压力。

2. 验算油温

工进时,液压缸的有效功率为

$$P_e=Fv=5\times10^4\times12\times10^{-3}\ \text{W}=600\ \text{W}$$

液压缸的总输入功率为

$$P_p=\frac{p_2}{\eta_p}=\frac{695.4}{0.85}\ \text{W}=775.76\ \text{W}$$

液压系统的发热功率为

$$\Delta p=p_p-p_e=(775.76-600)\ \text{W}=176\ \text{W}$$

可算出油箱的散热面积为

$$A=6.5\sqrt[3]{V^2}=6.5\times\sqrt[3]{(1\ 000\times10^{-3})^2}\ \mathrm{m}^2=6.5\ \mathrm{m}^2$$

查得油箱的散热系数为

$$K=9\ \mathrm{W/(m^2\cdot ℃)}$$

查得油箱的散热系数为，求出油液温升为

$$\Delta t=\frac{\Delta p}{KA}=\frac{176}{9\times6.5}℃=3.00\ ℃$$

此温升值没有超出允许范围，故该液压系统不必设置冷却器。

9.3 液压系统的设计禁忌实例

一、三级调压回路软管突然破裂

三级调压回路如图9-6所示，该回路使用不久便出现软管突然破裂。

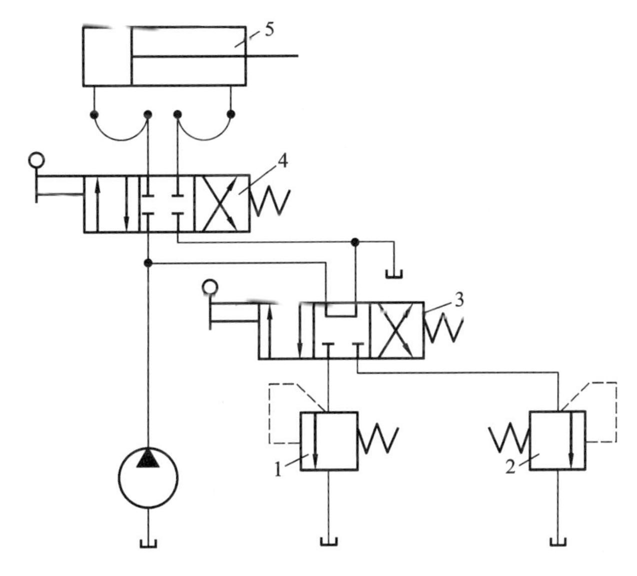

图9-6 三级调压回路

1、2—溢流阀；3、4—电磁换向阀；5—液压缸

1. 存在问题

系统运行不久，在正常运转条件下，软管发生破裂。

2. 问题分析

首先检查软管，软管的质量不存在问题。回路中溢流阀的调整压力均正常。

经对管路和各液压阀结构、机能的综合分析及检测知道电磁换向阀3的过渡状态如图9-7所示。不难看出，电磁换向阀3在由一个工位向另一个工位切换时，由于液压泵输油口无出路，造成回路的压力瞬间增大，当压力达到一定值时，就会使软管受压力冲击而破裂。

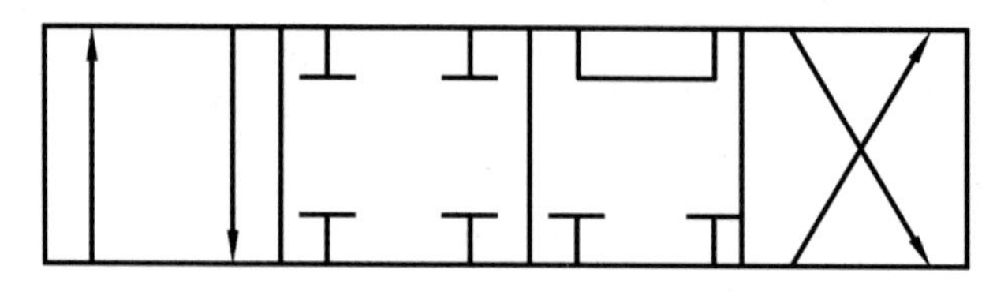

图 9-7　电磁换向阀 3 的过渡状态

3. 解决方法

上述问题不是使用、维护不当引起的，而是由于设计时考虑不周造成的。改进后的液压回路如图 9-8 所示。

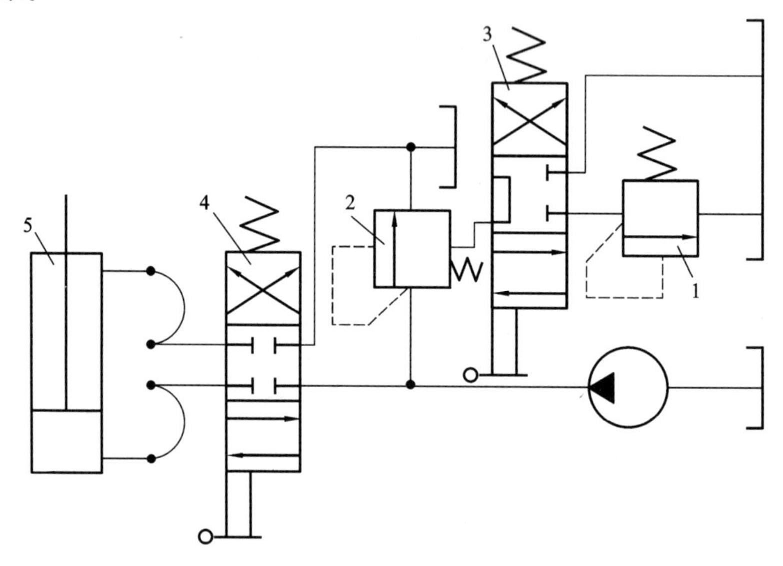

图 9-8　改进后的三级调压回路

1、2—溢流阀；3、4—电磁换向阀；5—液压缸

滑阀的过渡状态(位置)，往往是设计者不注意的问题，因而会出现意想不到的设计失误。此例告诫我们，要搞好液压系统的设计，不但要正确掌握、选用滑阀的机能，而且对滑阀的过渡状态机能(有些产品样本已标出)也要心中有数，从而设计出合理可行的回路，保证液压系统在各种工况下都能可靠地工作。

二、40 型成型磨床横向进给液压系统有冲击

40 型成型磨床横向进给液压系统如图 9-9 所示。系统在使用不久后改用国产导轨油，造成加工精度不够，增加元件 1 可以满足要求。

三、成型机液压系统减压压力不稳定

成型机液压系统如图 9-10 所示。

问题：阀 7 的减压压力不能稳定在 1.5 MPa。

原因：(1)阀 7 进油口压力低于阀 7 的调定值；(2)缸 11 的负载小；(3)缸 11 内外泄露大；(4)阀 7 污物多，可清洗排除；(5)阀 7 的外泄口有背压，受阀 3、阀 5、阀 4、阀 6 的波动影响大。

解决方法：单独回油。

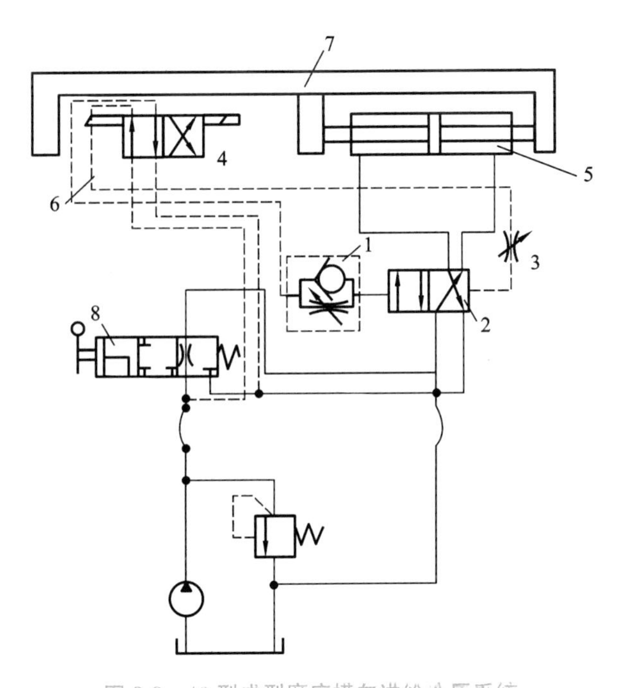

图 9-9　40 型成型磨床横向进给液压系统

1—单向节流阀；2、4、8—换向阀；3—可调节流阀；5—液压缸；6—管道；7—工作台

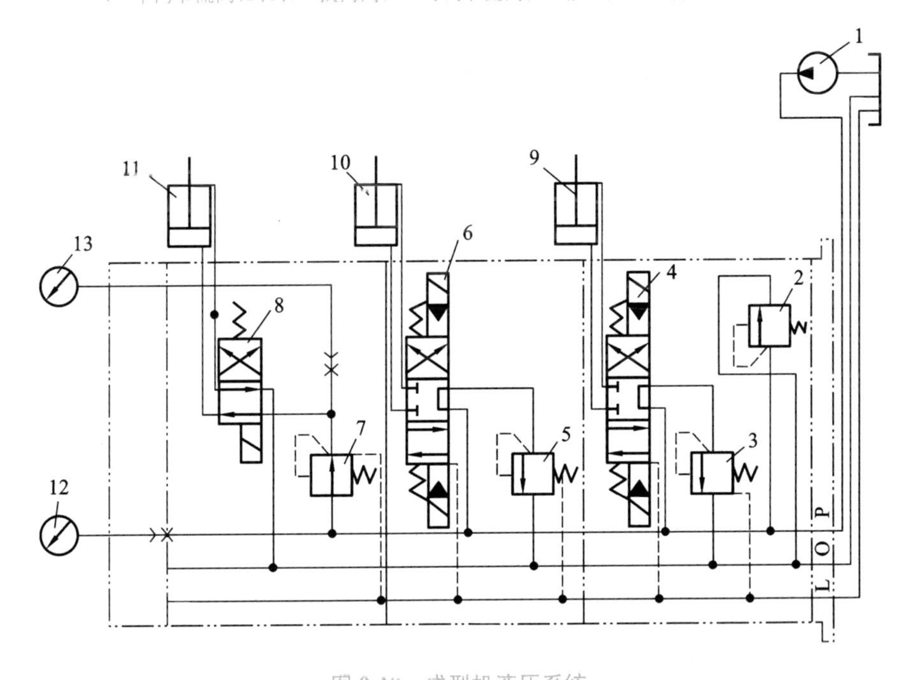

图 9-10　成型机液压系统

1—液压泵；2、3、5—溢流阀；4、6—三位四通电液阀；7—减压阀；
8—电磁换向阀；9、10、11—液压缸；12、13—压力表

一、选择题

1. 液压元件密封性能的好坏(　　)影响液压系统的工作性能和效率。

A. 直接　　B. 间接　　C. 不　　D. 有时

2. 液压动力滑台上可安装各种(　　)。

A. 主轴　　B. 刀具　　C. 液压缸　　D. 液压阀

3. 液压滑台的液压系统中没有(　　)回路。

A. 二次进给回路　　B. 速度换接　　C. 减压　　D. 换向回路

4. 液压滑台的液压系统中用(　　)作背压阀。

A. 溢流阀　　B. 节流阀　　C. 单向阀　　D. 换向阀

5. 公称压力为 6.3 MPa 的液压泵,其出口接油箱,则液压系统的工作压力为(　　)。

A. 6.3 MPa　　B. 0　　C. 6.2 MPa　　D. 6.4 MPa

二、设计题

1. 试设计一台卧式单面多轴钻孔组合机床的驱动动力滑台的液压系统。

设计要求滑台实现"快进→工进→快退→停止"的工作循环。已知:机床上有主轴 16 个,加工 ϕ13.9 mm 的孔 14 个、ϕ8.5 mm 的孔 2 个。刀具材料为高速钢,工件材料为铸铁,硬度为 240HBS。

液压系统中各参数要求如下:(1)机床工作部件总质量 $m=1\ 000$ kg;(2)快进、快退 $v_1=v_3$ 均为 5.5 m/min;(3)快进行程长度 $l_1=100$ mm;(4)工进行程长度 $l_2=500$ mm;(5)往复运动的加速、减速时间不希望超过 0.157 s;(6)动力滑台采用平导轨,其静摩擦因数 $f_s=0.2$,动摩擦因数 $f_d=0.1$,液压系统中的执行元件使用液压缸。

2. 试设计一台上料机的液压系统,上料机结构示意图如图 9-11 所示。

要求驱动它的液压传动系统完成"快速上升→慢速上升→停留斗→快速下降"的工作循环。液压系统中各参数要求如下:(1)其垂直上升工件的重力为 5 000 N;(2)滑台的总重力 $G=1\ 000$ N;(3)快速上升行程 350 mm;(4)速度要求≥45 mm/s;(5)慢速上升行程为 100 mm,其最小速度为 8 mm/s;(6)快速下降行程为 450 mm,速度要求≥55 mm/s;(7)滑台采用 V 形导轨,其导轨面的夹角为 90°;(8)滑台与导轨的最大间隙为 2 mm;(9)启动加速和减速时间均为 0.5 s;(10)液压缸的机械效率(考虑密封阻力)为 0.91。

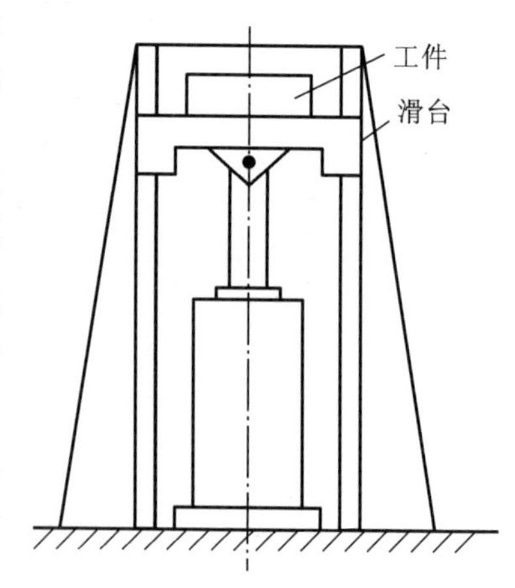

图 9-11　上料机结构示意图

3. 试设计一台成型铣刀专用铣床液压系统。要求机床工作台上安装两只工件,并能同时加工。工件的上料、卸料由手工完成,工件的夹紧及工作台进给由液压系统完成。

机床的工作循环是:手工上料→工件自动夹紧→工作台

快进→铣削进给(工进)→工作台快退→原位→夹具松开→手工卸料。

对机床液压系统具体参数要求如下:(1)运动部件总重力 $G=25\ 000$ N;(2)切削力 $F=18\ 000$ N;(3)快进行程 $l_1=300$ mm;(4)工进行程 $l_2=80$ mm;(5)快进、快退速度 $v_1=v_3=5$ m/min;(6)工进速度 $v_2=100\sim600$ mm/min;(7)启动时间 $\Delta t=0.5$ s;(8)夹紧力 $F_j=30\ 000$ N;(9)行程 $l_j=15$ mm;(10)夹紧时间 $\Delta t_j=1$ s;(11)工作台采用平导轨,导轨间静摩擦系数 $f_s=0.2$,动摩擦系数 $f_d=0.1$;(12)要求工作台能在任意位置停留。

4. 试设计一台塑料注射成型机(注塑机)液压系统。要求最大注射量为 250 cm^3/次,实现的工作循环具体如下。

(1)准备工作　料斗加料,螺旋机构将一定数量的物料送入料筒,由筒外电加热器加热预塑,合上安全门。

(2)工作循环　合模→注射→保压→冷却、预塑→注射座后退→开模→顶出制品→顶出缸后退→合模。

在合模时,合模缸先驱动动模板慢速启动,然后快速前移,接近定模板时转为低压慢速前移,在低速合模确认模具无异物存在后,转为高压合模(锁模)。

设计参数如下:(1)螺杆直径 $d=40$ mm;(2)螺杆行程 $s_1=200$ mm;(3)最大注射压力 $p=153$ MPa;(4)注射速度 $v_w=0.07$ m/s;(5)螺杆转速 $n=60$ r/min;(6)螺杆驱动功率 $P_{MZ}=5$ kW;(7)注射座最大推力 $F_Z=3\times10^4$ N;(8)注射座行程 $s_2=230$ mm;(9)注射座前进速度 $v_{z1}=0.06$ m/s;(10)注射座后退速度 $v_{z2}=0.08$ m/s;(11)最大合模力(锁模力)$F_h=90\times10^4$ N;(12)开模力 $F_k=4.9\times10^4$ N;(13)动模板(合模缸)最大行程 $s_3=350$ mm;(14)快速合模速度 $v_{hG}=0.1$ m/s;(15)慢速合模速度 $v_{hm}=0.02$ m/s;(16)快速开模速度 $v_{kG}=0.13$ m/s;(17)慢速开模速度 $v_{km}=0.03$ m/s。

5. 试设计一压光机的压辊移动液压控制系统,其系统如图 9-12 所示。在纸张生产工艺流程中,烘干工序完成后必须用压光机对纸张进行压光处理。它的实际设计过程如下:该机上、下两压光辊的门幅宽度为 5.5 m,通过左、右两液压缸使下压辊升、降。下压辊自重 $G=23\ 000$ kg,要求上升速度为 $v=0.007$ m/s,左、右两缸要基本满足大致同步要求。工艺要求在下压辊上升到与上压辊接触时需暂停运动,直到上、下两压辊转速相同及纸张进入两辊辊缝中间后才继续上升对纸张进行加压。

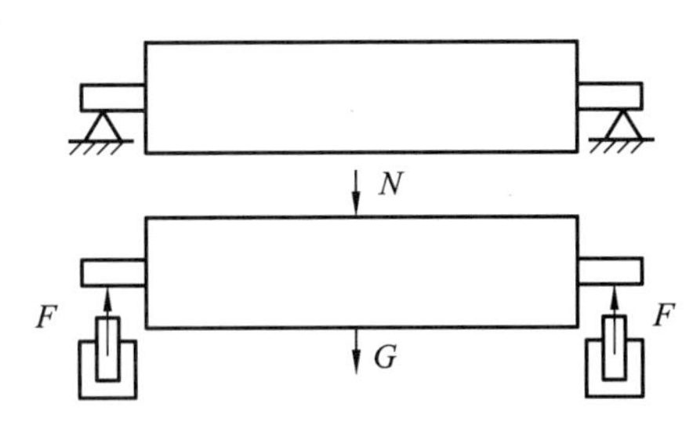

图 9-12　压光机液压系统示意图

加压时两辊间的线压力为 $L=60$ N/mm,最大线压为 $L_{max}=110$ N/mm。

为防止上、下两辊表面损伤,在高速转动时不允许它们直接接触。因此,在断纸后,下辊必须立即退回。同时,要求系统既能自动控制,也能手动操作。自动时采用电器控制并具有保压功能。

6. 试设计一专用铣床液压系统。要求专用铣床完成“快进→工进→快退”工作循环,中位停止运动油泵可卸荷。

铣床驱动电动机的功率为7.85 kW,铣刀直径为100 mm,转速为300 r/min。工作台质量为500 kg,工件和夹具的最大质量为150 kg。工作台总行程为300 mm,其中,工进为100 mm。工作台快进退速度5 m/min,工进时间为15 s。工作台用平导轨,静摩擦系数为0.2,动摩擦系数为0.1。启动加速和制动减速时间为0.05 s。

(1)设计专用铣床液压系统原理图;(2)计算液压缸内径、活塞杆直径和液压缸两腔有效面积;(3)计算液压缸工作压力、流量和功率;(4)选择液压元件的型号。

7. 试设计一中型履带式液压挖掘机液压系统,已知:(1)液压挖掘机整机重力 $G=22\times10^3\times9.81$ N $=2.16\times10^5$ N;(2)行走速度 $v=1.5$ km/h 或 $v=3$ km/h(两级速度);(3)驱动轮节圆直径 $D_0=752.7$ mm;(4)最大爬坡能力 $\alpha=25°$;(5)最大爬坡负载力 $F_{max}=G\sin\alpha$;(6)回转平台转速 $n_0=0\sim8$ r/min;(7)工作缸最大负载:动臂缸 $R_1=440$ N,斗杆缸 $R_2=440$ N,铲斗缸 $R_3=345$ N。

参考WY100液压系统图,确定各执行元件的几何尺寸、液压泵的型号及规格等。

项目 10
气压传动技术

学习重点和要求

(1)掌握气压传动系统工作原理、组成及突出特点；

(2)学会阅读、画出、分析气动回路图；

(3)学会阅读、分析气动系统原理图。

气压传动是以空气作为介质进行能量的传递和控制的一种传动，简称气动。

气压传动技术是流体传动及控制学科的一个重要分支，与液压、机械、电气和电子技术一起，互相补充，已发展成为实现生产过程自动化的一个重要手段，在食品、医药、纺织、包装、机械、冶金、化工、交通运输、航空航天、国防等各个部门已得到广泛的应用。

10.1 气压传动的工作原理与组成

一、空气的基本性质

空气由多种气体混合而成,其主要成分是氮气和氧气,次要成分是氩气和少量的二氧化碳及其他气体。空气中常含水蒸气,不含水蒸气的空气称为干空气,含有水蒸气的空气称为湿空气。

标准状态下(0 ℃,大气压)的干空气的组成如表10-1所示。

表10-1 干空气的组成

成分	氮气(N_2)	氧气(O_2)	氩气(Ar)	二氧化碳(CO_2)	其他气体
体积/(%)	78.03	20.93	0.932	0.03	0.078

单位体积内空气的质量称为空气的密度,以ρ表示,即$\rho=m/V$。

对于干空气有

$$\rho=\rho_0\frac{273}{273+t}\times\frac{p}{0.1013} \tag{10-1}$$

式中:p为绝对压力,单位为MPa;ρ_0为温度在0℃、压力在0.1013 MPa时干空气的密度,$\rho_0=1.293\ \text{kg/m}^3$。

空气黏性受压力变化的影响极小,通常可忽略。空气黏性随温度变化而变化,温度升高,黏性增加;反之亦然。

气体体积随压力变化的性质称为压缩性,气体体积随温度变化的性质称为膨胀性。

气体的体积受压力和温度变化的影响极大,空气的压缩性和膨胀性远大于固体和液体的压缩性和膨胀性。

二、气压传动的特点

气压传动的突出特点是以压缩空气为工作介质,具有取之不尽、远距离输送、对环境无污染、防火、防爆、抗振动冲击、过载自动保护、工作可靠等特点。

1. 气压传动的优点

(1)空气随处可取,节省了购买、储存、运输介质的费用和麻烦;用完后的空气可直接排入大气,对环境无污染,处理方便。

(2)气压传动便于集中供气和远距离输送控制。因空气黏度小(约为液压油的万分之一),在管内流动阻力小,压力损失小,即使有泄漏,也不会像液压油一样污染环境。

(3)气动系统对工作环境适应性好,特别在易燃、易爆、多尘埃、强磁、辐射、振动等恶劣工作环境中工作时,安全可靠性优于液压和电气系统。

(4)能够实现过载自动保护,也便于储气罐储存能量(空气具有可压缩性),以备急需。

(5)气动反应快(0.02 s),动作迅速,维护方便,管路不易堵塞。

(6)气动元件材质要求低,可降低成本,适于标准化、系列化、通用化。

(7)可以自动降温,因排气时气体膨胀,温度降低。

(8)与液压传动一样,操作控制方便,易于实现自动控制。

2. 气压传动的缺点

(1)一般工作压力较低(0.3～1 MPa)。空气的压缩性极大地限制了气压传动传递的功率,总输出力不宜大于10～40 kN。

(2)因空气的压缩性大,所以工作速度稳定性较差。

(3)空气净化处理较复杂,必须对气源中的杂质及水蒸气进行净化处理。

(4)需设润滑装置,因空气的黏度小,润滑性差。

三、气压传动系统的工作原理与组成

气压传动系统由气源装置产生压缩空气的压力能,在控制元件和气动辅件的操纵控制下,由执行元件完成做功动作。气压传动系统组成图如图11-1所示。

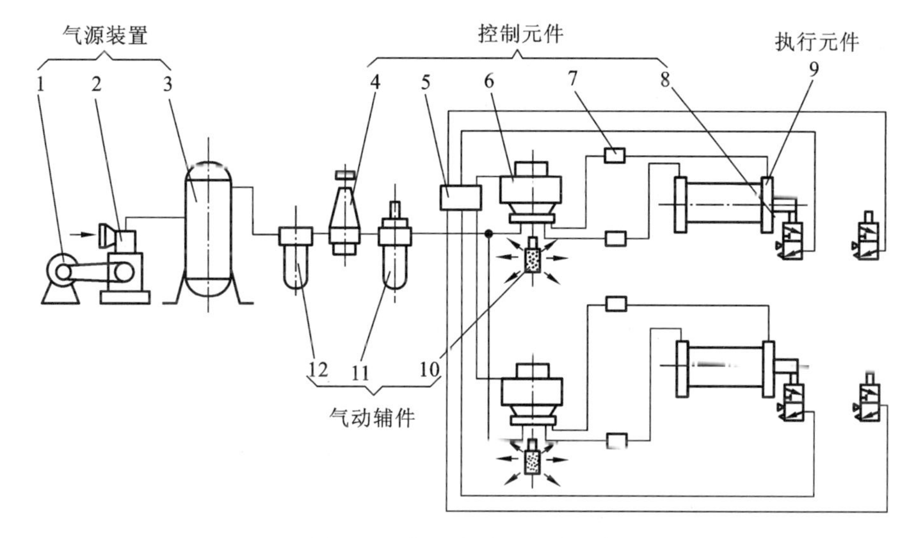

图10-1 气压传动系统的组成

1—电动机;2—空气压缩机;3—储气罐;4—减压阀;5—逻辑阀;6—方向阀;7—流量阀;8—行程阀;9—气缸;10—消声器;11—油雾器;12—分水滤气器

典型的气压传动系统由气源装置、执行元件、控制元件和气动辅件四个部分组成。

1. 气源装置

气源装置是指压缩空气的发生以及储存、净化的辅助装置。它是将原动机供给的机械能转化为压缩空气的压力能的能源装置,其主体部分是空气压缩机,用于为系统提供符合质量要求的压缩空气。

2. 执行元件

执行元件是将压缩空气的压力能转变为机械能并完成做功动作的能量转换装置。它包括做直线往复运动的气缸,做连续回转运动的气马达和做不连续回转运动的摆动马达等。

3. 控制元件

控制元件又称操纵、运算、检测元件,是用来控制压缩空气流的压力、流量和运动方向等,以便使执行机构完成预定运动规律的元件。控制元件包括:各种阀类;能完成一定逻辑功能的元件,即气动逻辑元件、射流元件;感测、转换、处理气动信号的气动传感器及信号转换处理装置。

4. 气动辅件

气动辅件是使压缩空气净化、润滑、消声以及元件间连接所需要的一些装置。气动辅件包括分水滤气器、油雾器、消声器及各种管路附件。

10.2 气源装置

气源装置为气动系统提供合乎规定质量要求的压缩空气,是气动系统的一个重要部分。气源装置对压缩空气的主要要求是具有一定压力、流量和洁净度。

如图 10-2 所示,气源装置一般由三个部分组成:①气压发生装置;②净化、储存压缩空气的装置和设备;③气动三大件。常将①、②部分设备布置在压缩空气站内,作为工厂或车间统一的气源。

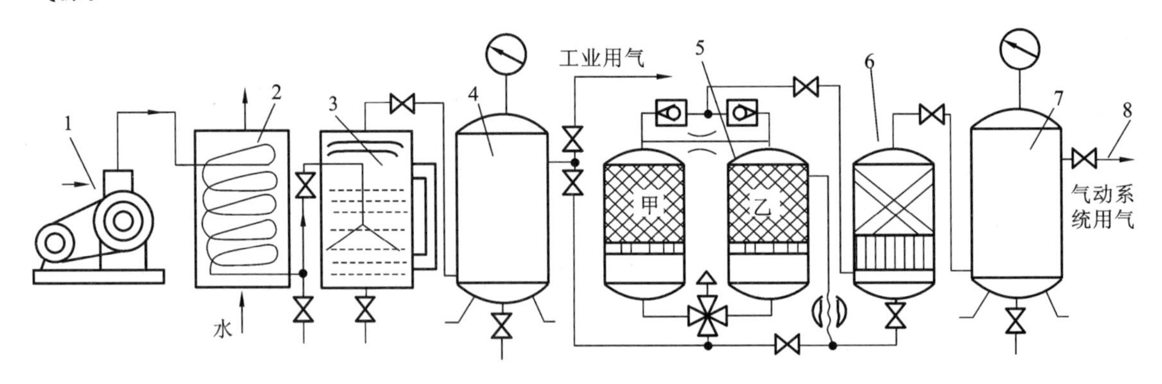

图 10-2 气源装置组成图

1—空气压缩机;2—冷却器;3—油水分离器;4、7—储气罐;
5—干燥器;6—过滤器;8—输出管

电动机或内燃机驱动空气压缩机 1 产生压缩空气,在吸气口装有过滤器 6,以减少进入空气压缩机 1 内气体的含尘量。冷却器 2 用以降温冷却压缩空气,使汽化的水、油凝结出来。油水分离器 3 用以分离并排出降温冷却凝结的水滴、油滴或杂质等。

储气罐 4、7 用以储存压缩空气,稳定压缩空气的压力,并除去部分油分和水分。储气罐 4 输出的压缩空气可用于一般要求的气压传动系统,储气罐 7 输出的压缩空气可用于要求较高的气动系统(如气动仪表及射流元件组成的控制回路等)。干燥器 5 用以进一步吸收或排除压缩空气中的水分及油分,使之变成干燥空气。过滤器 6 用以进一步过滤压缩空气中的灰尘、杂质颗粒。

一、空气压缩机

空气压缩机简称空压机,是气源装置的核心。它可以将原动机输出的机械能转化为气体的压力能。

空气压缩机按工作原理可分为容积式压缩机和速度式压缩机。空气压缩机按压力分类如

表 10-2 所示。

表 10-2 空气压缩机按压力分类

名 称	鼓风机	低压空压机	中压空压机	高压空压机	超高压空压机
压力 p/MPa	≤0.2	0.2	1	10	>100

1. 空气压缩机的工作原理

最常用的是往复活塞式空气压缩机，它结构简单、工作寿命长。

图 10-3 所示为单级活塞式空气压缩机，由活塞、活塞杆、滑块、曲柄、连杆、排气阀、吸气阀等组成。其工作原理与单柱塞泵相似，曲柄 1 通过连杆 2 带动滑块 3 和活塞 5 左右运动，当活塞 5 右移时，打开吸气阀 8 吸气，排气阀 7 在弹簧 9 和压力作用下关闭；当活塞 5 左移时，打开排气阀 7 排气，吸气阀 8 关闭。

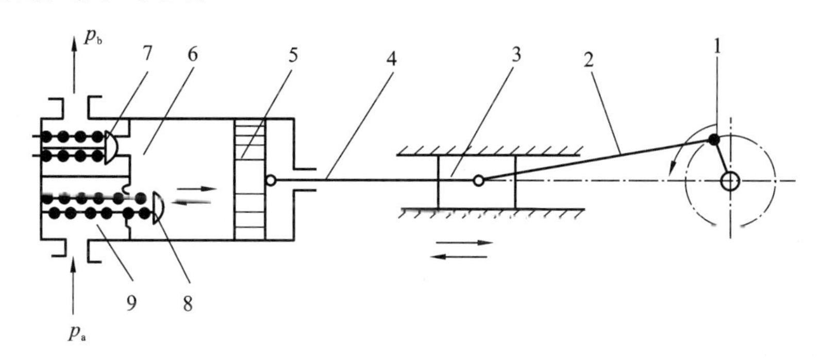

图 10-3 活塞式空气压缩机

1—曲柄；2—连杆；3—滑块；4—活塞杆；5—活塞；

6—工作腔；7—排气阀；8—吸气阀；9—弹簧

2. 空气压缩机的选用原则

选择空气压缩机的依据是气压系统所需要的工作压力和流量两个主要参数。

一般空气压缩机为中压空气压缩机，额定排气压力为 1 MPa。另外，还有低压空气压缩机，排气压力为 0.2 MPa；高压空气压缩机，排气压力为 10 MPa；超高压空气压缩机，排气压力为 100 MPa。由于存在管道、阀门等压力损失，实际工作压力比气源压力低 0.1～0.2 MPa。

输出流量的选择，要根据整个气动系统对压缩空气的需要再加一定的备用余量 20%，作为选择空气压缩机（或机组）流量的依据。空气压缩机铭牌上标注的流量是指自由空气流量。

二、压缩空气的净化装置

气动系统对压缩空气质量的要求是具有一定的压力和足够的流量，具有一定的净化程度，所含杂质（如油、水及灰尘等）粒径一般不超过以下数值：对于气缸、膜片式和截止式气动元件，要求杂质粒径不大于 50 μm；对于气马达、滑阀元件，要求杂质粒径不大于 25 μm；对于射流元件，要求杂质粒径为 10 μm 左右。

压缩空气净化装置是指具有除油、除水、除尘、干燥及提高压缩空气质量等作用的气源净化设备。压缩空气净化设备一般包括后冷却器、油水分离器、储气罐和干燥器。

1. 后冷却器

后冷却器安装在空气压缩机出口管道上，可将空气压缩机排出的具有140～170 ℃的压缩空气降至40～50 ℃，使压缩空气中油雾和水汽达到饱和，以便其大部分凝结成油滴、水滴而析出。后冷却器的结构形式有蛇形管式、列管式、散热片式、套管式等。后冷却器的冷却方式有水冷式和气冷式两种。

2. 油水分离器

油水分离器安装在后冷却器后的管道上，作用是分离压缩空气中所含的水分、油分等杂质，使压缩空气得到初步净化。油水分离器的结构形式有环形回转式、撞击折回式、离心旋式、水浴式，以及以上形式的组合等。油水分离器主要利用回转离心、撞击、水浴等方法使水滴、油滴及其他杂质颗粒从压缩空气中分离出来。撞击折回式油水分离器如图10-4所示。

3. 储气罐

储气罐的主要作用是储存一定数量的压缩空气，减少气源输出气流脉动，增加气流的连续性，减弱空气压缩机排出气流脉动引起的管道振动；进一步分离压缩空气中的水分和油分。储气罐如图10-5所示。

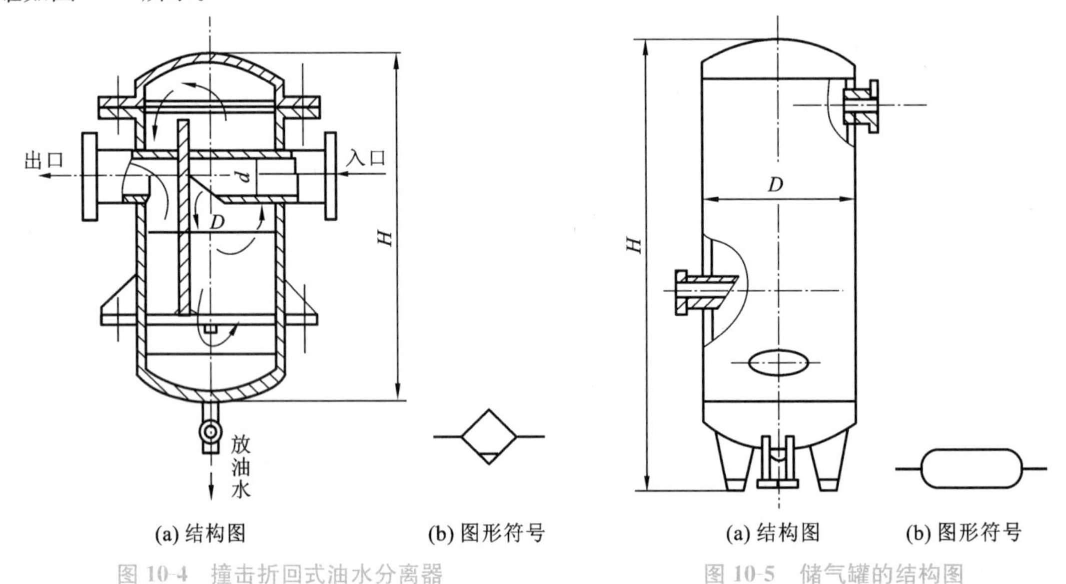

(a) 结构图　(b) 图形符号

图10-4　撞击折回式油水分离器

(a) 结构图　(b) 图形符号

图10-5　储气罐的结构图

4. 干燥器

干燥器的作用是进一步除去压缩空气中的水分、油分、颗粒杂质等，使压缩空气变得更干燥，以提高压缩空气的质量。干燥器用于对气源质量要求较高的气动装置、气动仪表等。压缩空气干燥方法主要采用吸附、离心、物理降温及冷冻等方法。吸附式干燥器如图10-6所示。

吸附干燥法是最常见的方法。此方法是利用某些具有吸附水分性能的吸附剂(如活性氧化铝、硅胶、分子筛等)去除压缩空气中的水分，吸附剂在吸附了一定量的水分后，会达到饱和状态。

为了连续去除压缩空气中的水分，必须使吸附剂再生。在工业现场中常见的有降压式再生和加热式再生两种结构。

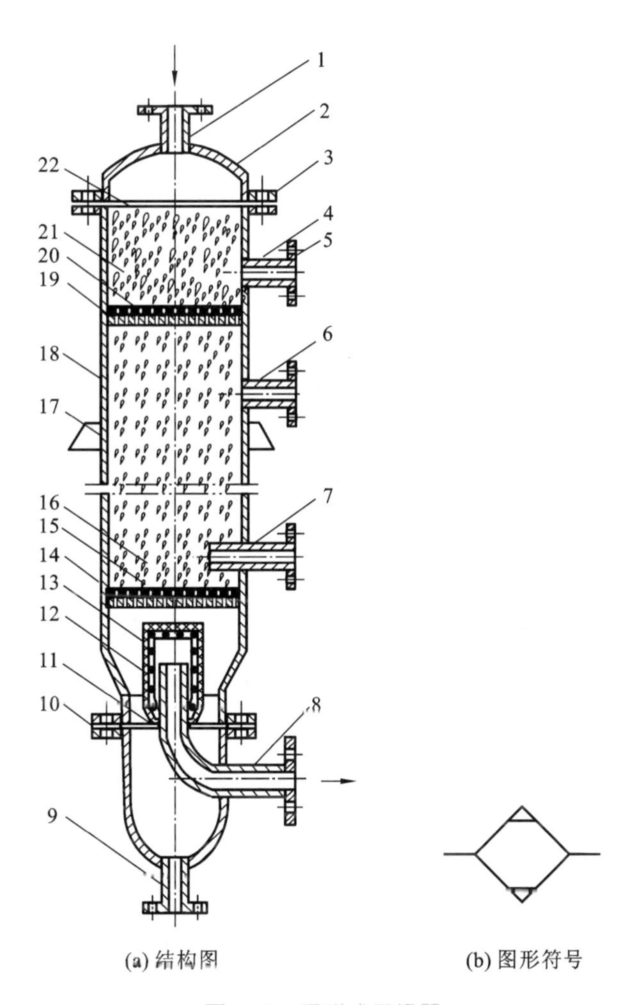

(a) 结构图 (b) 图形符号

图 10-6 吸附式干燥器

1—湿空气进气管；2—顶盖；3、5、10—法兰；4、6—再生空气排气管；7—再生空气进气管；
8—干燥空气排出管；9—排气管；11、22—密封垫；12、15、20—铜丝过滤网；13—毛毡；
14—下栅板；16、21—吸附剂层；17—支撑板；18—筒体；19—上栅板

三、气动三大件

气动三大件是指安装在气动控制台前端的压缩空气辅件的合称。按气流方向的不同，气动三大件可分为分水滤气器、减压阀和油雾器三种。气动三大件依次无管化连接而成的组件称为气动三联件。

气动三联件是多数气动设备中必不可少的气源装置。气动三联件如图 10-7 所示。

压缩空气经过气动三大件的最后处理，将进入各气动元件及气动系统。因此，气动三大件是气动元件及气动系统使用压缩空气质量的最后保证，其组成及规格须由气动系统的用气要求确定，可以少于三大件只用一件或两件，也可多于三件。

1. 分水滤气器

分水滤气器的工作原理是利用气流的回转离心、撞击，使各成分分离出来。

分水滤气器的性能指标有过滤度、水分离率、滤灰效率和流量特性。

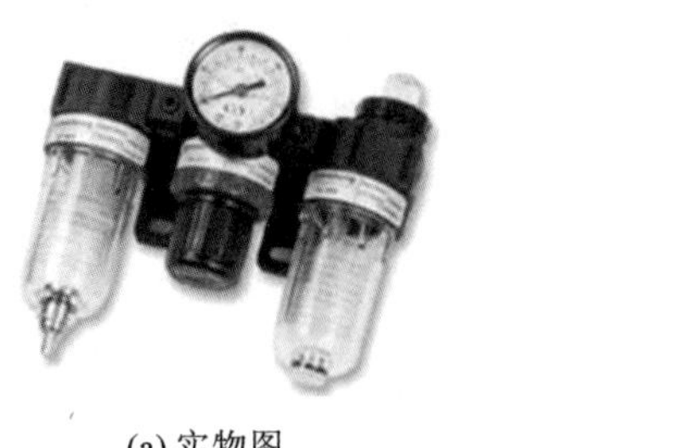

(a) 实物图

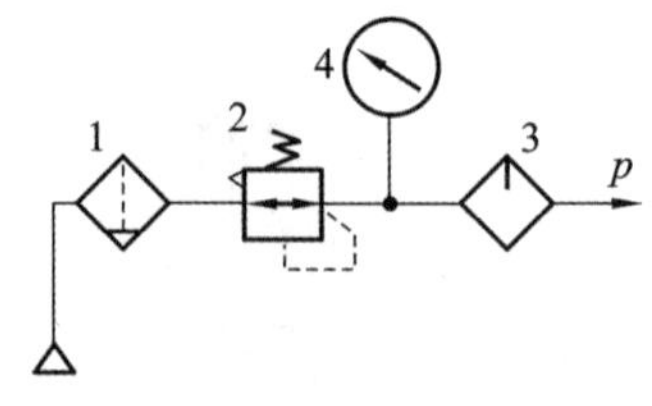

(b) 图形符号

图 10-7　气动三联件

1—分水滤气器；2—减压阀；3—油雾器；4—压力表

分水滤气器的作用是滤去空气中的灰尘、杂质，并将空气中的水分分离出来。目前，分水滤气器的种类很多，但工作原理及结构大体相同。

分水滤气器如图 10-8 所示，当压缩空气从输入口进入分水滤气器后被引到旋风叶子 1 处，旋风叶子上冲制有很多小缺口，迫使空气沿切线方向产生旋转，这样，混杂在空气中的水滴、油污、灰尘便获得较大的离心力，并与储水杯 3 的内壁高速碰撞而从气体中分离出来，沉淀于储水杯 3 中。然后，气体通过中间的滤芯 2，少量的灰尘、雾状水被拦截滤去，洁净的空气便从输出口输出。挡水板 4 起到防止储水杯 3 中的污水卷起而破坏分水滤气器的过滤作用。污水由排水阀 5 排掉。

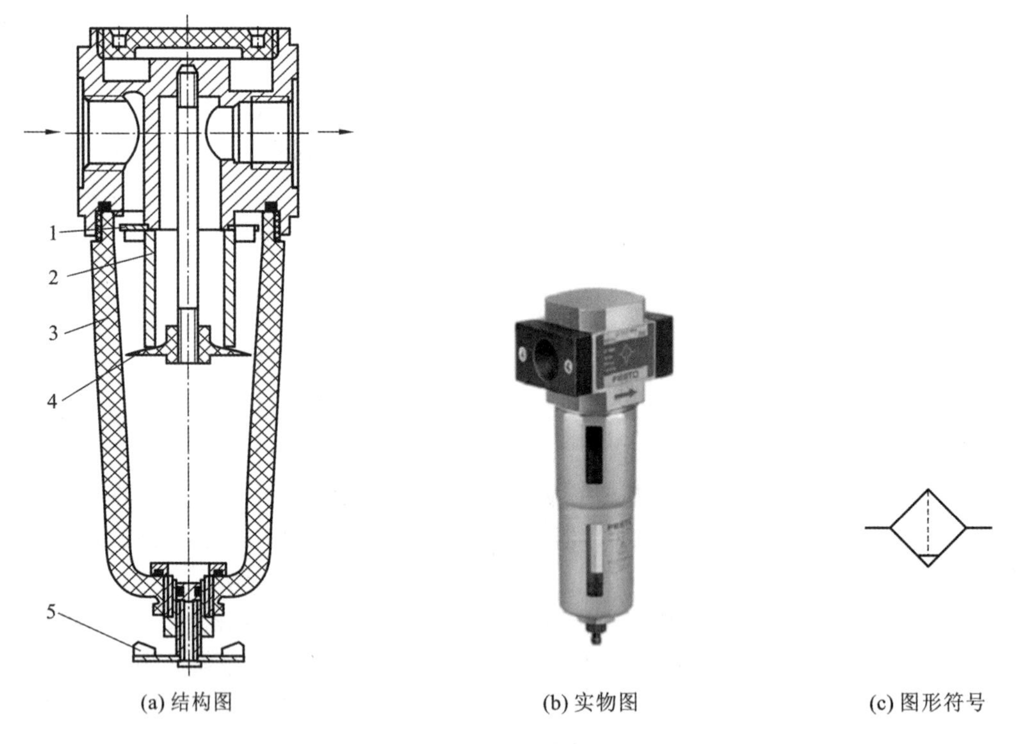

(a) 结构图　(b) 实物图　(c) 图形符号

图 10-8　分水滤气器

1—旋风叶子；2—滤芯；3—储水杯；4—挡水板；5—手动排水阀

2. 减压阀

减压阀在气源三大件中的作用是使所控制的气动支路减压并有稳定的供气压力，减少气流流量变动所产生的压力影响。

减压阀的工作原理及结构已放到气动控制元件中讲解。

3. 油雾器

油雾器是为气缸、气阀提供润滑油的一种特殊注油装置。

油雾器的工作原理是先利用较高速度压缩空气的射流，将润滑油吸入并相互混合后一起流动的引射原理，再利用负压使油滴分裂喷射成雾状，随压缩空气流入需要的润滑部件，达到润滑的目的。

油雾器的性能指标有流量特性、起雾油量、油雾粒径、油量调节等。

图 10-9 所示为微雾型固定节流式油雾器(或二次油雾器)。压缩空气从输入口进入油雾器后分为三路，第一路绝大部分经主管道输出；第二路通过接头 7 中的细长孔和输气小管 10 以气泡形式在输油管 9 中上升，将润滑油带到油杯 11 中并保持稳定油位；第三路是部分气流进入喷雾套 5 中，在喷嘴 6 与喷雾套 5 间的狭缝内流动形成高速气流，使喷口 A 的气压降低，气流通过接头 7 进入油杯 11 上腔中，使油面受压，其压力低于气流压力。这样，油面与喷口 A 间存在压差，润滑油在此压差作用下，经输油管 9、单向阀 12 和油量调节阀 1 滴入到透明的视油器 2 中，过滤后滴入喷嘴 6，被主管道中的高速气流从喷口 A 引射出来，雾化后随气流进入油杯上腔(一次油雾)。其中颗粒较大的油粒又沉降在油面下，而直径较小(≤5 μm)的油雾颗粒则悬浮在油面上，随出口气流一同输出(二次油雾)。

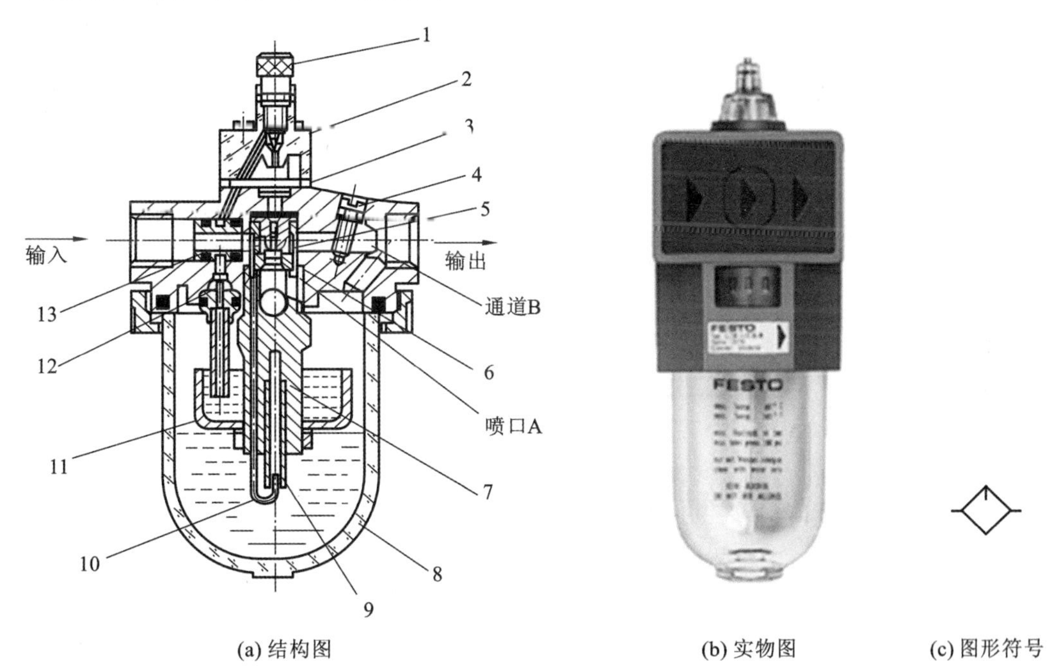

(a) 结构图　　(b) 实物图　　(c) 图形符号

图 10-9 微雾型固定节流式油雾器

1—调节阀；2—视油器；3—过滤片；4—油雾浓度调节螺钉；5—喷雾套；6—喷嘴；7—接头；8—油杯；9—输油管；10—输气小管；11—油杯；12—单向阀；13—套管

调整油量调节阀的开度以改变滴油量，才能保持一定的油雾浓度。滴油速度根据空气流量来选择，一般以 10 m^3 自由空气供给 1 mL 的油量为基准。

10.3 气动辅件

在气动控制系统中,其他气动辅件也是不可缺少的,如消声器、管道、管接头等。

一、消声器

气缸、气阀等工作时的排气速度较高,气体体积急剧膨胀,会产生刺耳的噪声。噪声的强弱随排气的速度、排气量和空气通道的形状而变化。排气的速度和功率越大,噪声也越大,一般可达100～120 dB。为了降低噪声,可以在排气口装设消声器。

消声器就是通过阻尼或增加排气面积来降低排气的速度和功率,从而降低噪声的。

气动元件上使用的消声器的类型一般有三种:吸收型消声器、膨胀干涉型消声器和膨胀干涉吸收型消声器。图10-10所示为吸收型消声器,消声套3用铜颗粒烧结成形,是目前使用最广泛的一种。

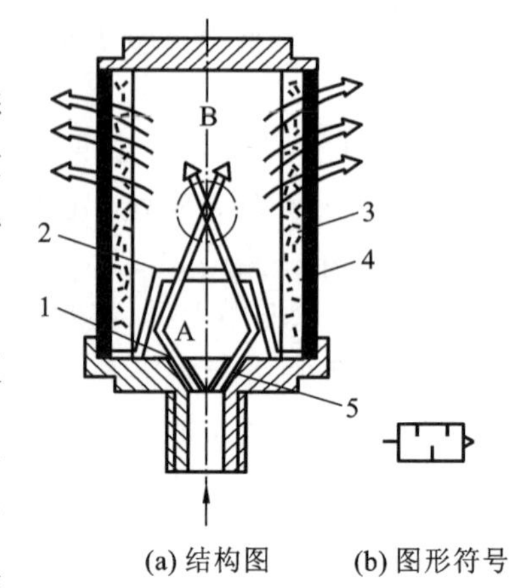

图 10-10 吸收型消声器

1—扩散室;2—反射套;3—消声套;4—外壳;5—连接螺纹

二、管道系统

1. 管道系统的布置原则

所有管道系统统一根据现场实际情况因地制宜地安排布置,尽量与其他管网(如水管、煤气管、暖气管网等)或电线等统一协调布置。

车间内部干线管道应沿墙或沿柱子顺着气流流动方向向下倾斜3°～5°,在主干管道和支管终点(最低点)设置集水罐,定期排放积水、污物等,如图10-11所示。

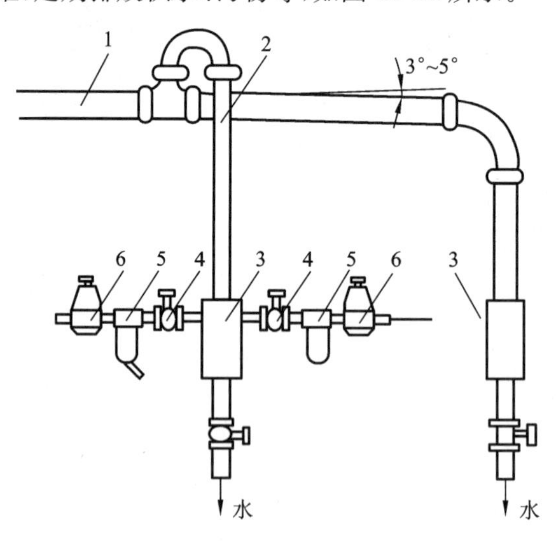

图 10-11 车间管道布置图

1—主管;2—支管;3—集水罐;4—阀门;5—过滤器;6—减压阀

沿墙或沿柱接出的支管必须在主管的上部采用大角度拐弯后再向下引出。在离地面 1.2～1.5 m 处接入一个配气器。在配气器两侧接支管引入用气设备，配气器下面设置放水排污装置。

为防止腐蚀、便于识别，压缩空气管道应刷防锈漆并涂以规定标记颜色的调和漆。在冶金设备中，通常用深蓝色表示压缩空气，浅蓝色表示氧气，绿色表示水。

为保证可靠供气，管道系统可采用单树枝状、双树枝状、环状管网等多种供气网络。

如管道较长，可在靠近用气点的供气管道中安装一个适当的储气罐，以满足大的间断供气量，避免过大的压降。

因此，必须用最大耗气量或流量来确定管道的尺寸，同时，还应考虑管道系统中的压降。

2. 管道连接件

管道连接件包括管子和各种管接头。有了管路连接，才能把气动控制元件、气动执行元件及气动辅件等连接成一个完整的气动控制系统。因此，实际应用中管路连接是必不可少的。

管子可分为硬管及软管两种。如总气管和支气管等一些固定不动的、不需要经常装拆的地方使用硬管；连接运动部件、临时使用、希望装拆方便的管路应使用软管。硬管有铁管、钢管、黄铜管、紫铜管和硬塑料管等；软管有塑料管、尼龙管、橡胶管、金属编织塑料管及挠性金属导管等。比较常用的是紫铜管和尼龙管。

气动系统中使用的管接头的结构及工作原理与液压管接头基本相似，分为卡套式、插入式、卡箍式、快换式等。

3. 管道系统的设计计算原则

管道内径 d 和壁厚 δ 的设计原则如下。

(1)气源管道的管径大小是由压缩空气的最大流量和允许的最大压力损失所决定的；

(2)为免除压缩空气在管道内流动时压力损失过大，空气主管道流速应在 6～10 m/s(相应压力损失小于 0.03 MPa)，用气车间空气流速应不大于 10～15 m/s，并限定所有管道内空气流速不大于25 m/s，最大不得超过 30 m/s。

10.4 气动控制元件

在气压传动系统中，控制阀是控制和调节压缩空气的压力、流量和方向的气动控制元件。控制阀按作用的不同可分为压力控制阀、流量控制阀及方向控制阀。

一、压力控制阀

气动系统不同于液压系统，液压系统是每套液压装置上都自带液压源(泵站)。而在气动系统中，通常是由空气压缩机先将空气压缩，储存在储气罐内，然后经管道输送给各气动装置使用。而储气罐的空气压力往往比每台设备实际所需要的压力高些，同时其压力值波动也较大，因此需要用减压阀(调压阀)将其压力减到每台装置所需要的压力，并使减压后的压力稳定在需要的定值上。

对于低压控制系统(如射流系统),除用减压阀减压外,还需要通过定值器获得压力更低、精度更高的气源压力。

有些气动回路需要依靠回路中压力的变化来实现控制两个执行元件的顺序动作,所用的阀就是顺序阀。顺序阀与单向阀的组合称为单向顺序阀。

所有的气动回路或储气罐为了安全起见,当压力超过允许压力值时,需实现自动向外放气,这种压力控制阀称为安全阀(溢流阀)。

1. 减压阀(调压阀)

减压阀按调节压力的方式可分为直动型减压阀和先导型减压阀两大类。用旋钮直接调节调压弹簧来改变减压阀输出压力的阀称为直动型减压阀。用预先调整好压力的空气来代替调压弹簧进行调压的阀称为先导型减压阀。直动型减压阀较常用。

溢流式减压阀的特点是减压过程中经常从溢流孔排出少量多余的气体。

QTJ 型(或 QFJ 型)减压阀应用最广。如图 10-12 所示,其动作原理是:阀处于工作状态时,有压气流从进气口 10 输入,经阀口的节流减压至排气孔 11 输出。顺时针方向旋转调节旋钮 1,调压弹簧 2、3 及膜片 5 使阀芯 8 下移,增大阀口的开度,能使输出的压力 p_0 增大。如反时针方向旋转调节旋钮 1,则减小阀口的开度,会使输出压力 p_0 减小。

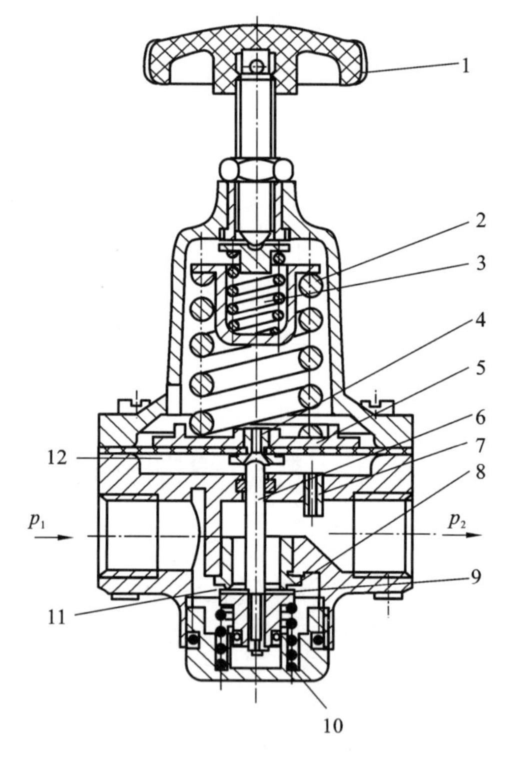

图 10-12 QTJ 型减压阀的结构图

1—调节旋钮;2、3—调压弹簧;4—溢流阀座;5—膜片;6—气室;7—阻尼孔;8—阀芯;9—复位弹簧;10—进气口;11—排气孔;12—溢流孔

当输入压力发生波动时,靠膜片 5 上力的平衡作用及溢流阀座 4 上溢流孔 12 的溢流作用,

稳定输出压力不变。

若输入压力瞬时升高，经阀口后的输出压力也会随之升高，使气室 6 内的压力也升高。相应增大膜片 5 的推力，并高于调压弹簧的调定值，使膜片 5 上移，此时会有部分气体经溢流孔 12、排气孔 11 排出。同时，阀芯 8 受复位弹簧 9 的推动上移，进气口关小，减压作用加大，使输出压力下降，达到新的平衡。

相反，若输入压力瞬时下降，输出压力也会下降，膜片 5 下移，阀芯 8 随之下移，进气口开大，减压作用减小，输出压力基本上回升到原调定值。

逆时针旋转调节旋钮，使调压弹簧 2、3 放松，输出口到气室的压力使膜片 5 上移，阀芯 8 受复位弹簧 9 的推动，将主阀口关闭。进一步松开调压弹簧 2、3，阀芯 8 的顶端与溢流阀座 4 脱开，气室 6 的压缩空气经溢流孔 12、排气孔 11 排出。阀处于无输出状态。

总结溢流式减压阀的工作原理是：靠进气阀口的节流作用减压，靠膜片 5 上力的平衡作用和溢流孔的溢流作用稳压，调节旋钮可使输出压力在调节范围内变动。

2. 安全阀和溢流阀

安全阀和溢流阀在结构和功能方面往往是相似的，有时不需要加以区别。它们的作用是：当系统中的工作压力超过调定值时，把多余的压缩空气排入大气中，以保持进口压力的调定值。

实际上，安全阀是一种防止系统过载、保证安全工作的压力控制阀；而溢流阀则是一种保持回路工作压力恒定的压力控制阀。

图 10-13 所示为安全阀的原理图。安全阀的输入口与控制系统连接，当系统中的气体压力为零时，作用在阀芯上的弹簧力（或重锤）使它紧压在阀座上。

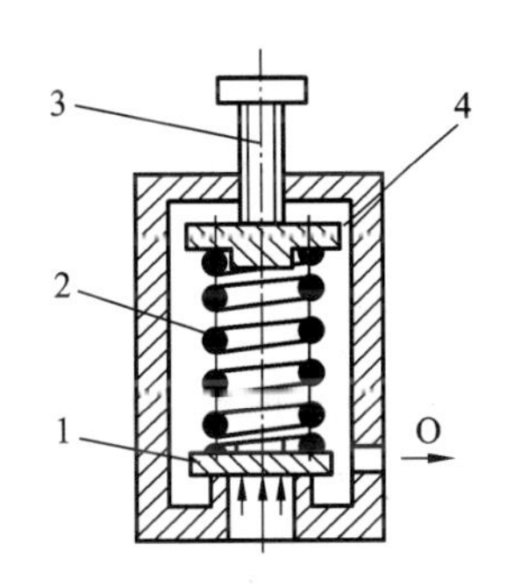

图 10-13 安全阀的原理图

1—阀板；2—调压弹簧；3—调节手柄；4—弹簧板

随着系统中的气压增加，即在阀芯下面产生一个气压作用力，若此力小于弹簧力（或重锤）时，两种作用力之差形成阀芯和阀座之间的密封力。当系统中压力上升到阀的开启压力时，阀芯开始打开，压缩空气从排气口 O 急速喷出。安全阀开启后，若系统中的压力继续上升到安全阀的全开压力 p' 时，则阀芯全部开启，从排气口排出额定的流量。此后，系统中的压力逐渐降低，当低于系统工作压力的调定值（即安全阀的关闭压力 p''）时，安全阀的阀门关闭，并保持密封。

3. 顺序阀

顺序阀也称为压力连锁阀，是依靠回路中压力的变化来控制顺序动作的一种压力控制阀。若将单向阀和顺序阀组装成一体，则称为单向顺序阀。单向顺序阀常应用于使气缸自动进行一次往复运动及不便安装液控阀的场合。

顺序阀的工作原理比较简单，单向顺序阀的原理图如图 10-14 所示。它们都是靠弹簧的预压缩量来控制顺序阀开启压力的大小。

二、流量控制阀

在气动自动化系统中，通常需要对压缩空气的流量进行控制，如控制气缸的运动速度、延时

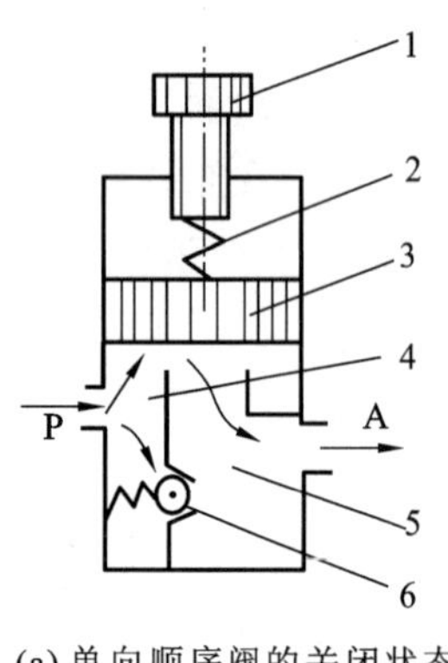

(a) 单向顺序阀的关闭状态

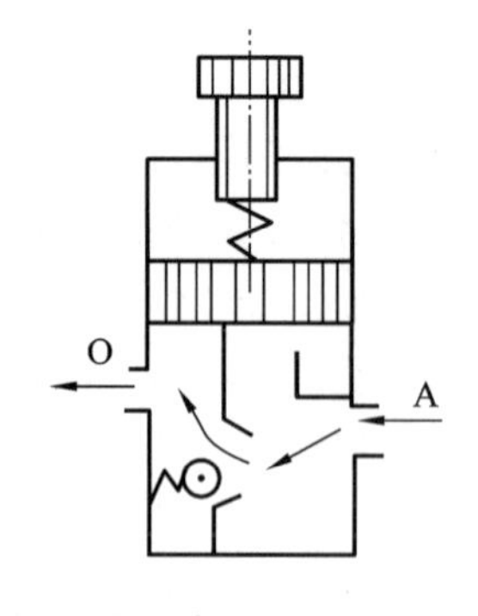

(b) 单向顺序阀的开启状态

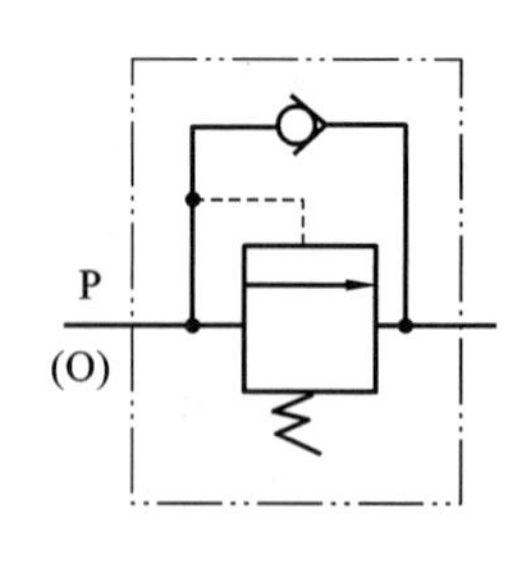

(c) 单向顺序阀的图形符号

图 10-14　单向顺序阀的原理图

1—调节旋钮;2—调压弹簧;3—阀芯;4—进气口;5—排气口;6—单向阀

阀的延时时间等。对流过管道(或元件)的流量进行控制,只需改变管道的截面面积就可以了。从流体力学的角度来看,流量控制是在管路中制造一种局部阻力装置,改变局部阻力的大小,就能控制流量的大小。

实现流量控制的方法有两种:一种是固定的局部阻力装置,如毛细管、孔板等;另一种是可调节的局部阻力装置,如节流阀等。

1. 节流阀

节流阀是依靠改变阀的通流面积来调节流量的。要求节流阀流量的调节范围较宽,能进行微小流量调节,调节精确,性能稳定,阀芯开度与通过的流量成正比。

为使节流阀适用于不同的使用场合,节流阀的结构有多种。

2. 单向节流阀

图 10-15 所示为单向节流阀的结构图。单向节流阀是由单向阀和节流阀组合而成的流量控制阀,常用作气缸的速度控制,又称为速度控制阀。这种阀仅对一个方向的气流进行节流控制,旁路的单向阀关闭;在相反方向上,气流可以通过开启的单向阀自由流过(满流)。

单向节流阀用于气动执行元件的速度调节时应尽可能安装在气缸上。图 10-16 所示为气缸速度控制回路的原理图,图 10-16(a)所示为进气节流方式,为了实现进气节流控制,安装单向节流阀对进气进行节流,而排气则通过单向阀从手动换向阀排气口排放。

若采用进气节流控制,活塞上微小的负载波动,例如通过行程开关时,都将导致气缸速度明显的变化。在单作用气缸或小缸径气缸的情况下,可以采用进气节流方式控制气缸速度。

图 10-16(b)所示为排气节流方式,对气缸供气是满流的,而对空气的排放进行节流控制。此时,活塞在两个缓冲气垫作用下承受负载:一个缓冲气垫是由供气压力作用形成;另一个缓冲气垫则是由单向节流阀节流的空气形成。这种设置方式对于从根本上改善气缸速度性能大有好处。排气节流方式适用于双作用气缸的速度控制。

一般来说,单向节流阀的流量调节范围为管道流量的 20%～30%。对于要求能在较宽范围里进行速度控制的场合,可采用单向阀开度可调的速度控制阀。

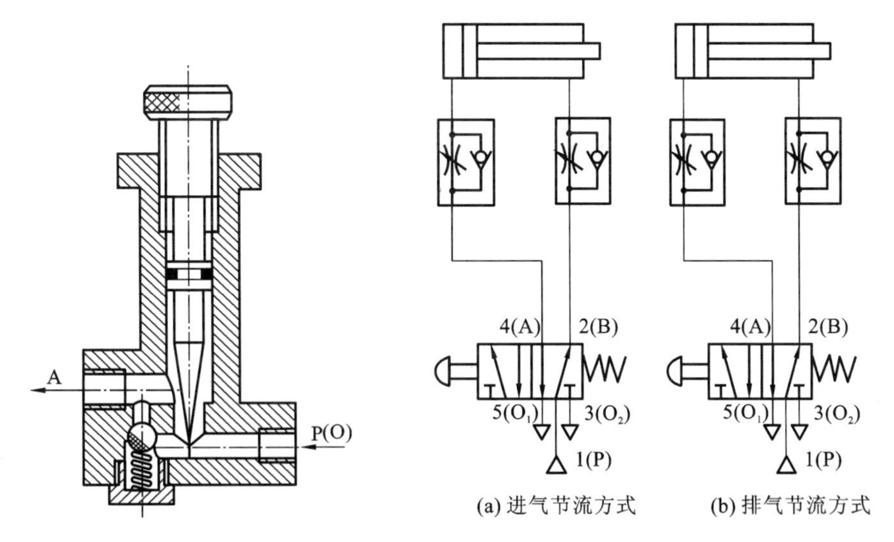

(a) 进气节流方式　(b) 排气节流方式

图 10-15　单向节流阀的结构图　　图 10-16　气缸速度控制回路的原理图

3. 排气节流阀(带消声)

节流阀通常是安装在气路系统中用来调节气流的流量,而排气节流阀只能安装在元件的排气口,调节排入大气的流量,以改变执行机构的速度。如图 10-17 所示,排气节流阀带有消声器以减弱排气噪声,并能防止环境中的粉尘通过排气口污染元件。

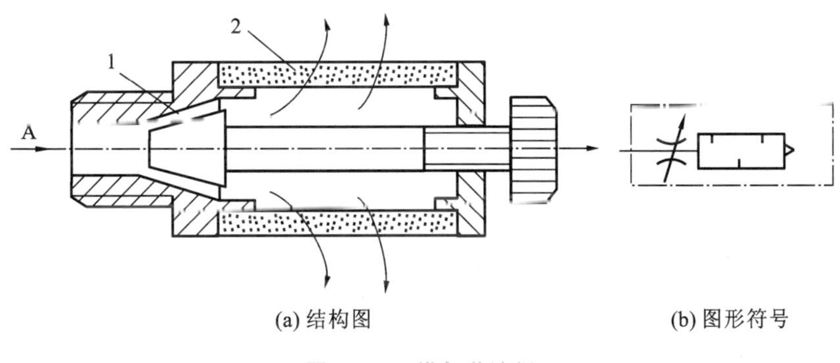

(a) 结构图　(b) 图形符号

图 10-17　排气节流阀

1—节流口;2—消声套

三、方向控制阀

方向阀可以分为单向型方向控制阀和换向型方向控制阀两大类。

气流只能沿着一个方向流动的控制阀称为单向型控制阀,如单向阀、梭阀、双压阀和快速排气阀等。

可以改变气流流动方向的控制阀称为换向型控制阀,简称换向阀。按控制方式分类,换向型控制阀可分为气压控制、电磁控制、人力控制和机械控制等,如气控阀、电磁阀等。

1. 单向阀

当压缩空气由 P_1 口进气时,克服弹簧力,球阀芯打开,P_2 口出气;当压缩空气由 P_2 口进气时，气压及弹簧力压紧球阀芯，球阀芯关闭阀口，P_1口不出气。单向阀的气流只能沿着一个方向流动，如图10-18所示。

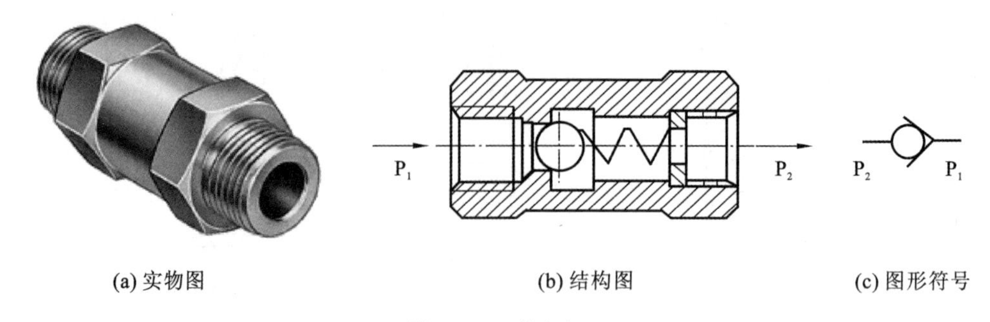

(a) 实物图　(b) 结构图　(c) 图形符号

图10-18　单向阀

2. 梭阀(或门)

梭阀的作用相当或门逻辑功能。

图10-19所示为梭阀的原理图，这种阀相当于两个单向阀组合而成。无论是P_1口或P_2口进气，A口总是有输出。

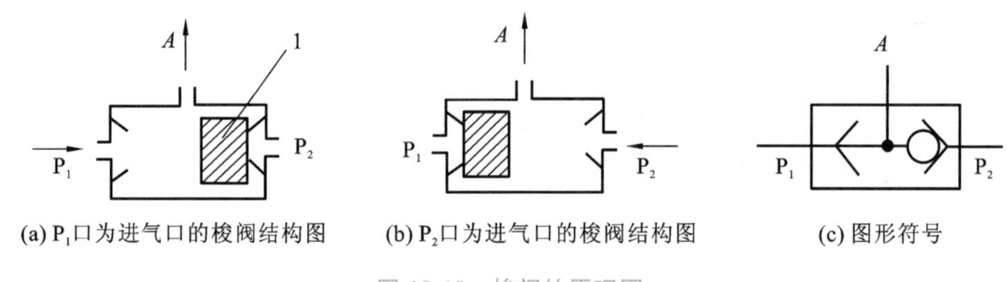

(a) P_1口为进气口的梭阀结构图　(b) P_2口为进气口的梭阀结构图　(c) 图形符号

图10-19　梭阀的原理图

或门型梭阀在程序控制回路和逻辑回路中广泛采用。

3. 双压阀(与门)

双压阀又称与门型梭阀，其有两个输入口P_1、P_2和一个输出口A。当P_1、P_2口都有输入时，A口才有输出。双压阀适用于互锁回路中，起逻辑“与”的作用。

图10-20所示为一种结构的双压阀。当P_1口进气而P_2口通大气时，阀芯推向右侧，使P_1、A口通路关闭，A口无输出。反之，当P_2口进气而P_1口通大气时，阀芯推向左侧，使P_2、A口关闭，A口也无输出。只有当P_1、P_2口同时输入时，气压低者的一侧才与A口相通，使A口有输出。

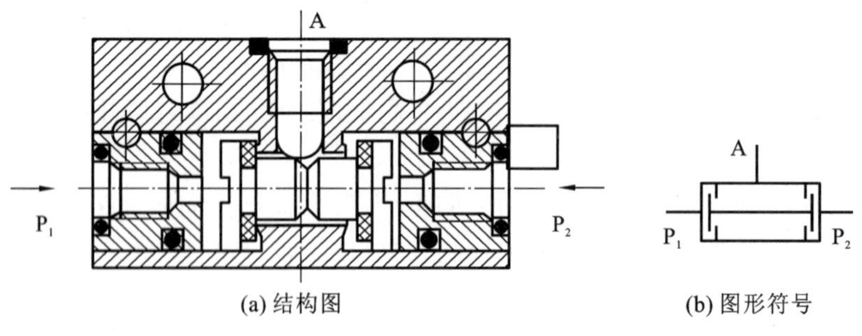

(a) 结构图　(b) 图形符号

图10-20　双压阀的原理图

4. 快速排气阀

图 10-21 所示为快速排气阀的原理图。如图 10-21(a)所示，当 P 口进气后，阀芯关闭排气口 O，P、A 口通路导通，A 口有输出。如图 10-21(b)所示，当气流反向流动时，A 口气压使阀芯移动，封住 P 口，A 口气体经 O 口迅速排向大气。快速排气阀的图形符号如图 10-21(c)所示。快速排气阀常用于气缸迅速排气。

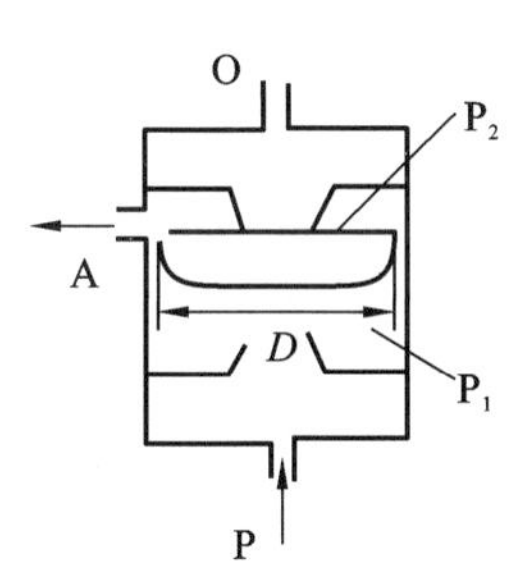

(a) P口为进气口的快速排气阀结构图

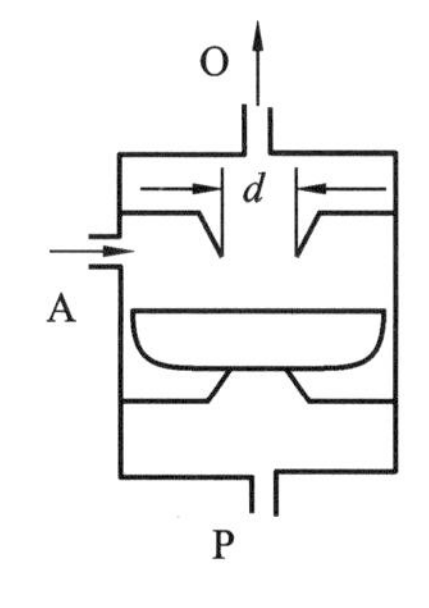

(b) A口为进气口的快速排气阀结构图

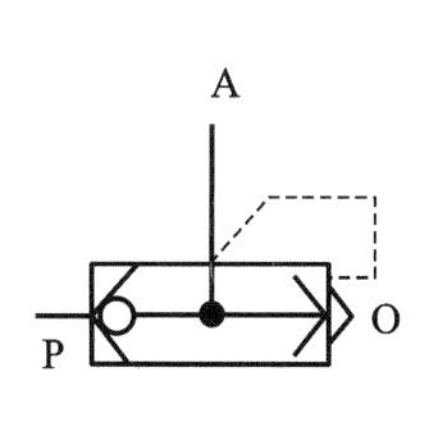

(c) 图形符号

图 10-21 快速排气阀的原理图

5. 单气控换向阀

图 10-22 所示为二位三通单气控换向阀的原理图。如图 10-22(a)所示，当控制气口 K 无信号时，阀芯在弹簧力及 P 口压力作用下关闭，气源被切断，A、O 口相通，单气控换向阀没有输出。如图 10-22(b)所示，当控制气口 K 有信号时，阀芯克服弹簧力和 P 口压力而向下运动，打开阀口使 P、A 口相通，阀口 A 有输出。此阀属常闭型二位三通阀，若将 P、O 口换接，则为常通型二位三通阀。单气控换向阀的图形符号如图 10-22(c)所示。

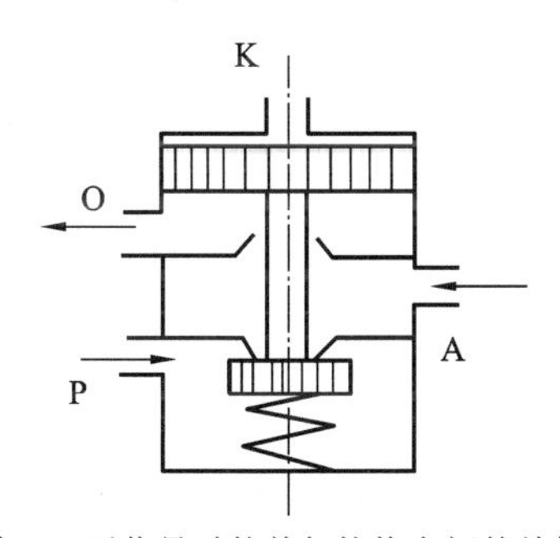

(a) 控制气口K无信号时的单气控换向阀的结构图

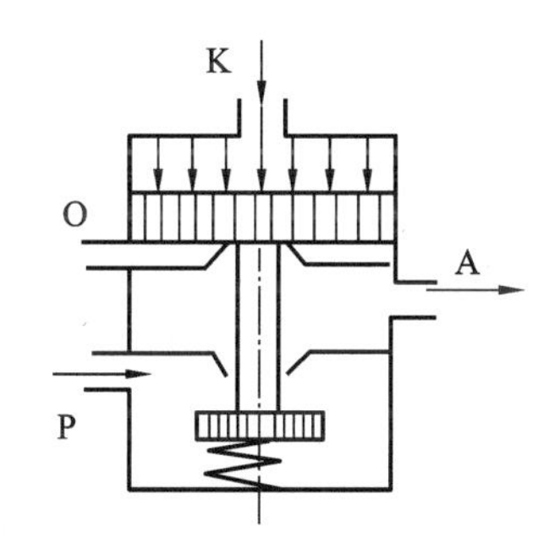

(b) 控制气口K有信号时的单气控换向阀的结构图

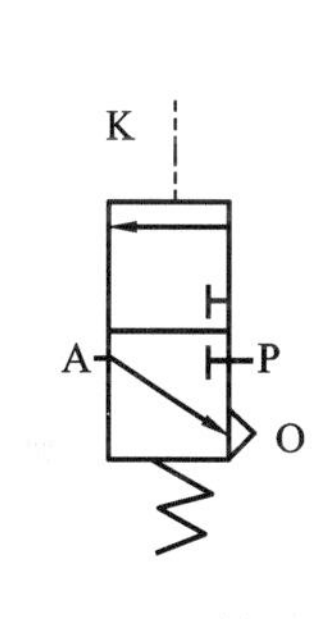

(c) 图形符号

图 10-22 单气控换向阀的原理图

6. 电磁换向阀

电磁换向阀是利用电磁力使阀芯迅速移动而换向的，由电磁铁和主阀两部分组成。按电磁力作用于主阀阀芯方式不同，电磁换向阀可分为直动型电磁阀和先导型电磁阀两种。

用电磁铁产生的电磁力直接推动换向阀阀芯换向的阀称为直动型电磁阀。根据阀芯复位的控制方式，直动型电磁阀可分为单电磁控制弹簧复位和双电磁控制弹簧复位两种。

如图 10-23(a)所示，电磁换向阀不得电时，阀芯在弹簧的作用下隔断 P、A 口通路，接通 A、O 口通路，电磁换向阀排气。如图 10-23(b)所示，电磁换向阀通电时，电磁铁将阀芯推向下位，

P、A口相通,A、O口隔断,电磁换向阀进气。图10-23(c)所示为电磁换向阀的图形符号。由图10-23(a)、(b)中可看出,电磁换向阀的移动靠电磁铁,复位靠弹簧,因而换向冲击较大,故一般只制成小型的阀,如将复位弹簧改成电磁铁,就成为双电磁控制换向阀。

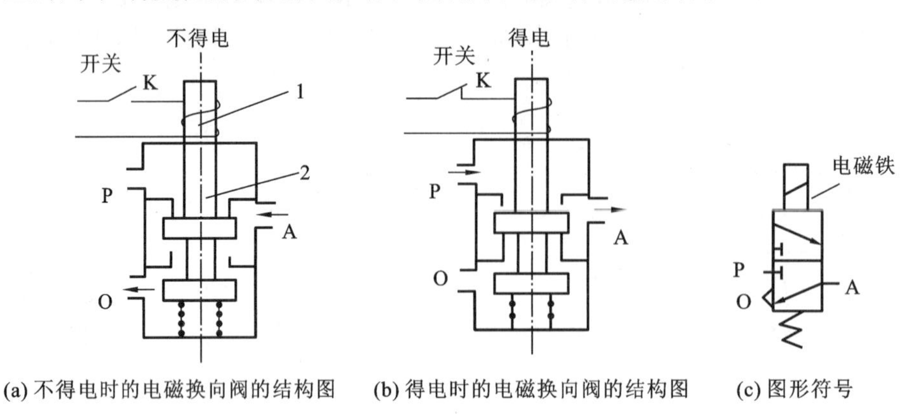

(a) 不得电时的电磁换向阀的结构图　(b) 得电时的电磁换向阀的结构图　(c) 图形符号

图10-23　电磁换向阀的原理图

10.5　气动执行元件

常用的气动执行元件有气缸和气马达。气动执行元件是将压缩空气的压力能转换为机械能的装置。

气缸是将压缩空气的压力能转换为直线运动并做功的执行元件,可分为单作用气缸、作用气缸和特殊气缸三大类。下面简单介绍几种典型气缸的结构与特点。

一、普通型单活塞杆双作用气缸

图10-24所示为普通型单活塞杆双作用气缸的结构图。气缸由缸筒11,前后缸盖13、1,活塞8,活塞杆10,密封件和紧固件等零件组成。缸筒11在前、后缸盖13、1之间由四根拉杆和螺母将其连接锁紧(图中未画出)。活塞8与活塞杆10相连,活塞8上装有活塞密封圈4、导向环5及磁性环6。为防止漏气和外部粉尘的侵入,前缸盖13上装有带防尘密封圈15的活塞杆10。磁性环6用来产生磁场,使活塞8接近磁性开关时发出电信号,即在普通气缸上安装磁性开关就成为可以检测气缸活塞位置的开关气缸。

二、膜片式气缸

如图10-25所示,膜片式气缸由膜片、缸体、膜盘和活塞杆等主要零件组成。膜片式气缸可分为单作用式气缸和双作用式气缸两种。膜片可分为盘形膜片和平膜片两种,多数采用夹织物橡胶材料。

与活塞式气缸相比,膜片式气缸具有结构紧凑、简单、制造容易、成本低、维修方便、寿命长、泄漏少、效率高等优点,但膜片的变形量有限,其行程较短。这种气缸适用于气动夹具、自动调节阀及短行程工作场合。

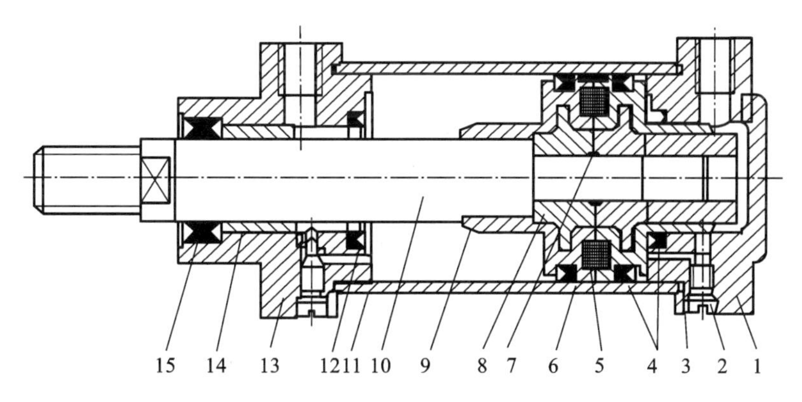

图 10-24 单活塞杆双作用气缸的结构图

1—后缸盖；2—缓冲节流阀；3、7—密封圈；4—活塞密封圈；5—导向环；6—磁性环；8—活塞；
9—缓冲柱塞；10—活塞杆；11—缸筒；12—缓冲密封圈；13—前缸盖；14—导向套；15—防尘密封圈

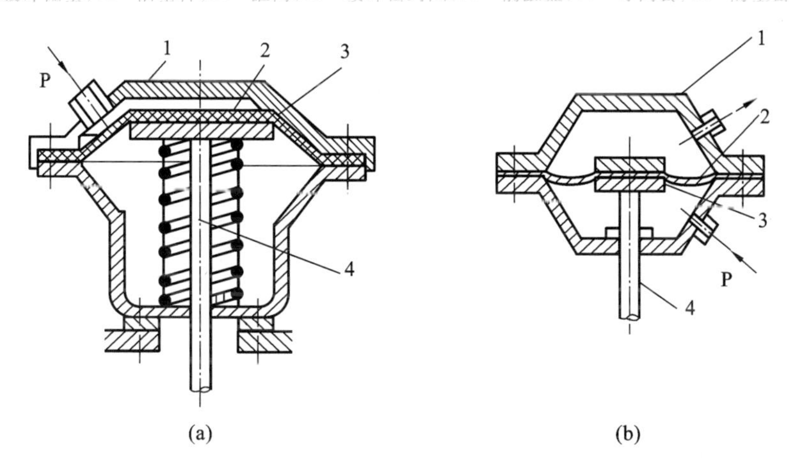

图 10-25 膜片式气缸的原理图

1—缸体；2—膜片；3—膜盘；4—活塞杆

三、冲击气缸

冲击气缸是把压缩空气的压力能转换为活塞组件的动能，利用此动能去做功的执行元件。如图 10-26 所示，冲击气缸由缸筒 8、中盖 5、活塞 7 和活塞杆 9 等主要零件组成。中盖 5 与缸筒 8 固定，和活塞 7 把气缸分割成三部分，即蓄能腔 3、活塞腔 2 和活塞杆腔 1。中盖 5 的中心开有喷嘴口 4。

冲击气缸整个工作过程可简单地分为三个阶段。

图 10-26(a)所示为复位段，活塞杆腔 1 进气时，蓄能腔 3 排气，活塞 7 上移，直至活塞 7 上的密封垫封住中盖 5 上的喷嘴口 4 为止。活塞腔 2 经泄气口 6 与大气相通。最后，活塞杆腔 1 压力升至气源压力，蓄能腔 3 压力减至大气压力。

图 10-26(b)所示为储能段，压缩空气进入蓄能腔 3，其压力只能通过喷嘴口 4 的小面积作用在活塞 7 上，不能克服活塞杆腔 1 的排气压力所产生的向上推力及活塞与缸体间的摩擦力，喷嘴口 4 仍处于关闭状态，蓄能腔 3 的压力将逐渐升高。

图 10-26(c)所示为冲击段，当蓄能腔 3 的压力与活塞杆腔 1 压力的比值大于活塞杆腔 1 作

用面积与喷嘴面积之比时，活塞下移，使喷嘴口开启，聚集在蓄能腔3中的压缩空气通过喷嘴口4突然作用于活塞7的全面积上。此时，活塞7一侧的压力比活塞杆9一侧的压力大几倍乃至几十倍，使活塞7上作用着较大的向下推力。活塞7在此推力作用下迅速加速，在很短的时间内以极高的速度向下冲击，从而获得较大的动能。

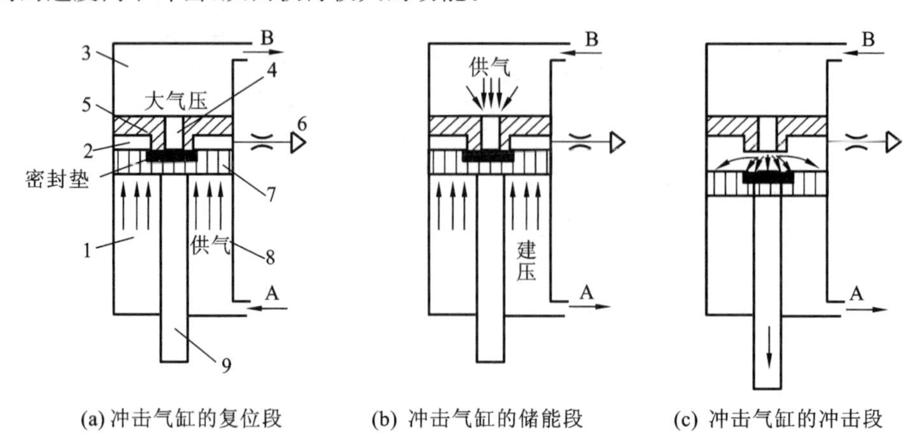

(a) 冲击气缸的复位段　　(b) 冲击气缸的储能段　　(c) 冲击气缸的冲击段

图10-26　冲击气缸的工作过程阶段图

1—活塞杆腔；2—活塞腔；3—蓄能腔；4—喷嘴口；5—中盖；6—泄气口；
7—活塞；8—缸筒；9—活塞杆

冲击气缸可用于锻造、冲压、铆接、下料、压配、破碎等多种作业。

四、气马达

1. 气马达的分类及特点

气马达是利用压缩空气的能量来实现旋转运动的机械。按结构形式的不同，气马达可分为叶片式、活塞式、齿轮式等。

最为常用的是叶片式气马达和活塞式气马达。叶片式气马达制造简单、结构紧凑，但低速启动转矩小、低速性能不好，适用于性能要求低或中功率的机械，目前，在矿山机械及风动工具中应用普遍。活塞式气马达在低速情况下有较大的输出功率，它的低速性能好，适用于载荷较大和要求低速转矩大的机械，如起重机、铰车、铰盘、拉管机等。

2. 叶片式气马达的工作原理

图10-27所示为叶片式气马达的原理图。它的主要结构和工作原理与液压叶片马达相似，主要包括一个径向装有3～10个叶片3，转子2偏心安装在定子1内，转子2两侧有前、后端盖(图中未画出)，叶片3在转子2的径向槽内可自由滑动，叶片3底部通有压缩空气，转子2转动时靠离心力和叶片3底部气压将叶片3紧压在定子1内表面上，定子1内有半圆形的切沟，提供压缩空气及排出废气。

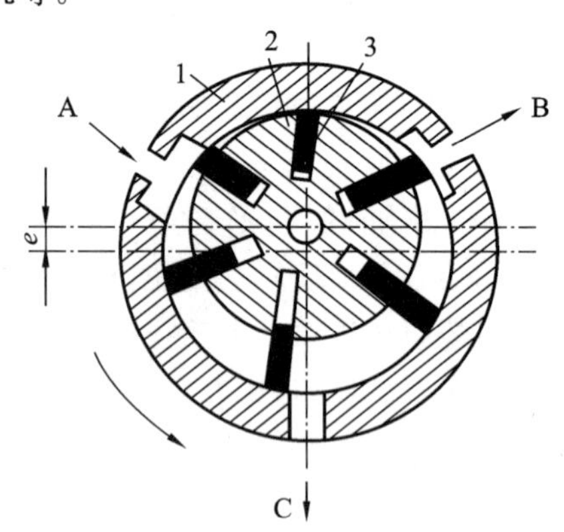

图10-27　叶片式气马达的原理图

1—定子；2—转子；3—叶片

当压缩空气从A口进入定子腔内，会使叶片3带动转子2逆时针旋转，产生旋转力矩，废气从排气口C排出，而定子腔内残余气体则经 B 口排出。如需改变气马达的旋转方向，则需改变进、排气口即可。

气马达的有效转矩与叶片伸出的面积及其供气压力有关。叶片数目多，输出转矩较均匀，且压缩空气的内泄漏减少，但减少了有效工作腔容积，所以，叶片数目应恰当选择。

为了增强密封性，在叶片式气马达启动时，叶片常靠弹簧或压缩空气顶出，使其紧贴在定子的内表面上。随着气马达转速的增加，离心力进一步把叶片紧压在定子内表面上。

10.6 气动回路安装调试

气动系统一般由基本回路组成。要想设计出高性能的气动系统，必须熟悉各种基本回路和经过长期生产实践总结出来的常用回路。

气动基本回路按不同的功能可分为换向回路、压力控制回路、速度控制回路、位置控制回路和基本逻辑回路。常用的气动回路有安全保护回路、同步动作回路、往复动作回路、记数回路、振荡回路等。

一、单作用气缸换向回路

图 10-28(a)所示为由二位三通电磁阀控制的换向回路，通电时，活塞杆伸出；断电时，活塞杆在弹簧力作用下缩回。图 10-28(b)所示为由三位五通换向阀电-气控制的换向回路，该阀具有自动对中功能，可使气缸停在任意位置，但定位精度不高，定位时间不长。

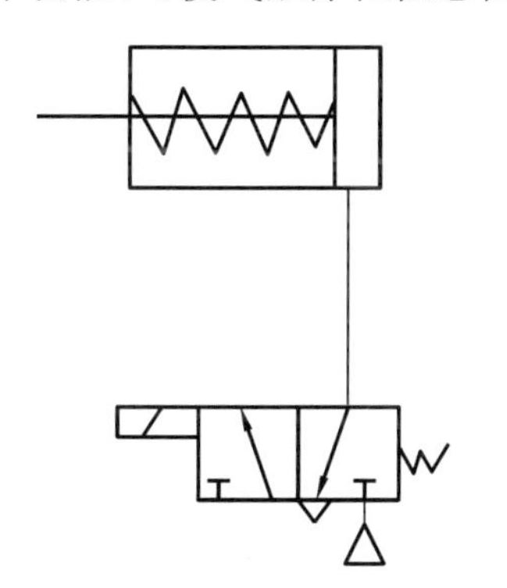

(a) 二位三通电磁阀控制的换向回路

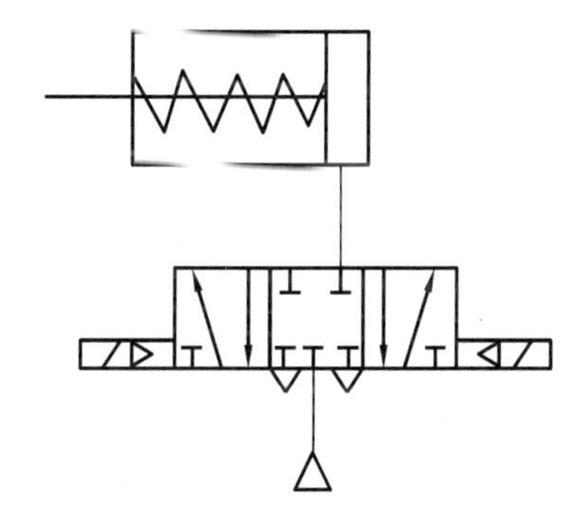

(b) 三位五通换向阀电-气控制的换向回路

图 10-28 单作用气缸换向回路

二、双作用气缸换向回路

图 10-29(a)所示为气控二位五通主阀操纵气缸的换向回路，图示位置气缸向右移动，左边通气，五通主阀换向，气缸向左退回。图 10-29(b)所示为二位五通双电气控阀控制气缸的换向回路，图示位置气缸锁紧，右边电磁铁得电，气缸向右移动，左边电磁铁得电，五通主阀换向，气缸向左退回。

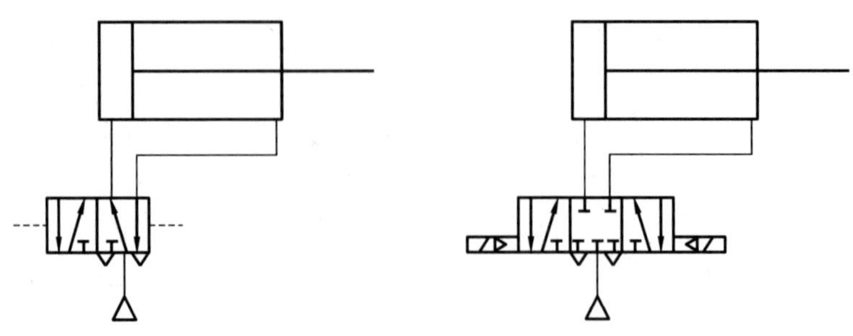

图 10-29 双作用气缸换向回路

压力控制回路用于调节和控制系统压力，使之保持在某一规定的范围之内。

三、调压回路

调压回路用于控制储气罐的压力，使之不超过规定的压力值。常用外控溢流阀或用电接点压力表4来控制空气压缩机1的转停，使储气罐3内的压力保持在规定的范围内(见图10-30)，采用溢流阀2结构简单、工作可靠，但气量浪费大。

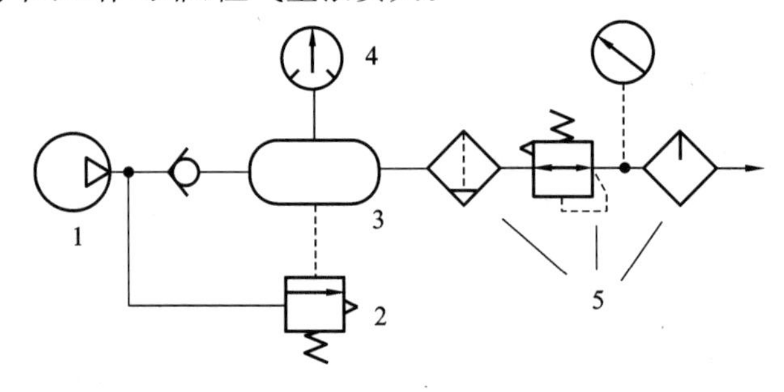

图 10-30 一次压力控制回路的原理图

1—空气压缩机；2—溢流阀；3—储气罐；4—电接点压力表；5—气动三联件

四、压力切换回路

压力切换回路主要是对气动系统气源压力的高低控制回路。如图10-31所示，由减压阀2、4和换向阀3构成的对系统实现输出高低压力 p_1、p_2 的控制回路。

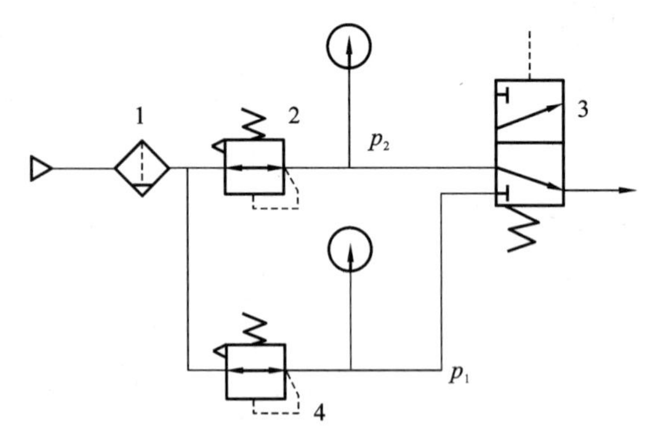

图 10-31 压力切换回路

1—油雾器；2、4—减压阀；3—换向阀

气动系统因使用的功率都不大,所以主要的调速方法是节流调速。

五、单作用气缸速度调速回路

如图 10-32(a)所示,两个反接的单向节流阀可分别控制活塞杆伸出和缩回的速度。在图 10-32(b)中,气缸活塞上升时节流调速,下降时则通过快速排气阀排气,使活塞杆快速返回。

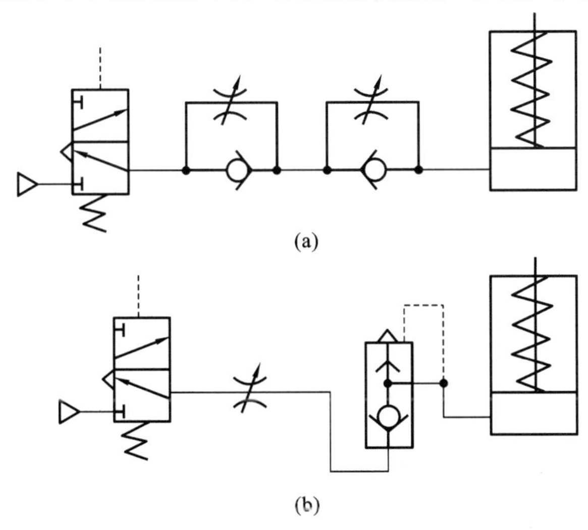

图 10-32　单作用气缸速度控制回路

六、双作用气缸调速回路

图 10-33 所示为采用排气节流阀的双向调速回路。当外负载变化不大时,采用排气节流调速方式,进气阻力小,负载变化对速度影响小,比进气节流调速效果要好。另外,还可采用单向节流阀的双向调速回路。

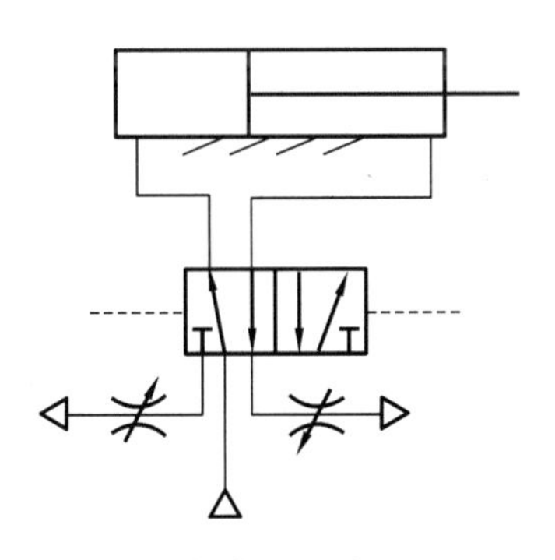

图 10-33　排气节流阀的双向调速回路

七、连续往复动作回路

图 10-34 所示为采用两个行程阀的连续往复动作回路,在图示位置,当手动换向阀 1 换向时,气动换向阀 2 换向,气缸 5 右行,压下行程阀 4,气缸 5 左退,压下行程阀 3,气动换向阀 2 得电又换向,如此连续往复动作。

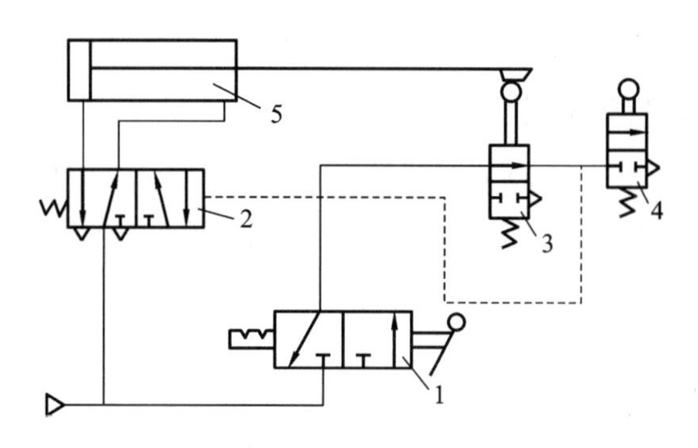

图 10-34 连续往复动作回路

1—手动换向阀;2—气动换向阀;3、4—行程阀;5—气缸

八、缓冲回路

气缸在行程长、速度快、惯性大的情况下,往往需要采用缓冲回路来消除冲击力。图 10-35(a)所示为采用行程阀的缓冲回路,实现快进→慢进缓冲→停止→快退的循环。图 10-35(b)所示为采用顺序阀的缓冲回路。当活塞返回至行程末端时,其左腔压力已降至打不开顺序阀 4 的程度,剩余气体只能经节流阀 2 排出,使活塞得到缓冲。

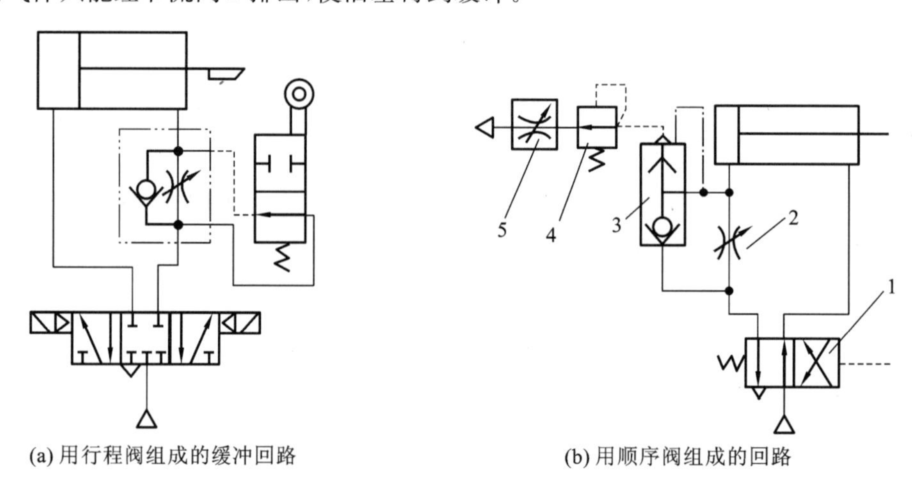

(a) 用行程阀组成的缓冲回路　　(b) 用顺序阀组成的回路

图 10-35 缓冲回路

1—换向阀;2—节流阀;3—梭阀;4—顺序阀;5—快速排气阀

九、安全保护回路(双手操作回路)

如图 10-36 所示,只有同时按下两个手动换向阀,气缸才向下动作,对操作人员的手起到安全保护作用。双手操作回路应用在冲床、锻压机床上。

十、记数回路

由气动逻辑元件组成的一位二进制记数回路如图 10-37 所示,设原始状态双稳元件 SW_1 的"0"端有输出 S_0,"1"端无输出,其输出反馈使禁门 J_1 有输出,J_2 无输出。因此,双稳 SW_2 的"1"端有输出,"0"端无输出。当有脉冲信号输入与门时,Y_1 有输出,并切换 SW_1 至"1"端,使 S_1 有输出。当下一个脉冲信号输入时,又使 SW_1 呈现 S_0 输出状态,这样,使 SW_1 交替输出,从而起到分

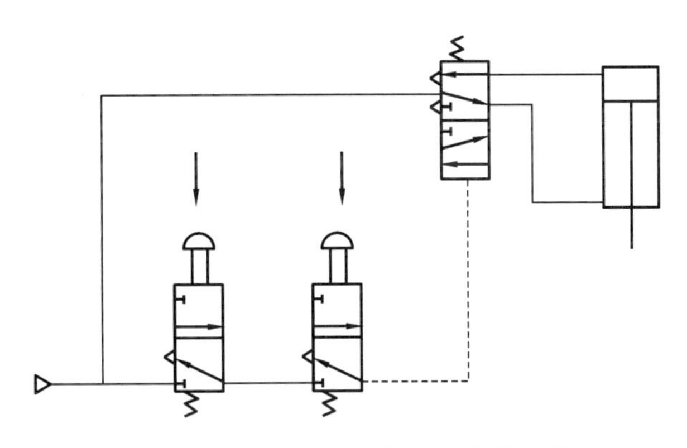

图 10-36 安全保护回路(双手操作回路)

频计数的作用。

另外,还有同步动作回路、过载保护回路和振荡回路等。

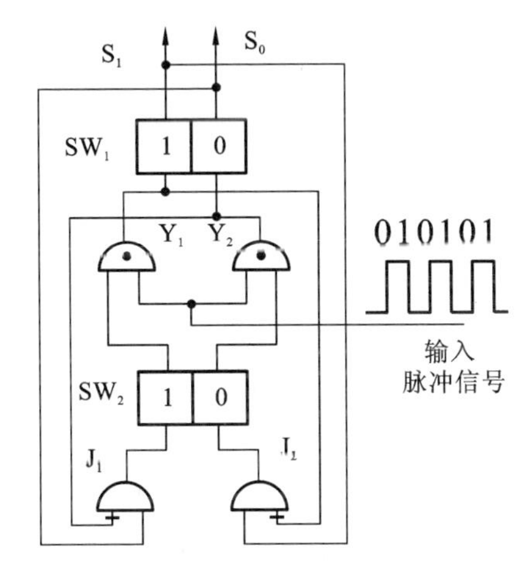

图 10-37 记数回路

10.7 气动系统应用实例

1. 数控机床气压传动

数控机床中刀具和工件的夹紧、主轴锥孔吹屑、工作台交换、工作台与鞍座间的拉紧、回转分度、插销定位、刀库前后移动和真空吸盘等动作常采用气压传动系统。其优点是安全性高、污染少、气液电结合方便、动作响应快,用于中小功率的场合。

某数控加工中心的气动系统部分图如图 10-38 所示,用于中心刀具和工件的夹紧、主轴锥孔吹屑和安全防护门的开关,压缩空气工作压力为 0.5 MPa,通过 8 mm 的气管接到气动三联件 ST 到达换向阀,压缩空气从而得到干燥、洁净,并加入了适当的润滑用油雾。

1YA 失电时,刀具和工件夹紧;1YA 得电时,刀具和工件松开。2YA 得电时,压缩空气吹向主轴锥孔,吹去铁屑。

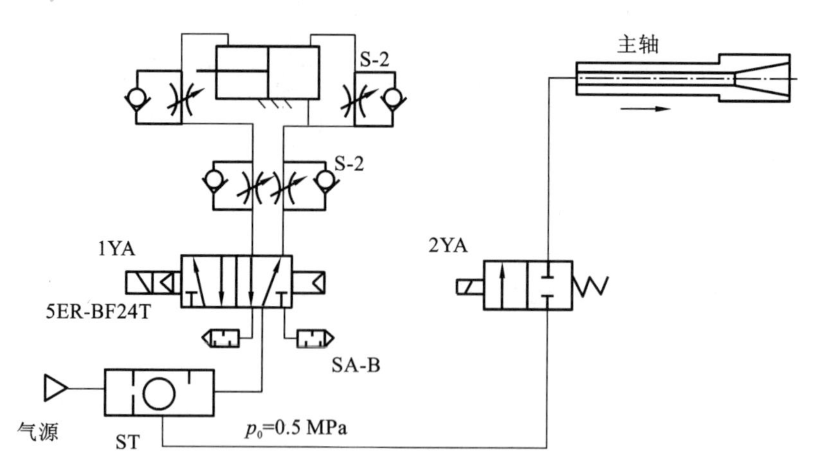

图 10-38　数控加工中心气动系统

2. 汽车门开关气动系统

汽车门开关气动系统利用超低压气动阀来检测人的踏板动作。在拉门上装内踏板 6 和外踏板 11,踏板下方装有完全封闭的橡胶管,管的一端与超低压气动阀 7、12 的控制口分别连接。当人站在踏板上时,橡胶管里压力上升,超低压气动阀动作。

如图 10-39 所示,首先使手动换向阀 1 上位接人的工作状态,空气通过气动换向阀 2、单向节流阀 3 进入气缸 4 的无杆腔,将活塞杆推出(门关闭)。当人站在内踏板 6 上后,超低压气动阀 7 动作。

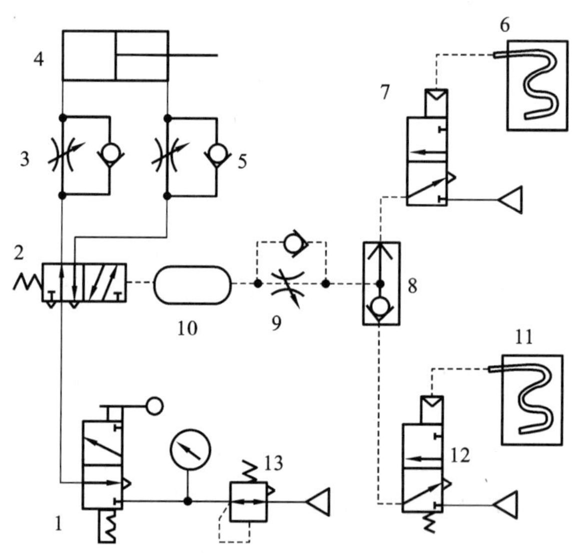

图 10-39　汽车门开关气动系统

1—手动换向阀;2—气动换向阀;3、5、9—单向节流阀;4—气缸;6—内踏板;7、12—超低压气动阀;8—梭阀;10—气罐;11—外踏板;13—减压阀

当人站在外踏板 11 上时,超低压气动阀 12 动作,使梭阀 8 上面的通口关闭,下面的通口接通(此时由于人已离开内踏板 6,超低压气动阀 7 已复位),压缩空气通过梭阀 8、单向节流阀 9 和气罐 10 使气动换向阀 2 换向,进入气缸 4 的有杆腔,活塞左退,门打开。

人离开内踏板 6 和外踏板 11 后，经过延时(由节流阀控制)后，气罐 10 中的空气经单向节流阀 9、梭阀 8 和超低压气动阀 7、12 放气，气动换向阀 2 换向，气缸 4 的无杆腔进气，活塞杆伸出，拉门关闭，通过连杆机构将气缸活塞杆的直线运动转换成拉门的开闭运动。

系统利用逻辑“或”的功能，回路比较简单，很少产生误动作。行人从门的哪一边进出均可。减压阀 13 可使关门的力自由调节，十分便利，如将手动阀复位，则可变为手动门。

3. 机械手气动系统

机械手具有承载能力强、抗风稳定性高、工程造价经济等优点，得到了广泛的应用。

气动爬缆机械手完成斜拉桥缆索的表面涂装及日常维护等作业，爬缆机械手要克服重力的作用而可靠地依附于缆索上并自主移动。它要求能够自动上下爬行，可以自锁于任意位置，因此，爬缆机械手轴向力的获得及如何稳定地沿缆索移动而不倒退是一个关键问题。

整个气动系统由气缸、电磁阀、气源、控制系统等组成驱动气缸回路，上、下体夹紧气缸回路和导向回路 4 个基本回路，它们与地面的气源相连，如图 10-40 所示。

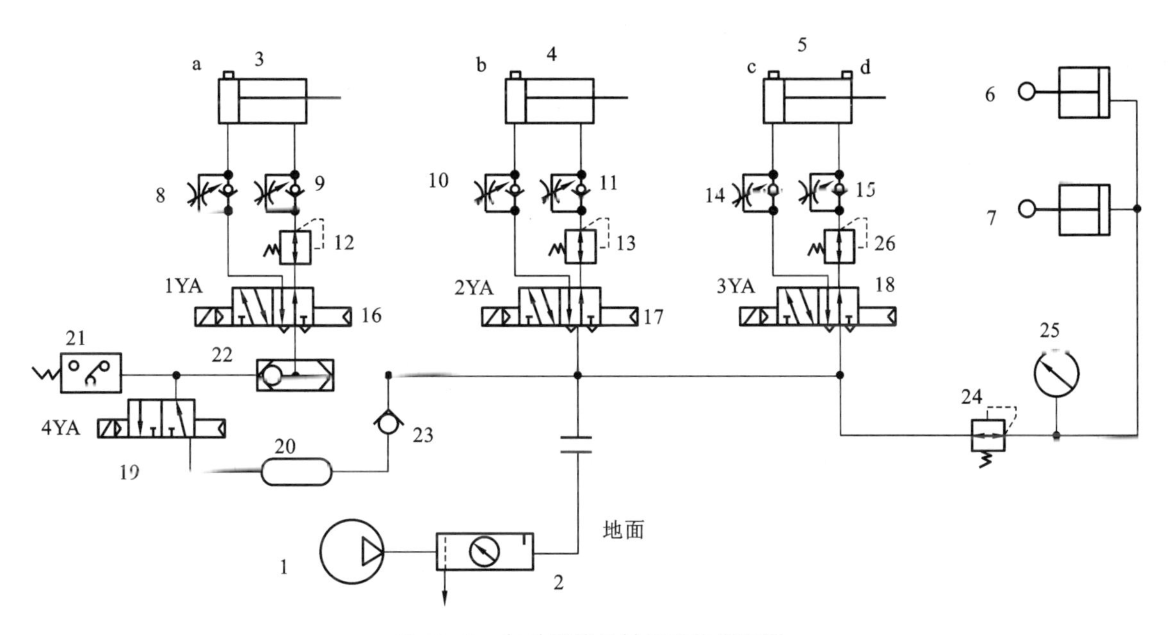

图 10-40　气动爬缆机械手工作原理图

1—空气压缩机；2—气动三联件；3、4—上、下体夹紧气缸；5—驱动气缸；6、7—导向气缸；
8、9、10、11、14、15—单向节流阀；12、13、24、26—减压阀；16、17、18、19—电气换向阀；
20—气罐；21—压力开关；22—梭阀；23—单向阀；25—压力表

驱动气缸 5 选用带磁性开关低摩擦缸，上、下体夹紧气缸 3、4 和导向气缸 6、7 选用薄型气缸，夹紧气缸带磁性开关。由电磁换向阀分别控制各气缸缸腔的进、排气回路和动作，单向节流阀用于驱动气缸的排气节流调速，气缸磁性开关能检测出气缸行程的位置。

另外，气路中还安装了气罐以保证机械手停电、停气时的安全。当机械手出现停电、停气情况时，气动回路中压力开关将控制携带的储气罐开始供气，气体进入上、下体夹紧气缸，使夹紧气缸夹紧缆索，保证机械手不从缆索上滑下来，随着气路的泄漏，操作人员牵引气管电线支撑钢丝使机械手缓缓下滑。控制器内设有互锁操作程序，防止因操作人员误操作而使机械手夹紧手指。

机械手采用可编程控制器(PLC)控制,PLC具有编程方便、通用灵活、抗干扰能力强、安装简单、便于维修的优点。由气缸磁性开关检测信号,再由PLC控制各电磁阀。重复以上过程,机械手实现连续的上升动作。改变机械手的运动顺序,可实现连续的下行动作。

为防止机构因自重作用而下滑,根据仿生学原理,机械手采取蠕动的方式上升和下降,运动中至少保证上、下机械手指有1个夹紧缆索。机械手向上爬升程序如表10-3所示。

表10-3　机械手向上爬升程序

	爬升工作过程	1YA	2YA	3YA	4YA
1	下体夹紧气缸夹紧缆索	+	+	−	+
2	上体夹紧气缸松开	−	+	−	+
3	驱动气缸活塞杆伸出,上体沿缆索向上运动	−	+	+	+
4	上体夹紧气缸夹紧缆索	+	+	+	+
5	下体夹紧气缸松开	+	−	+	+
6	驱动气缸缸体回缩,下体沿缆索向上运动	+	−	−	+
7	停电、停气时夹紧气缸夹紧,保证安全	−	−	−	−

实验5　气动回路的设计与安装调试

一、实验任务

某工厂有一工件需要转运(或门的开关),质量不大,请设计气动回路,并通过实验台安装调试。通过演示拆装调试,使学生认识气动元件,加深对气缸的换向调速回路、双缸连续往复动作回路等的理解。

二、实验设备

拆装式气压传动综合实验台。

三、实验原理图

设计任务的原理图如图10-41至图10-44所示。

四、练习与思考

(1)把回路中单向节流阀拆掉重做一次实验,气缸的活塞运动是否会很平稳?回路中用单向节流阀的作用是什么?

(2)单电磁铁与双电磁铁换向回路有何区别?想一想主要是利用了三位五通双电磁阀的什

么机能来实现缸的定位？

（3）自拟其他气动回路，然后进行安装调试。

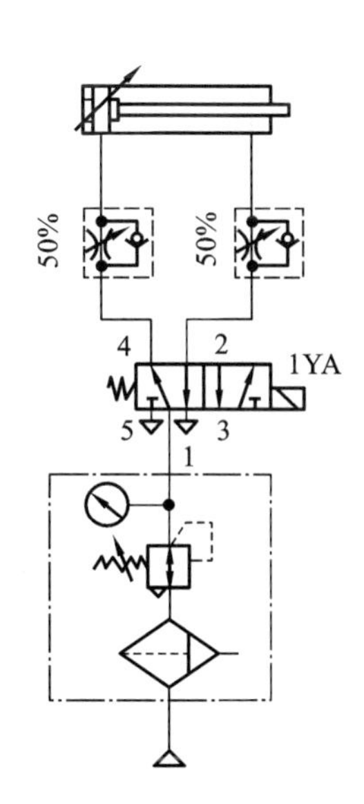

图10-41　换向调速回路

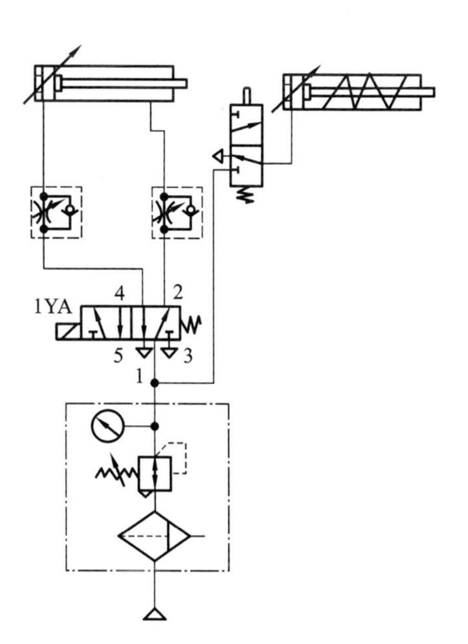

图10-42　行程阀顺序动作回路

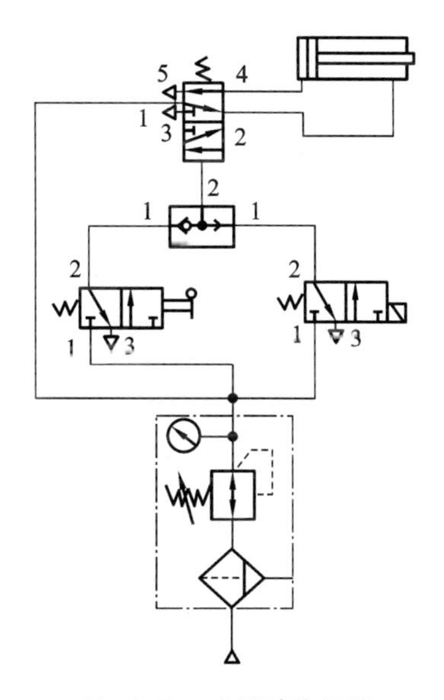

图10-43　或门动作回路

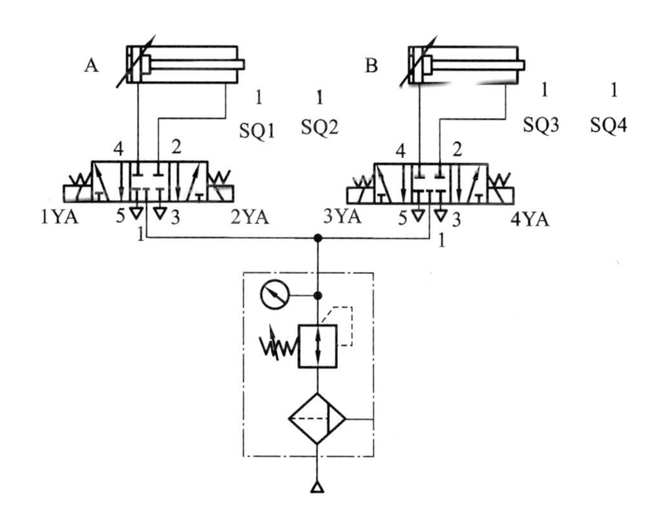

图10-44　接近开关顺序动作回路

一、判断题

1. 气压传动广泛用于食品工业、轻工、工业机器人和工程机械等行业。　　（　　）

2. 油水分离器是利用回转离心、撞击、水浴等方法使水滴、油滴及其他杂质颗粒分离出来。 (　　)

3. 分水滤气器、减压阀和油雾器通常是联合使用,称为气动三联件。 (　　)

4. 气动梭阀相当于两个单向阀组合的阀,其作用相当于“或门”。 (　　)

5. 简单压力控制回路常采用溢流阀对气源实行定压控制。 (　　)

二、选择题

1. 气动系统相比液压系统的优点是(　　)。

A. 压力高　　B. 污染少　　C. 润滑方便　　D. 造价高

2. 气动三联件指的是分水滤气器、减压阀和(　　)三元件。

A. 过滤器　　B. 油水分离器　　C. 油雾器　　D. 空压机

3. 气动系统使用(　　)是为了使各种气动元件得到润滑,其安装位置应尽可能靠近使用端,但绝不能安装在换向阀和气缸之间。

A. 油水分离器　　B. 减压阀　　C. 干燥器　　D. 油雾器

4. 气动梭阀相当于两个单向阀组合的阀,其作用相当于(　　)。

A. 或门　　B. 与　　C. 单向阀　　D. 换向阀

5. 气动系统中减压阀作(　　)阀用。

A. 安全　　B. 减压　　C. 调压　　D. 背压

三、问答题

1. 通常,设置在气源装置与系统之间的所谓“气动三联件”是指什么?

2. 气压传动系统对其工作介质的主要要求是什么?

3. 单作用气缸内径 $D=0.125$ m,工作压力 $p=0.5$ MPa,气缸负载率 $\eta=0.5$,复位弹簧刚度 $C_f=2\ 000$ N/m,弹簧预压缩量为 50 mm,活塞的行程 $s=0.15$ m,求此缸的有效推力。

4. 双作用气缸内径 $D=0.125$ m,活塞杆直径为 $d=32$ mm,工作压力 $p=0.45$ MPa,气缸负载率 $\eta=0.5$,求气缸的推力和拉力。如果此气缸内径 $D=80$ mm,活塞杆径 $d=25$ mm,工作压力 $p=0.4$ MPa,负载率不变,其活塞杆的推力和拉力各为多少?

5. 请说明冲击气缸的工作过程及工作原理。

6. 图 10-45 所示为两个二位五通阀及小通径的手动阀控制二位五通主阀操纵气缸的两个换向回路,用文字或箭头来说明这两个回路的基本工作原理。

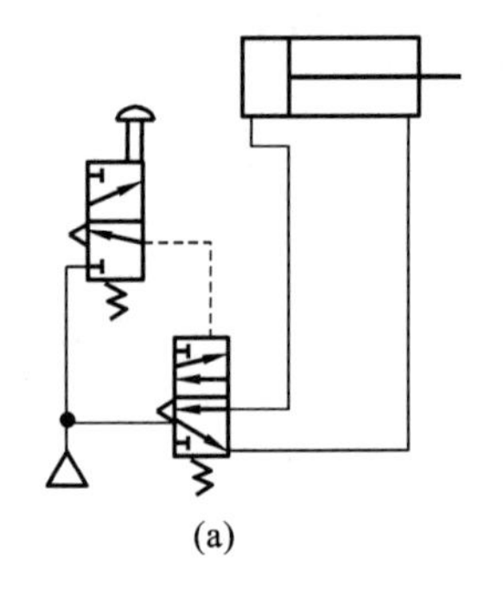

(a)

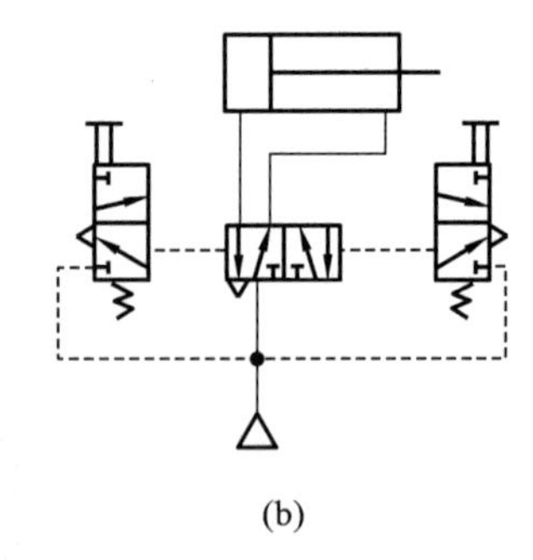

(b)

图 10-45　二位五通换向回路

7. 如图 10-46 所示,公共汽车门用气动控制,司机和售票员各有一个气动开关控制汽车门,要求如下:为安全起见,司机和售票员都发出关门信号,门才关闭;车到站,一人发出开门信号,门就打开。试分析气控回路及其组成。

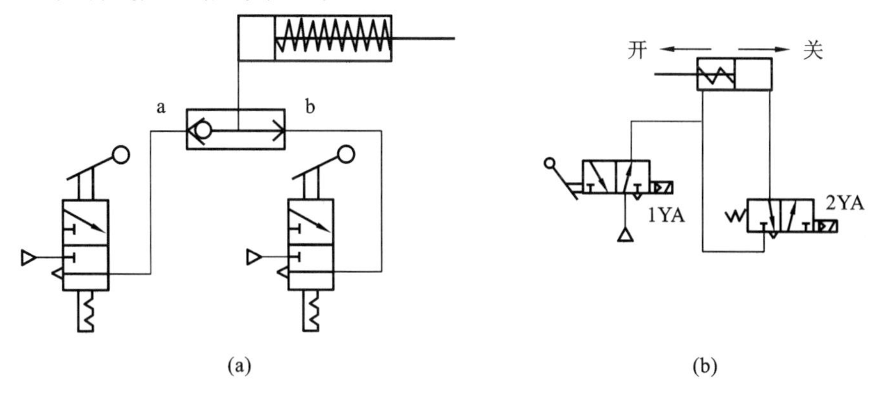

图 10-46 公共汽车门用气动系统

8. 图 10-47 所示为 EQ1092 汽车气动制动系统，发动机通过三角皮带带动风冷单缸空压机 1，将压缩空气经单向阀 2 送入储气罐 3，再经前桥储气罐 5、后桥储气罐 6 送到脚动控制阀 7，踩下制动踏板时，压缩空气同时进入制动气缸 10、11，使前后轮制动（后轮略早）；松开时则快速排气，解除制动。试分析气压系统的工作过程，包含哪些基本回路？指出系统特点是什么？

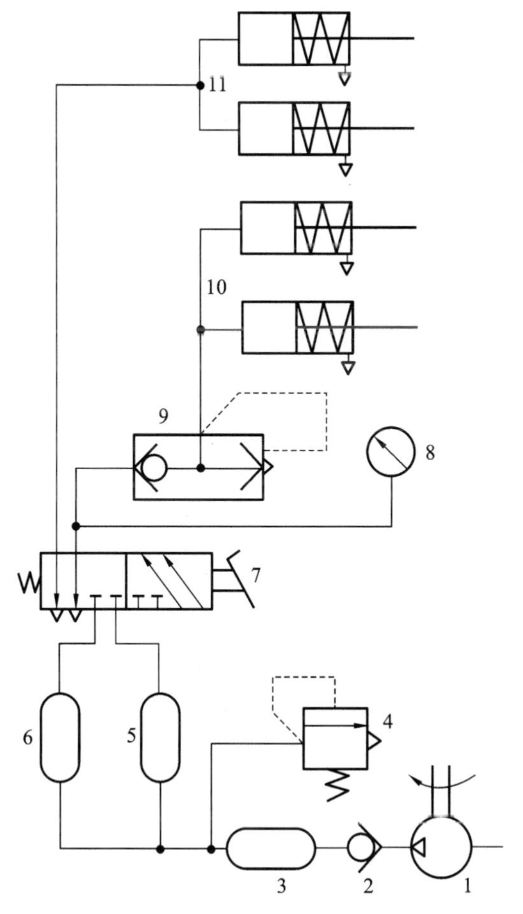

图 10-47 汽车气动制动系统

附　　录

附录 A　常用液压图形符号

表 A-1　基本符号、管路、连接

名　　称	符　　号	名　　称	符　　号
工作管路		组合元件线	
控制、泄油管路		单通路旋转接头	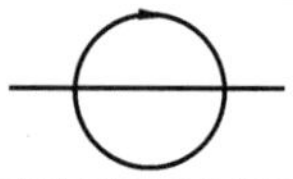
柔性管路		三通路旋转接头	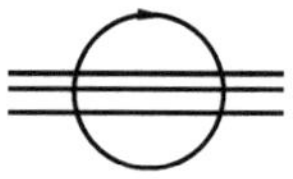
连接管路两管路相交	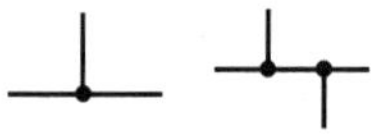	带单向阀的快换接头	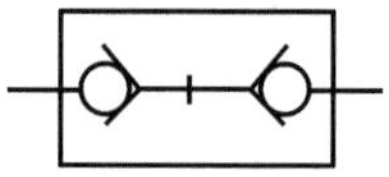
交叉管路交叉不连接	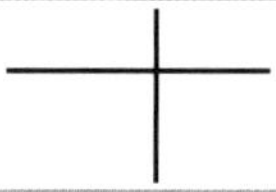	不带单向阀的快换接头	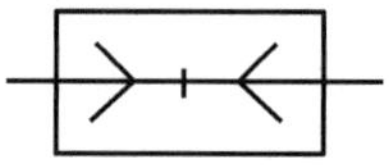

表 A-2　液压机械

名　　称	符　　号	名　　称	符　　号
液压源		双向摆动马达定角度	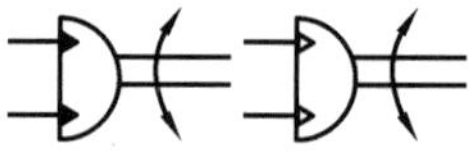
单向定量液压泵	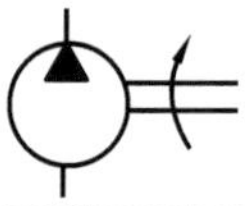	单作用缸	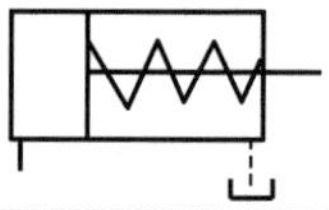
单向变量液压泵	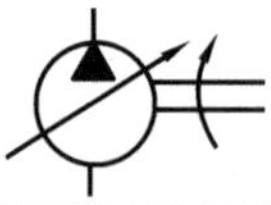	单活塞杆缸	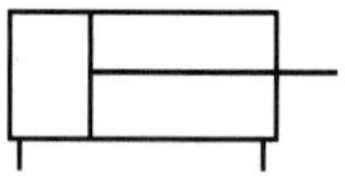
双向变量液压泵	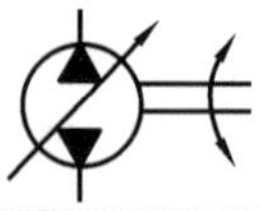	双活塞杆缸	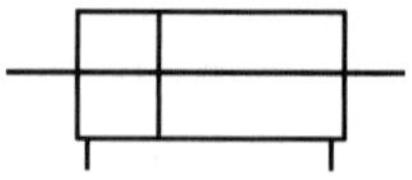
定量泵-马达	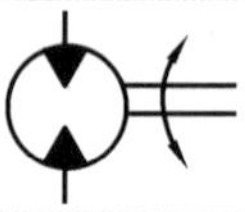	气压源	

续表

名　　称	符　　号	名　　称	符　　号
单向定量马达		液压整体式传动装置	
单向变量液压马达	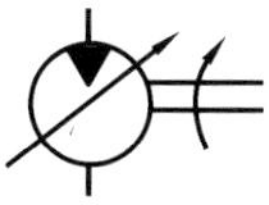	柱塞缸	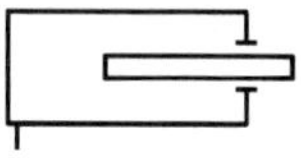
双向变量液压马达	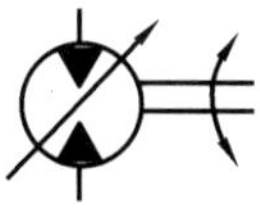	伸缩缸	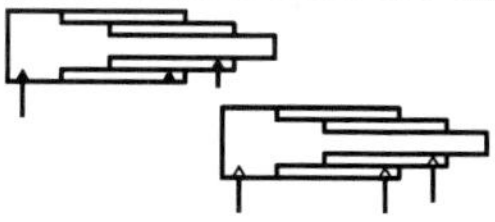
变量液压泵-马达	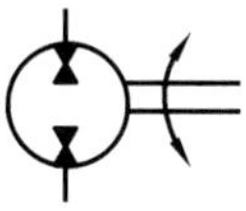	增压器	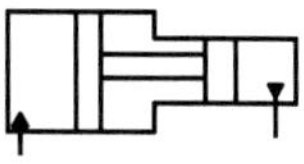

表 A-3　控制方式

名　　称	符　　号	名　　称	符　　号
按钮式	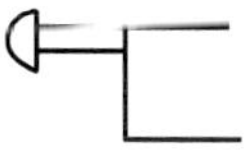	滚轮式	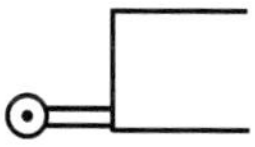
手柄式	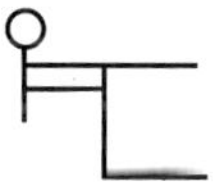	外、内压控制	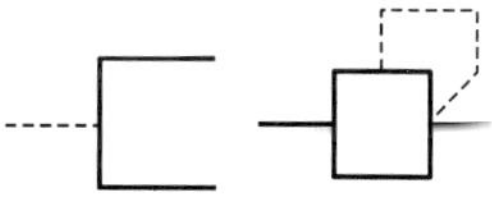
踏板式	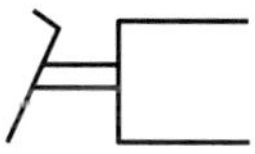	电机旋转控制	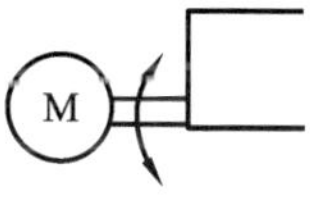 M
顶杆式	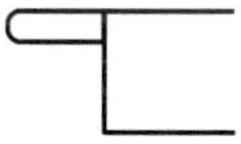	气、液压先导控制	
弹簧控制式	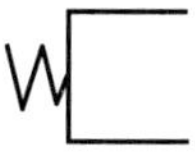	气-液先导加压	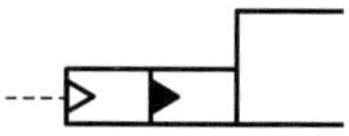
单向电磁式	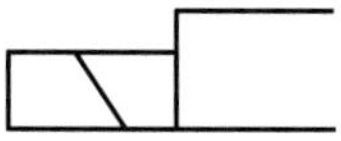	电-液先导控制	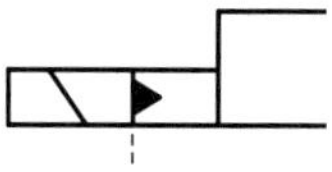
双向电磁式	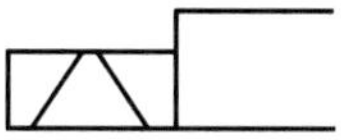	电-先气导控制	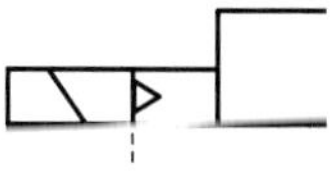
比例控制	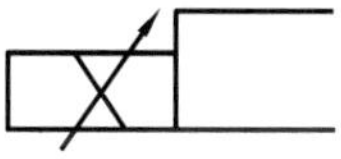	伺服控制	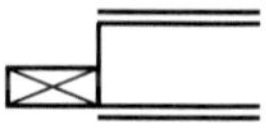

表 A-4 液压控制阀

名称	符号	名称	符号
溢流阀、 直动型溢流阀	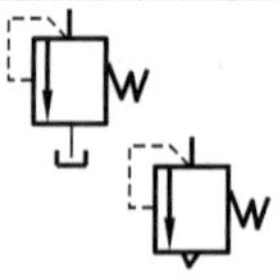	比例阀二位四通 节流型中位正遮盖	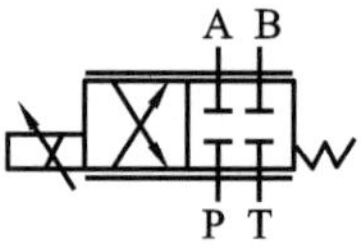 A B P T
卸荷阀	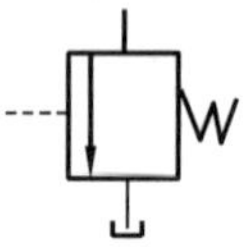	电液伺服阀 四通二级	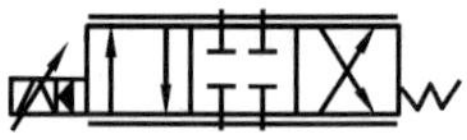
直动型减压阀	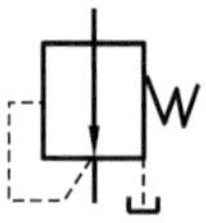	电伺服阀四通	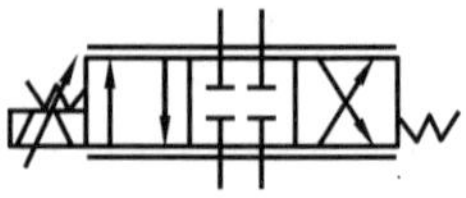
顺序阀 一般符号或 直动型顺序阀	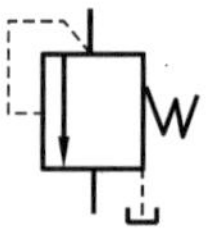	不可调节流阀	
定差减压阀	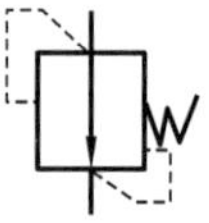	调速阀 简化符号	 P_1 P_2
比例 直动溢流阀	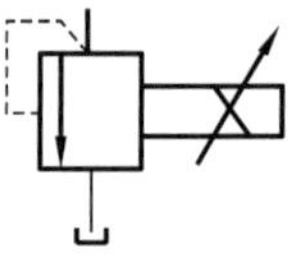	旁通型调速阀	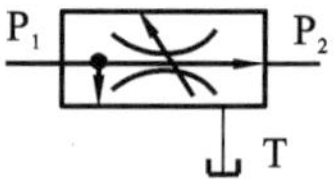 P_1 P_2 T
单向阀		单向节流阀	
液控单向阀 简化符号		分流阀	
二位三通 电磁球阀	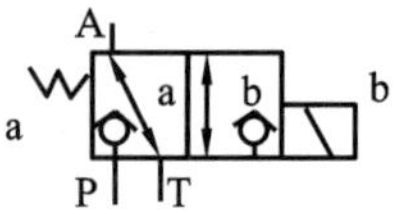 A a b b a P T	分流集流阀	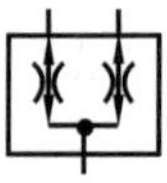
二位电磁阀 常断		先导型溢流阀	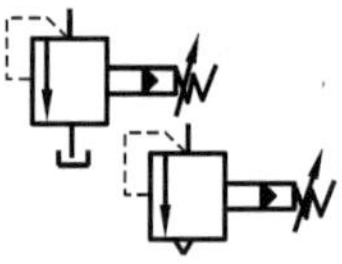

续表

名　称	符　号	名　称	符　号
先导型 电磁溢流阀 （常闭）	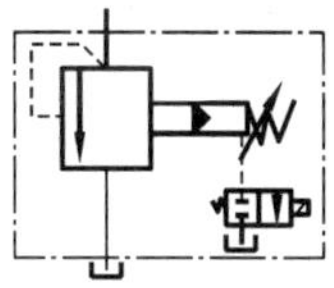	可调节流阀	
先导型减压阀	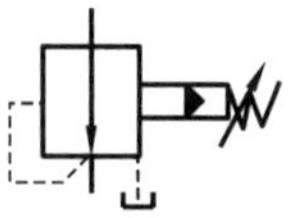	调速阀	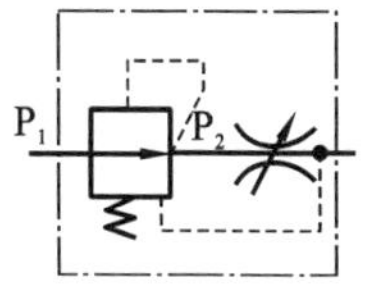 P_1 P_2
先导型 顺序阀	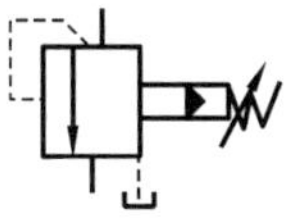	温度补偿型 调速阀	
单向顺序阀 （平衡阀）	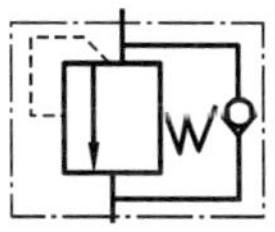	单向调速阀	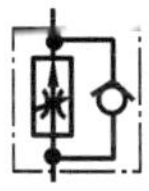
比例先导溢流阀	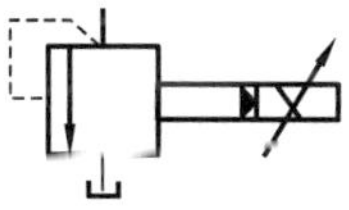	集流阀	
双液控单向阀 液压锁	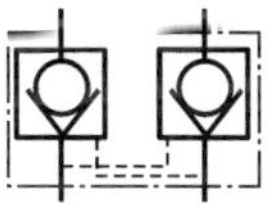	电液比例 调速阀	
二位四通 电磁阀	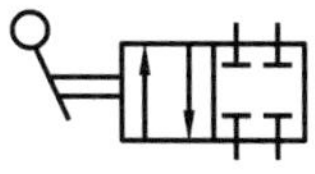	梭阀 或门型	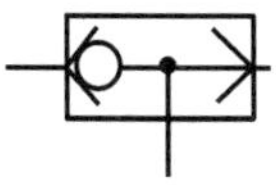
三位四通电液阀 （内控外泄）	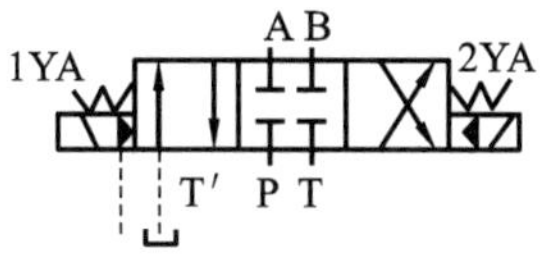 1YA A B 2YA T′ P T	双压阀 与门型	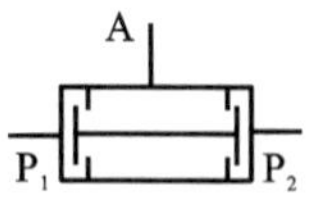 A P_1 P_2
三位四通电磁阀	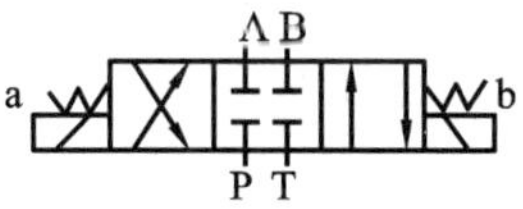 a A B b P T	快速排气阀	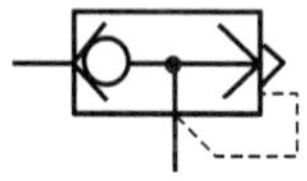

表 A-5 辅助元件

名　　称	符　　号	名　　称	符　　号
蓄能器		油箱 管端在液面上	
液位计		过滤器 一般符号	
磁性过滤器		带污染指示器 的过滤器	
压力表(计)		压力继电器 (压力开关)	W
冷却器 一般符号		加热器	
传感器 一般符号		压力传感器	p
流量计		转速仪	
温度计		温度传感器	$t°$
电动机	M	原动机	M
直接排气		放大器	− +
空气过滤器		空气干燥器	
分水排水器		气罐	
油雾器		除油器	
气源调节装置 (三联件)		消声器	

附录B 液压气动技术模拟试卷

模拟试卷1

一、单选题(每小题2分,共20分)

1. 液压系统的工作压力取决于(　　)。

A. 调压阀　　B. 泵　　C. 负载

2. 调节方便、工作可靠的是采用(　　)的顺序回路。

A. 行程开关　　B. 压力继电器　　C. 顺序阀

3. 液压泵卸荷时不能采用(　　)。

A. 先导式溢流阀　　B. 顺序阀　　C. 减压阀

4. 在下列液压阀中,(　　)不能作为背压阀使用。

A. 单向阀　　B. 减压阀　　C. 溢流阀

5. 液压传动的执行元件是(　　)。

A. 液压马达　　B. 液压泵　　C. 蓄能器

6. (　　)叶片泵运转时,不平衡径向力相抵消,受力情况较好。

A. 单作用　　B. 双作用　　C. 变量

7. 液压系统的最大工作压力为10 MPa,安全阀的调定压力应(　　)10 MPa。

A. 等于　　B. 小于　　C. 大于

8. 齿轮泵齿轮脱开啮合,则容积(　　)。

A. 增大压油　　B. 增大吸油　　C. 减小压油

9. 液压系统的安全性和可靠性要予以足够的重视,为防止过载(　　)是必不可少的。

A. 减压阀　　B. 溢流阀　　C. 平衡阀

10. 气动三联件指的是分水滤气器、减压阀和(　　)三元件。

A. 过滤器　　B. 油水分离器　　C. 油雾器

二、判断题(每小题2分,共20分)

1. 通常把既无黏性又不可压缩的液体称为理想液体。(　　)

2. 真空度是以绝对真空为基准来测量的液体压力。(　　)

3. 连续性方程表明恒定流动中,液体的平均流速与流通圆管的直径大小成反比。(　　)

4. 容易使轴向柱塞泵滑履损坏的是泵的转速高而非工作压力过大、油液污染过大。(　　)

5. 能使执行油缸锁闭、油泵卸荷的是H形三位四通换向阀。(　　)

6. 采用先导式减压阀,会额外增加泄油量。 ( )

7. 轴向柱塞泵壳体上都有通油箱的泄油口,安装时下油口应朝下。 ( )

8. 系统油压突然升高时,一旦达到其溢流阀的调定压力,阀即开启。 ( )

9. 节流调速与容积调速相比设备成本低、油液发热轻。 ( )

10. 气动梭阀相当于两个单向阀组合的阀,其作用相当于“或门”。 ( )

三、简答题(每小题 10 分,共 30 分)

1. 如图 B-1 所示换向阀,说明其工作原理。

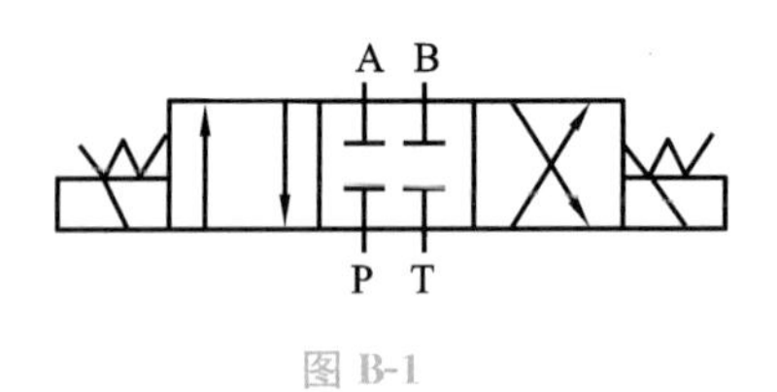

图 B-1

2. 溢流阀在回路中有哪些作用?

3. 如图 B-2 所示的回路中,已知活塞运动时的负载 $F=1.2$ kN,活塞面积为 $A_1=15\times10^{-4}$ m^2,溢流阀调整值为 4.5 MPa,两个减压阀的调整值分别为 $p_{J1}=3.5$ MPa 和 $p_{J2}=2$ MPa,如油液流过减压阀及管路时的损失可忽略不计,试确定活塞在运动时和停在终端位置处时,a、b、c 三点的压力值。

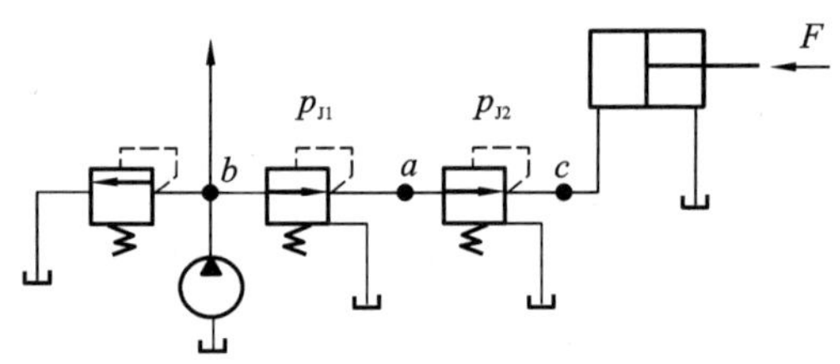

图 B-2

四、分析计算题(每小题 15 分,共 30 分)

1. 如图 B-3 所示的圆柱滑阀,已知阀芯直径 $d=2$ cm,进口压力 $p_1=9.8$ MPa,出口压力 $p_2=0.9$ MPa,油液密度 $\rho=900\ \text{kg/m}^3$,流量系数 $C_d=0.65$,阀口开度 $x=0.2$ cm,求通过阀口的流量。

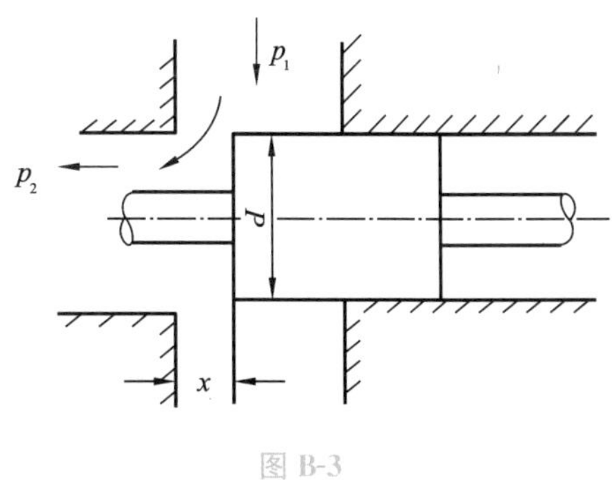

图 B-3

2. 如图 B-4 所示,液压机械的动作循环为快进→一工进→二工进→快退→停止。本液压系统调速回路属于回油路节流调速回路。液压系统的速度换接回路是采用并联调速阀的二次进给回路,要求一工进速度高于二工进速度。当二位二通电磁换向阀 6 与二位二通电磁换向阀 8 互相切换时,回油将分别通过两个通油截面不同的调速阀返回油箱,从而实现两种不同的进给速度。三位四通换向阀 4 的中位机能为 H 型,可实现系统的卸荷。图中 a_1 和 a_2 分别为调速阀 7 和调速阀 9 节流口的通流面积,且 $a_1>a_2$。试读懂液压系统原理图,填写表 B-1 电磁铁动作顺序表。(电磁铁吸合标"+",电磁铁断开标"—")

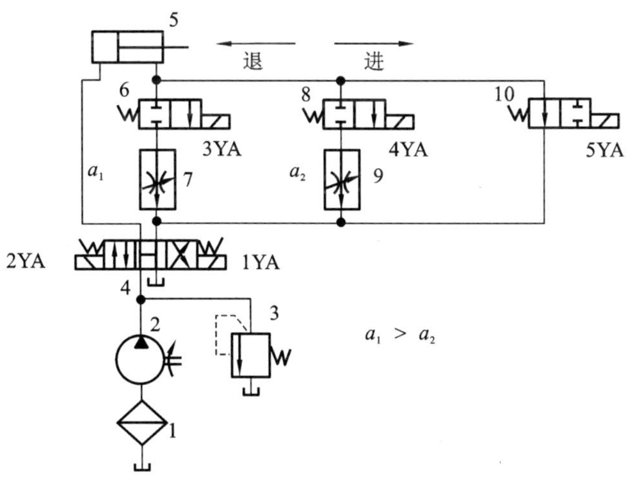

图 B-4

1—过滤器;2—单向定量液压泵;3—溢流阀;4—三位四通换向阀;

5—液压缸;6、8、10—二位二通电磁换向阀;7、9—调速阀

表 B-1　电磁铁动作顺序表

动作＼电磁铁	1YA	2YA	3YA	4YA	5YA
快进			－	－	
一工进			＋	－	
二工进					
快退			－	－	－
停止			－	－	－

模拟试卷 2

一、单选题(每小题 2 分,共 20 分)

1. 以变量泵为油源时,在泵的出口并联溢流阀是为了使阀起到(　　)。

A. 溢流定压作用　　B. 过载保护作用　　C. 令油缸稳定运动的作用

2. 外部压力控制顺序阀的一般图形符号是(　　)。

A.　　B. 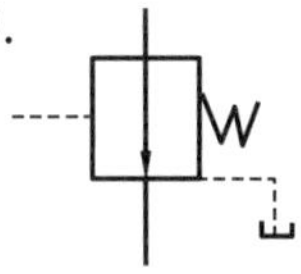　　C.

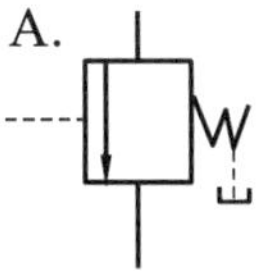

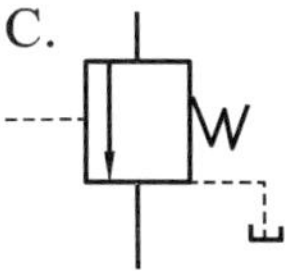

3. 三位换向阀的阀芯在中间位置时,压力油与油缸两腔连通、回油封闭,则此阀的滑阀机能为(　　)。

A. P 型　　B. Y 型　　C. K 型

4. 在下列液压阀中,(　　)不能作为背压阀使用。

A. 单向阀　　B. 减压阀　　C. 溢流阀

5. 液压传动的执行元件是(　　)。

A. 液压马达　　B. 液压泵　　C. 蓄能器

6. (　　)叶片泵运转时,不平衡径向力相抵消,受力情况较好。

A. 单作用　　B. 双作用　　C. 变量

7. 液压系统的最大工作压力为 10 MPa,安全阀的调定压力应(　　)10 MPa。

A. 等于　　B. 小于　　C. 大于

8. 齿轮泵齿轮脱开啮合,则容积(　　)。

A. 增大压油　　B. 增大吸油　　C. 减小压油

9. 液压系统的安全性和可靠性要予以足够的重视。为防止过载,(　　)是必不可少的。

A. 减压阀　　B. 安全阀　　C. 平衡阀

10. 气动三联件指的是分水滤气器、减压阀和(　　)三元件。

A. 过滤器　　B. 油水分离器　　C. 油雾器

二、判断题(每小题 2 分,共 20 分)

1. 常用差动连接的单杆活塞缸,可使活塞实现快速运动。(　　)

2. 柱塞泵中既不能转动又不可往复运动的零件是柱塞。(　　)

3. 液控单向阀在液压机械中常作为液压锁使用。(　　)

4. 容易使轴向柱塞泵滑履损坏的是泵的转速高而非油液污染过大。(　　)

5. 能使执行油缸锁闭、油泵卸荷的是 H 型三位四通换向阀。(　　)

6. 采用先导式减压阀,会额外增加泄油量。(　　)

7. 轴向柱塞泵壳体上都有通油箱的泄油口,安装时下油口应朝下。(　　)

8. 系统油压突然升高时,一达到其溢流阀的调定压力,阀即开启。(　　)

9. 节流调速与容积调速相比设备成本低、油液发热轻。（ ）

10. 气动梭阀相当于两个单向阀组合的阀，其作用相当于“或门”。（ ）

三、简答题(每小题10分，共30分)

1. 如图B-5单柱塞泵，说明其工作原理。

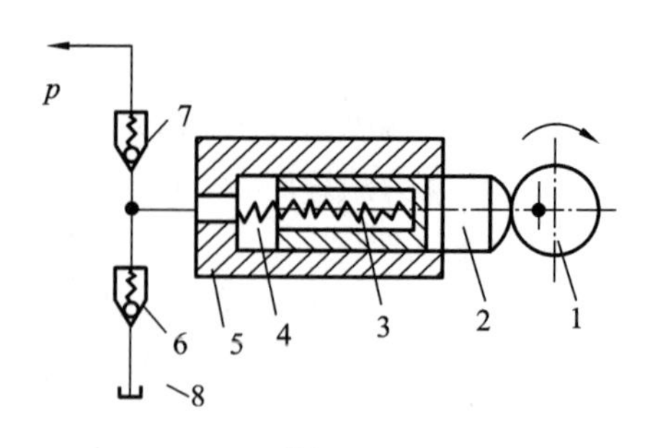

图 B-5

1—偏心轮；2—柱塞；3—弹簧；
4—密封工作腔；5—缸；6、7—吸油阀；8—油箱

2. 画图说明电磁溢流阀有何用途？

3. 如图 B-6 所示，液压缸两腔的面积分别为 $A_1=100\ \mathrm{cm}^2$，$A_2=50\ \mathrm{cm}^2$。当负载 $F_1=25\times10^3\ \mathrm{N}$，$F_2=8.2\times10^3\ \mathrm{N}$，背压阀的背压 $p_2=0.2\ \mathrm{MPa}$，节流阀的压差 $\Delta p=0.2\ \mathrm{MPa}$ 时，不计其他损失，试求图中 A、B、C 各点的压力为多少兆帕？

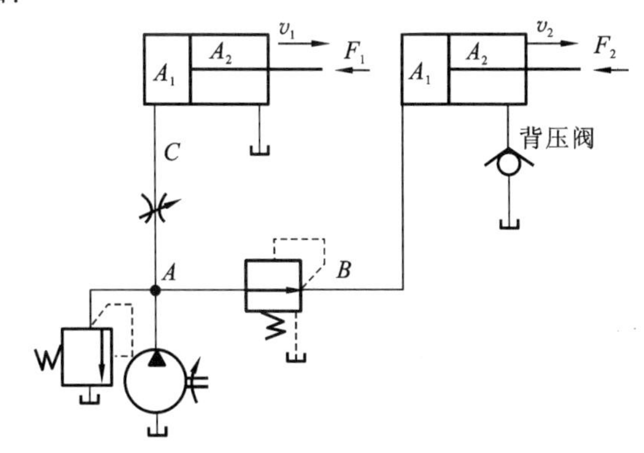

图 B-6

四、分析计算题(每小题 15 分，共 30 分)

1. 如图 B-7 所示，用一倾斜管道输送油液，已知 $h=15\ \mathrm{m}$，$p_1=0.45\ \mathrm{MPa}$，$p_2=0.25\ \mathrm{MPa}$，$d=10\ \mathrm{mm}$，$L=20\ \mathrm{m}$，$\rho=900\ \mathrm{kg/m^3}$，运动黏度 $\nu=45\times10^{-6}\ \mathrm{m^2/s}$，求流量 q。

友情提示：$\dfrac{p_1}{\rho g}+h_1+\dfrac{\alpha_1\nu_1^2}{2g}=\dfrac{p_2}{\rho g}+h_2+\dfrac{\alpha_2\nu_2^2}{2g}+\dfrac{h_\lambda}{\rho g}$ 其中：$\alpha_1=\alpha_2$；$h_\lambda=\Delta p_\lambda=\dfrac{128\mu L}{\pi d^4}q$

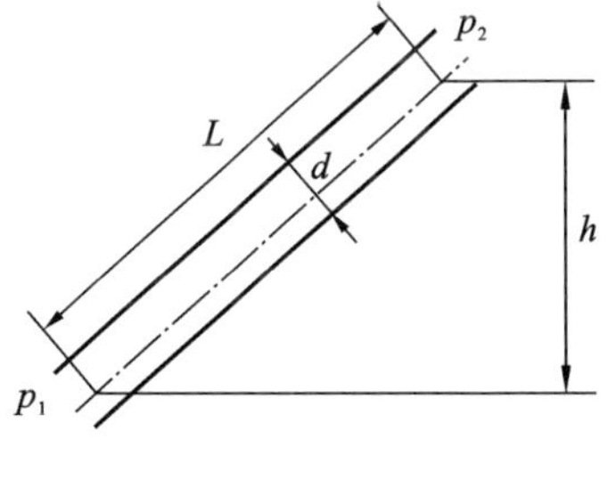

图 B-7

2. 如图 B-8 所示的液压系统，动作循环为夹紧→快进→工进→快退→放松。试读懂液压系统图，说明油液的流动情况，并完成表 B-2 电磁铁动作顺序表。

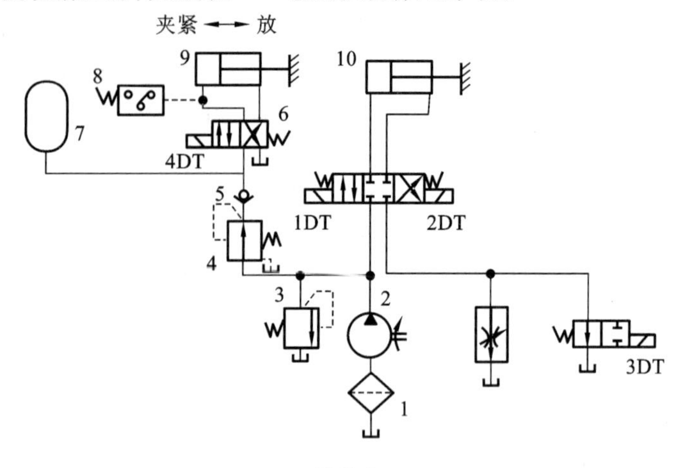

图 B-8

1—过滤器；2—单向定量液压泵；3—溢流阀；4—减压阀；5—单向阀；6—二位四通换向阀；7—蓄能器；8—压力继电器；9、10—液压缸

表 B-2 电磁铁动作顺序表

电磁铁动作	1DT	2DT	3DT	4DT
缸 9 夹紧				+
缸 10 快进	+			
缸 10 工进	+			
缸 10 快退		+		
缸 9 松开		—		
停止	—	—	—	—

模拟试卷 3

一、简答题(每小题 10 分,共 40 分)

1. 画液压符号。

先导溢流阀	单作用叶片泵	电液比例伺服节流方向阀	梭阀	油雾器

2. 试写出下列液压件符号的完整名称。

A B P T		P_1 P_2		

3. 试将下列元件用连线连接设计出锁紧回路图,并设计动作循环表满足工况要求。(电磁铁得电填"+",失电填"-";液控单向阀导通填"+",切断填"-",要求每个动作全对才得分)

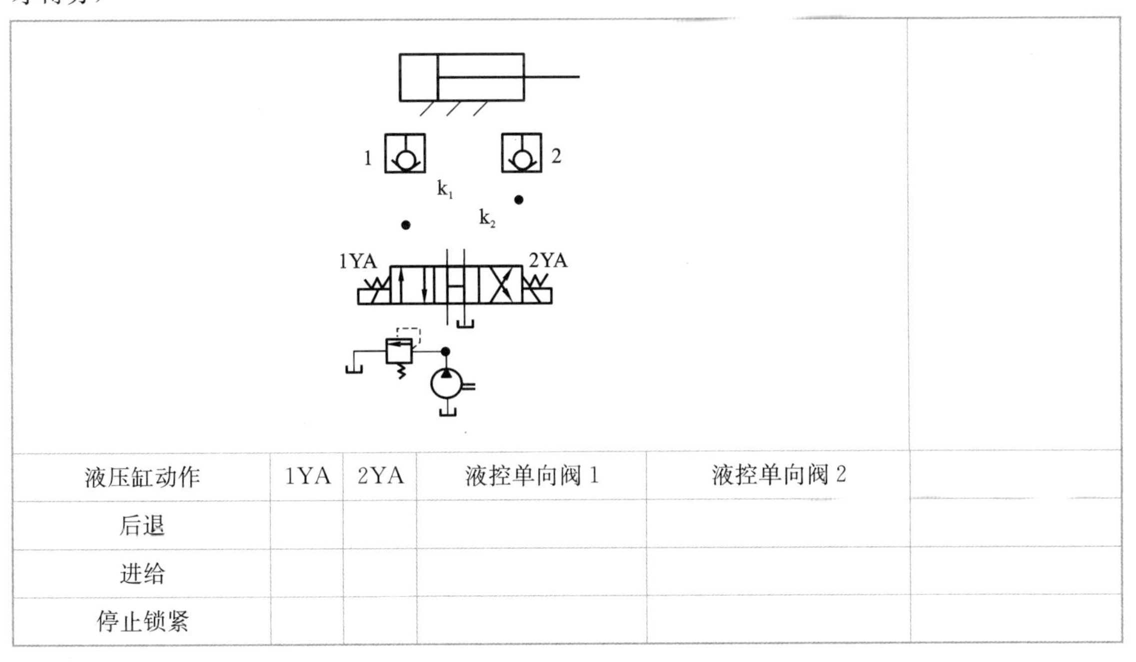

液压缸动作	1YA	2YA	液控单向阀 1	液控单向阀 2	
后退					
进给					
停止锁紧					

4. 正确画线,指明下列符号所对应元件的名称。

溢流阀　　减压阀　　卸荷阀　　油雾阀　　顺序阀

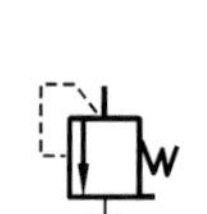

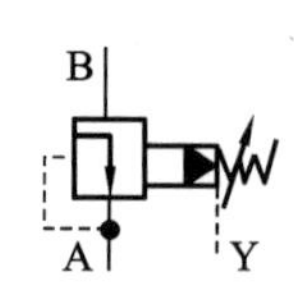

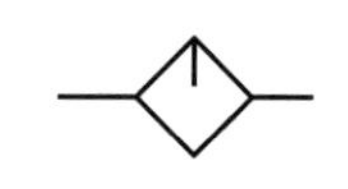

二、设计题(每小题 30 分,共 60 分)

1. 画出 Q2-8 汽车起重机液压系统图(共 40 分)。

2. 试用三个溢流阀和三位电磁换向阀,设计出一个二级调压且能卸载的回路。

模拟试卷 4

一、填空题(每小题 2 分,共 10 分)

1. 泵额定压力、负载压力、溢流阀调压三者中,__________是液压系统的最低压力。

2. 对液压油正确的要求是适宜的黏度、凝点要低、闪电要__________。

3. 轴向柱塞泵有驱动轴、斜盘、柱塞、缸体和配油盘组成,改变__________倾角,可以改变泵的排量。

4. 液压马达是执行元件,输入的是压力油,输出的是转矩和__________。

5. 先导型溢流阀的阻尼孔的作用是__________,以便主阀芯运动溢流。

6. 在常态时,阀口是常闭的,出油口不通油箱的压力阀是__________。

7. 压力阀的共同特点是利用液压力和__________相平衡的原理来进行工作的。

8. 过滤精度 $d \geqslant 0.1$ mm 为粗滤油器,$d \geqslant 0.005$ mm 为__________滤油器。

9. 液压基本回路有方向、压力、速度回路和多缸动作回路,顺序回路属于__________回路。

10. 气压传动的最大优点是空气随处可取,气压传动的最大缺点是__________。

二、单项选择(每小题 2 分,共 20 分)

1. 滤去杂质直径 $d=5\sim10$ μm 的是(　　)滤油器。

A. 特精　　B. 普通　　C. 精

2. 流量换算关系,1 $m^3/s=$(　　)L/min。

A. 60　　B. 600　　C. 6×10^4

3. 柱塞泵中既不能转动又不可往复运动的零件是(　　)。

A. 斜盘　　B. 滑阀　　C. 柱塞

4. 叶片泵的特点是(　　)。

A. 应用广造价低　　B. 用于中压系统　　C. 效率高压力高

5. 常用差动连接的单杆活塞缸,可使活塞实现(　　)运动。

A. 匀速　　B. 快速　　C. 慢速

6. 为使三位四通阀在中位工作时能使液压缸闭锁,应采用(　　)型阀。

A. O　　B. P　　C. Y

7. 液压泵卸荷时不能采用(　　)。

A. 电磁溢流阀　　B. 顺序阀　　C. 减压阀

8. 容积调速回路(　　)。

A. 低速稳定性差　　B. 适用高速大功率系统　　C. 效率低

9. 调节方便、工作可靠的是采用(　　)的顺序回路。

A. 行程开关　　B. 压力继电器　　C. 顺序伐

10. 液压系统油液温度一般控制在(　　)℃。

A. 15～40　　B. 15～65　　C. 40～80

三、判断题(每小题 2 分,共 20 分)

1. 液压传动能保证严格的传动比,但易泄漏维修技术要求高。 ( )
2. 液体的可压缩性比钢的可压缩性约大 100 倍。 ( )
3. 在变径管中,面积越小,液体速度越大。 ( )
4. 与斜盘直接接触的是滑履,调节斜盘倾角 γ 可变量。 ( )
5. 单作用叶片泵叶片为奇数 13 或 15 时流量脉动小。 ( )
6. 往返速度一样的差动缸 $D=2d$。 ( )
7. 液动换向阀的动作可靠、平稳,速度易于控制。 ( )
8. 液压阀连接方式最常用的是法兰式,另有管式和板式。 ( )
9. 油箱的功用是储油、散热,不可以分离空气和沉淀污物。 ( )
10. 节流调速回路中溢流阀起安全阀作用。 ( )

四、简答题(每小题 5 分,共 20 分)

1. 液压传动系统的优点是什么?

2. 试写出下列液压件符号的完整名称。

1	2	3	4	5
	B A Y			

3. 正确画线,指明下列符号所对应元件的名称。

调速阀　　比例溢流阀　　换向阀　　冷却器　　压力继电器

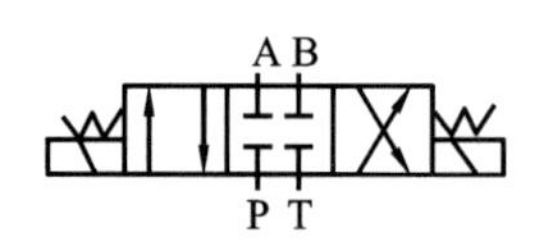

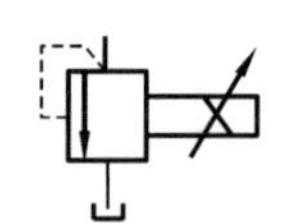
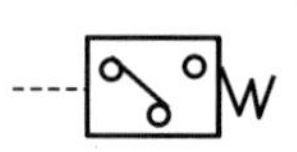
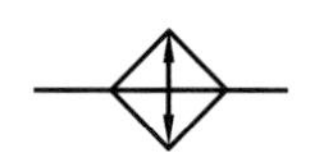

4. 液压泵有哪三种?常用什么变量泵?(要求写全称)

五、设计题(每小题 10 分,共 20 分)

1. 试将下列元件用连线连接设计出一个二级调压且能卸载的回路图,并设计填写工作表(电磁铁得电填“+”,失电填“-”;溢流阀起作用填“+”,切断填“-”(每个动作全对才得分))。

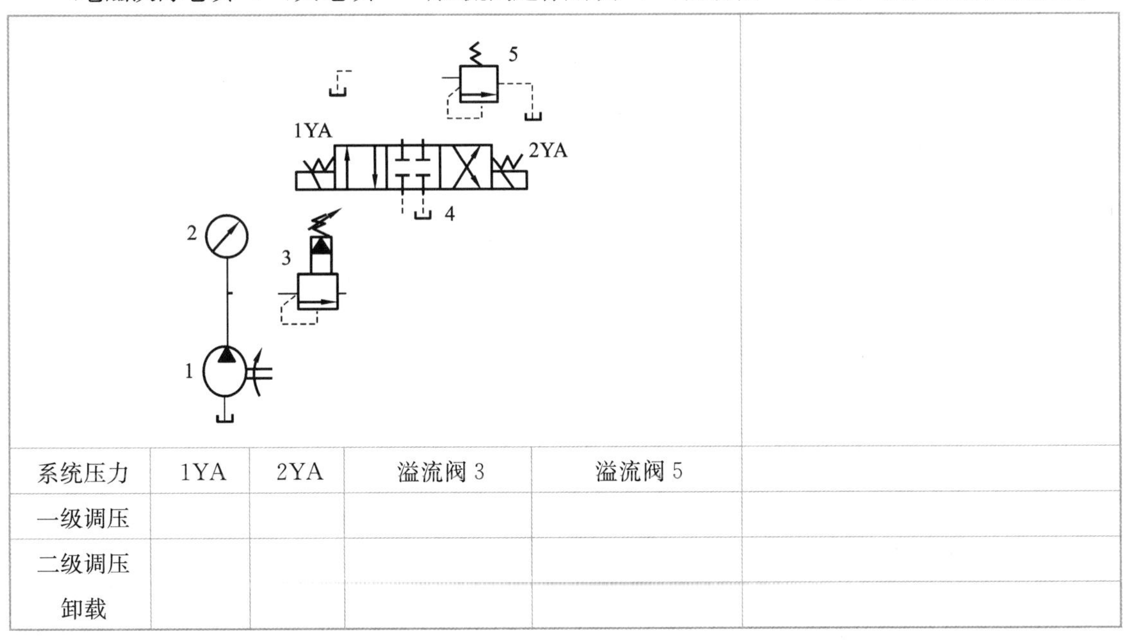

系统压力	1YA	2YA	溢流阀 3	溢流阀 5	
一级调压					
二级调压					
卸载					

2. 试将下列元件用连线连接设计出一个采用行程开关的顺序动作回路图,并设计动作循环表。

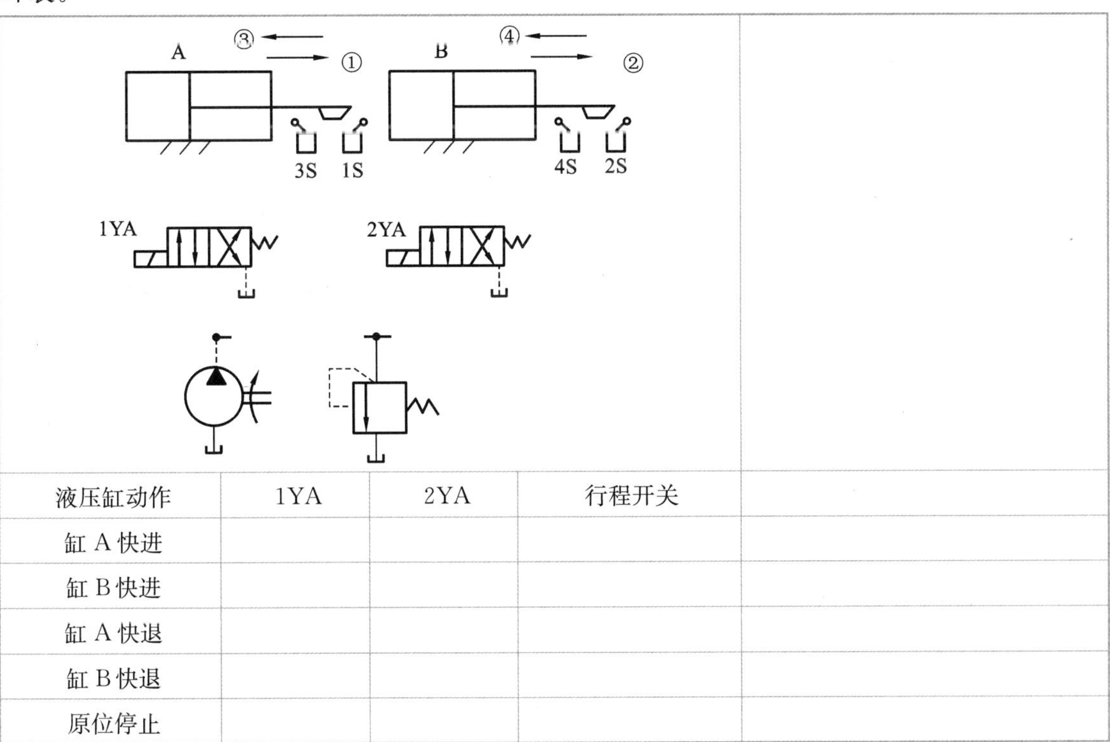

液压缸动作	1YA	2YA	行程开关	
缸 A 快进				
缸 B 快进				
缸 A 快退				
缸 B 快退				
原位停止				

参考文献

[1] 雷天觉.液压工程手册[M].北京:机械工业出版社,1990.
[2] 王积伟.液压与气压传动[M].2版.北京:机械工业出版社,2005.
[3] 陈奎生.液压与气动传动[M].武汉:武汉理工大学出版社,2001.
[4] 姜佩东.液压与气动技术[M].北京:高等教育出版社,2000.
[5] 何存兴.液压元件[M].北京:机械工业出版社,1982.
[6] 王以纶.液压气动技术[M].北京:中国广播电视大学出版社,2002.
[7] 陆全龙.液压与气动[M].北京:科学出版社,2005.
[8] 王春行.液压伺服控制系统[M].北京:机械工业出版社,1989.
[9] 郑洪生.气压传动[M].北京:机械工业出版社,1981.
[10] 赵应樾.液压泵及其修理[M].2版.上海:上海交通大学出版社,1998.
[11] (日)村冈虎雄.油缸[M].李宗国,译.北京:机械工业出版社,1974.
[12] (美)A. H. 海恩.流体动力系统的故障诊断及排除[M].易孟林,等,译.北京:机械工业出版社,2000.
[13] 路甬祥.液压气动技术手册[M].北京:机械工业出版社,2002.
[14] 成大先.机械设计手册(单行本)——液压传动[M].5版.北京:化学工业出版社,2005.
[15] 陆望龙.液压系统使用与维修手册[M].北京:化学工业出版社,2008.
[16] 黄志坚.图解液压元件使用与维修[M].北京:中国电力出版社,2010.
[17] 陆全龙.液压系统故障诊断与维修[M].武汉:华中科技大学出版社,2016.